Predigten

von

August Friedrich Holst,

Pastor zu Oederan, der historisch-theologischen Gesellschaft zu Leipzig Mitglied.

Ein Vermächtniss

an

seine Gemeinden.

Berlin,
bei G. Reimer.
1839.

Alle,

die meiner noch freundlich gedenken in meinen mir unvergeßlichen

Gemeinden

und deren eingepfarrten Ortschaften

zu

Pemmelte und Felgeleben

in der Grafschaft Barby,

die einst des Jünglings Leistungen mit Nachsicht beurtheilt, und dem Manne, nachdem er von ihnen und von dem heimischen Boden schon längst geschieden ist, ihre Liebe treu bewahrt haben;

zu

Langengraßau und Zöllmersdorf

bei Luckau in der Niederlausitz,

mit denen ich in trüben Jahren verheerender Kriege Drangsale und Sorgen theilte, und unter denen ich so oft reichlich getröstet ward;

zu

Döbeln,

unter denen ich wiederfand, was ich ersehnt hatte, Vaterland und Heimathsgefühl und stille Freude des Herzens, welchem der Abschied eine Wunde schlug, zu tief, als daß sie heilen kann, die fortblutet, bis dahin, wo ein alter Zeuge meiner vergangenen Tage an meinem Grabe stehen, und dem Enkel sagen wird: Siehe, wie hat er uns so lieb gehabt!

zu

Chemnitz, St. Nicolai und Alt-Chemnitz,

bei denen mein Leben reich an Beweisen der Theilnahme, die jede Bürde erleichtert hat, an Freuden des belehrenden Umgangs, an Verhältnissen, in welchen die Quellen neuer Wirksamkeit, wohlthätiger Erfahrungen und reiner geistiger Genüsse flossen, an Denkmalen eines Wohlwollens geworden ist, das, in jugendlich frischen, unauslöschlichen Zügen in meiner treuen, dankbaren Erinnerung ruht;

zu

Oederan,

für die ich noch mein Tagewerk wirke, und deren Vertrauen, wo ich es finde, mir zu der lieblichsten Blume auf dem Pfade aufsproßt, der von Dornen nicht frei, aber ein Zeugniß der Gottesgüte ist, die bis hieher geholfen hat,

sie Alle

bitte ich, wenn sie von dieser Predigtsammlung jemals Kenntniß nehmen, daß sie dieselbe

als Zeichen der Liebe ansehen,

die nimmer aufhört,
die nicht abläßt, ihrer zu gedenken in meinem Gebet,
die keine größere Freude hat, als die, daß ich höre meine Kinder in der Wahrheit wandeln,
die keine schönere Hoffnung kennt, als die, daß ich

sie Alle

am Throne Gottes wiederfinden und preisen möge: Siehe, hier bin ich und die, welche du mir gegeben hast!

Ein Vorwort,

wenn es zu den folgenden Blättern nöthig seyn sollte, würde sich wohl zunächst auf das Befremden beziehen, mit welchem sie Mancher aufnehmen könnte, und welches schon einen geheimen Tadel ausdrückt. Predigten? — Unter der Menge von schon erschienenen? Und neben denen, welche die Namen hochgefeierter Redner für sich haben? Dies dürften die Fragen seyn, auf welche ich antworten soll. Doch — vielleicht erläßt man mir die Antwort, weil sie so nahe in der Vorstellung liegt, wie es einem Manne ums Herz sey, der nie aufgehört hat, in der Erinnerung an seine Gemeinden zu leben, mit welchen er sich durch ein Band vereint fühlt, das Zeit und Entfernung nicht zerreißen können, in Erinnerungen, die ihn so oft zur Rechenschaft vor sein Gewissen gezogen, belehrt, gestraft, gewarnt, ermuthigt, getröstet haben — oder auch, weil man daran denkt, daß Gründe obwalten können, deren Gewicht, würden sie auch aufgezählt, sich doch nicht jedem fühlbar machen läßt. Es kommt am Ende doch nur darauf an, ob diese Predigten des öffentlichen Erscheinens werth sind? Davon wird es abhangen, ob sie früh der Vergessenheit anheim fallen, oder ob ihnen ein günstigeres Loos bereitet ist. Ich kenne die großen Anforderungen, welche unsere Zeit an solche Leistungen macht, und somit auch die Gefahr, sie vor den Richterstuhl der Kritik zu bringen. Ueber Manches, was getadelt werden dürfte, könnte ich mich erklären, wäre es nicht in den meisten Fällen bedenklich, eine Vertheidigung einzureichen, wo die Anklage noch nicht vorliegt, und wäre dazu hier Raum genug verstattet. Nur das wenige erlaube ich mir zu bemerken, daß ich über Anfangs- und Schlußgebete meine Ansichten, in meinem vieljährigen Predigerleben, zu ändern nicht vermocht habe; daß die Form der Darstellung und des Ausdrucks, so wie die minder strenge Textbenutzung, wie sie sich in den folgenden Predigten findet, keinen sichern Maßstab für alle übrigen abgeben würde, die ich gehalten habe; daß die hier mitgetheilte, ohne alle ängstliche Auswahl, den vorhandenen Manuscripten, aus verschiedenen Jahrgängen, entnommen, daß sie großen Theils vor Stadtgemeinden, mit welchen Landgemeinden verbunden waren, und — mit wenigen Ausnahmen — an den angegebenen Tagen und über die angegebenen Texte gehalten wurden. Gesprochen mag damals dies und jenes anders seyn, als es geschrieben ist; aber im Ganzen haben die benutzten Handschriften keine Aenderung erlitten, was offenbar ganz gegen meinen Zweck gewesen seyn würde, wenn ich auch, in einzelnen Stellen, jetzt mehr den Leser — wie einst mehr den Zuhörer vor Augen hatte. Dieser, wenn er nun Leser werden sollte, wird wenigstens einen alten Bekannten wieder begegnen, der, wie jeder andere, seine Art zu sprechen und zu schreiben hat, und der durch sclavisches Nachahmen oder gar durch Ausschmücken des Seinigen mit fremden Federn sich zu entehren, und den Kanzelstuhl, der ihm anvertraut ward, zu entweihen glaubt.

Inhalt.

Seite

1.

Mit seinen Freuden und mit seinen Sorgen ist es vorübergeschwunden, das Jahr, von welchem wir uns vor wenigen Stunden getrennt haben. Mit Gefühlen des Danks und der Wehmuth sehen alle Gute und Weise ihm nach; von diesen Gefühlen ergriffen, haben sie schon diesen Morgen das neue, beginnende Jahr begrüßt; von diesen Gefühlen durchdrungen — so hoffen wir zu Gott — habet auch ihr euch hieher begeben, geliebteste Brüder! Wie konntet ihr auch anders? Nicht tiefgefühlten Dank solltet ihr dem Gotte bringen, der das entflohene Jahr eurem Daseyn zugesetzt, der es mit so vielen Proben seiner Huld bezeichnet hat, dessen Güte es ist, daß wir nicht gar aus sind? Er hat unser Leben gefristet, wo es Tausende verloren, unser Eigenthum bewahrt, wo Tausende verarmten, uns mit Wohlgefallen gesättigt, wo viele darbten, uns manchen frohen Tag bereitet, wo in der Nähe und in der Ferne zahllose Thränen auf die Trümmer einer zerstörten Wohlfahrt gefallen sind; er hat Kranke geheilt und am Tage ihrer Noth ihnen Pflege und Wartung gesendet, wo viele, weggerissen von Vaterland und Freundschaft unter Schmerz und Kummer in die Grube sanken, ohne noch einmal die Stimme der Liebe und das Wort des Trostes von Freundeslippen zu hören; er hat Gefahren abgewendet, die uns drohten, und manche Hoffnung ist erfüllt! Und wenn wir denken, wie er unserer Seelen so herzlich sich annahm, wie er bei unseren Schwächen uns getragen, wie er unsere Schuld vergeben, wie er es keinem von uns habe fehlen lassen an Belehrung, an Ermunterung, an Kraft zum Besserwerden, an Trost, an erquickender Aussicht auf eine bessere Zukunft: so können wir nicht anders fühlen, so sinken wir nieder vor dem Throne seiner Gnade; so dringt uns Alles, daß wir ihm Dank opfern, und unser Gelübde bezahlen. Lobe den Herrn, meine Seele, und was in mir ist seinen heiligen Namen! Lobe den Herrn, meine Seele, und vergiß nicht, was er dir Gutes gethan hat! Der dir alle deine Sünde vergiebt, und heilet alle deine Gebrechen; der dein Leben vom Verderben erlöset, und dich krönet mit Gnade und Barmherzigkeit!

Möge diese Gnade an euch allen neu im neuen Jahre werden! Das ist der heiße Wunsch, mit welchem wir heute in eure Mitte getreten sind, m. Br! Gott lasse es keinem, keinem von euch fehlen an irgend einem Gute; er lasse auf euch und euren Häusern seinen Segen ruhen; er lasse fröhlich die Anstalten des Unterrichts und der Bildung gedeihen, die unter euch bestehn, daß seines Namens Ehre bei uns wohne; er verherrliche sich an dem Könige und denen, welche ihm nahe stehn, und gebe Weisheit und Muth und kraftvollen Willen allen, welchen die Sorge für das öffentliche Wohl anvertraut ist; und das Vaterland selbst — er lasse es seiner Obhut empfohlen bleiben — er erbarme sich aller, wie sich ein Vater erbarmet über seine Kinder, und wo unter diesen allen — wo auch unter euch ein Herz nach Trost sich sehnt, ein Leidender nach Hilfe schmachtet, ein Sterbender im letzten Kampfe ringt: da sey er nahe, und lasse es einen jeden erfahren, daß er unseres Angesichts Hilfe und unser Gott ist.

Und solche Trostbedürftige, solche Leidende, solche Kämpfende — wo fändet ihr sie nicht? Können wir daher nicht voraussetzen, daß auch ihr mit manchem Gefühle der Wehmuth heute hieher gekommen seyd? Sind die Tage der Gefahr, die ihr durchlebt, die Opfer, die ihr gebracht, die Drangsale, die ihr geduldet, die Leiden der Zeitgenossen, an welchen ihr Theil genommen habt, nicht noch im frischen Andenken? Und, was sage ich? — im Andenken? — Dauern sie nicht zum Theil noch fort? Habt ihr nicht manchen Schmerz aus dem alten Jahre in das neue mit hinüber genommen, und hat nicht mancher Kummer über das Verlorne und manche Ahnung des Kommenden schon heute euren Blick getrübt? Zwar sammelt ihr Muth aus der Erfahrung; ihr sagt es euch, über Vermögen werde keiner versucht; ihr danket sogar Gott auch dafür, daß er uns demüthigt, damit wir seine Rechte lernen, und wißt, es müsse alles denen zum Besten dienen, die ihn lieben. Aber dennoch — ihr fühlt die Last, die auf den Schultern liegt; ihr könnet es euch nicht ableugnen, die Hitze des Tages werde euch auch im neuen Zeitraume begegnen, und wir verargen es euch nicht, o, wir loben euch darum, daß ihr euch nicht träumerischen Hoffnungen hingebt, welche dies Leben mit seinem Wechsel von Lust und Weh, nirgends erfüllt; wir wollen sogar diesen Gedanken an mögliche, neue Prüfungen grade heute recht absichtlich fest halten, wo er uns so nahe tritt. Dem dumpfen, trostleeren Hinstarren auf Uebel, die uns noch drücken; dem Sclavensinne, der sich neue Anstrengungen nur darum gefallen läßt, weil er dem eisernen Gange der Verhältnisse nicht ausweichen kann, werden wir nicht besser begegnen, wir werden uns auf die Stunden der Sichtung und Läuterung nicht weiser vorbereiten, als wenn wir schon im voraus einen festen Blick auf sie richten, und uns mit ihnen möglichst vertraut machen, und heute gleich den frommen Entschluß fassen, auch im kommenden Jahre mit jeder schmerzlichen Prüfung zufrieden zu seyn, welche die erziehende Hand Gottes für uns nöthig finden wird. Mein erstes Geschäft, welches ich in diesem begonnenen Abschnitte der Zeit unter euch treibe, soll das seyn, die Vortheile eines solchen Entschlusses zu entwickeln, und die Mittel anzugeben, die ihn uns erleichtern können.

Hiob 5, 17.

Wegere dich der Züchtigung des Allmächtigen nicht! — Eine Aufforderung zum stillen, muthigen Erwarten und Tragen dessen, was Gottes Hand auflegen mag, habt ihr in diesem Zurufe an einen Mann, dessen Namen wir nicht nennen können, ohne das Bild eines schwer Geprüften in seinen dunkelsten Umrissen zu beschauen. Und es ist derselbe Zuruf, mit welchem wir uns heute begegnen wollen, um unser neues Jahr

„mit dem Entschlusse zu beginnen, uns schmerzhafte Prüfungen gefallen zu lassen.“

Es liegt uns ob, zunächst die Gründe für die Nothwendigkeit eines solchen Entschlusses bei dem Beginne des Jahres anzugeben; nachher werden wir noch auf die Bedingungen hinweisen, unter welchen er uns erleichtert und in uns befestigt wird.

Nothwendig wird er euch aber erscheinen, jener Entschluß, möget ihr nun auf die Forderungen der Klugheit sehen, denen ihr zu genügen, oder auf eure innere Ruhe, für welche ihr zu sorgen, oder auf die Pflichttreue, die ihr zu beweisen habt. Schon die Klugheit fordert ihn von euch, denn nur so werdet ihr eure Maßregeln bei künftigen Prüfungen zeitig genug überlegen und zweckmäßig genug auswählen. Zeitig genug, sage ich, werdet ihr auf Maßregeln zu eurer Rettung Bedacht nehmen. Es wäre unnatürlich, anders zu handeln. Der fromme Sinn, den Kelch zu trinken, wenn er nicht vorübergehen kann, schließt das Streben nicht aus, ihn von uns abzuwenden, wenn es uns noch möglich dünkt. Die Aufmerksamkeit aber, welche dies Streben fordert, und die Umsicht und Bedachtsamkeit, die es beweist, macht ihr euch nie leichter zu eigen, als bei dem stillen Sinne frommer Unterwerfung, die entschlossen ist, sich gefallen zu lassen, was die Weisheit Gottes schickt. Beherrscht euch der Leichtsinn, der sich um die Zukunft und um den ernsten, strengen Wechsel des Schicksals gar nicht kümmert; leitet euch der unselige Wahn irre, der vom Ungefähr und Zufall träumt; haltet ihr den Glauben nicht aufrecht, Alles stehe unter Gottes Hand und Alles habe seine Weisheit berechnet, damit uns geholfen werde: so lasset ihr euch auf Betrachtungen möglicher trauriger Erfolge nicht leicht ein, so unterwerfet ihr euch ihnen mit knechtischem Zwange, wenn sie hereinbrechen, und wenn ihr nicht mehr ausweichen könnt — aber so lange, als möglich, wendet ihr das Auge von ihnen weg, und lasset Alles von dem Entschlusse des Augenblicks abhangen. Nicht aber so kann es seyn, wenn ihr euch mit Kindessinne unter Gott demüthigt; wenn ihr auch in schmerzhaften Prüfungen seine Liebe anerkennt; wenn ihr sie als wichtige, von ihm auf euer Heil berechnete Erfolge betrachtet und mit dem, was er thut, zufrieden seyd. Dann geht ihr ruhig in die Ueberlegungen ein, die hier anzustellen sind; dann nehmet ihr schon jetzt auf das Rücksicht, was in eurer Gewalt steht, um euch die Last zu erleichtern, und die neue Gefahr abzuwenden; dann denkt ihr jetzt schon nach über das, was euch euer Glück und euer Eigenthum sichern kann.

Und so wird es euch möglich und leichter, auch zweckmäßige Gegenmittel zu finden, und sie jetzt schon, wo es Noth thut, zu ergreifen. Eben, weil ihr mit stillem, gelassenen Herzen das Ungewitter betrachtet, welches aufsteigt, weil weder Verzagtheit, die von Gott weicht, noch Ungeduld, die nichts tragen mag, euch eure Besonnenheit raubt: so wählt ihr eure Maßregeln mit Umsicht und Bedachtsamkeit; so benutzt ihr eure Erfahrungen aus der Vergangenheit für euer Verhalten in der Zukunft; so sucht ihr die wirksamsten Mittel, um euch gegen die Prüfung zu schirmen. Ihr fürchtet Mangel, und soll es seyn, so wollet ihr ihn mit dem Muthe des Apostels ertragen, der einst schrieb: ich kann hoch seyn und kann niedrig seyn, ich kann übrig haben und Mangel leiden: aber wie werdet ihr suchen, der Sorge zuvor zu kommen; welche Sparsamkeit werdet ihr zeigen; wie werdet ihr die ungeregelten Ansprüche der Mode und der Eitelkeit beschränken und zurückweisen und die Eurigen mit euch zur Genügsamkeit gewöhnen. Ihr fürchtet Krankheit und achtet auf die wiederholten Mahnungen eines hinfälligen Körpers: mit welcher Behutsamkeit werdet ihr aber über seine Erhaltung wachen, mit welcher Vorsicht vermeiden, was seine erschütterte Kraft noch mehr untergräbt. Ihr fürchtet das Eintreten ungünstiger Verhältnisse und empfindlicher Reibungen mit andern Menschen: doch wie werdet ihr früh schon das Betragen in Ueberlegung ziehet, das ihr zu beobachten habt, um nicht in gefährliche Schlingen zu fallen, und Frieden mit allen zu haben, so viel an euch ist. Nicht träge wird uns der Entschluß, uns schmerzliche Prüfungen gefallen zu lassen, nicht schläfrig in der Sorge für unsere Sicherung wird er uns machen. O! weit gefehlt, daß er die Kraft erschlaffen sollte, wird er sie anregen, er wird uns ein besonnenes, gesammeltes Denken erleichtern; er wird uns den Forderungen der Klugheit genügen lassen, welche gebietet, zeitig und zweckmäßig unsre Maßregeln zu nehmen.

Doch auch eure Ruhe fordert ihn von euch; ihr müßt ihn, wollt ihr diese nicht gefährden, nothwendig fassen. Denn nur so bringt ihr es dahin, daß ihr euch weder getäuscht noch überrascht sehet. Es giebt kühne Hoffnungen, die oft dann am ausschweifendsten werden, wenn sie am wenigsten begründet sind. Sie überlassen sich jedem gaukelnden Spiele der Einbildung; sorglos und sicher giebt sich das Herz an sie hin, und um so lieber, je unbefriedigter es die Gegenwart läßt. Der Verstand berechnet nicht mehr den Wechsel der Dinge; er wiegt sich in einen tiefen Schlaf. Kommen dann neue, schmerzhafte Prüfungen, so wird unsere Ruhe um so furchtbarer unterbrochen, je höher und gewagter der Flug unserer schmeichelnden Hoffnung war; wir fühlen den Schmerz der Täuschung in seiner ganzen Bitterkeit; wir sind aus dem Himmel gestoßen, den wir auf eitlen Gebilden leerer Träume erbauten. Habt ihr aber den Entschluß gefaßt, euch Prüfungen gefallen zu lassen, so ist diese Selbsttäuschung nicht mehr möglich; so beschäftigt ihr euch ja schon im voraus mit dem Wechsel der eurem Schicksale bevorstehen kann; so verschweigt ihr es euch keinen Augenblick, vielleicht herbere Erfahrungen, als die frühern, werdet ihr machen, vielleicht härtere Drangsale, als die überstandenen, werdet ihr dulden; auch das vielleicht werde euch entrissen werden, was der Macht der Veränderung bis heute noch entging. Sey es immerhin, daß ihr nicht voraus bestimmen konntet, welche Gestalt das neue Leiden haben, unter welchen Umständen, an welchem Orte es euch ereilen werde: genug, ihr seyd vorbereitet; ihr habt euch schon vertraut gemacht mit dem Gedanken an Aenderungen, die euch wehe thun werden; ihr habt es euch schon heute gesagt, manche Trauerstunde werde durchlebt, manche Freude verbittert, mancher Wunsch des sehnenden Herzens vereitelt werden. So erwartet ihr, vorbereitet, die Dinge, die da kommen sollen, gleichsam schon ausgesöhnt mit jeder Wendung, die das Schicksal nimmt, und mit jeder Erfahrung, die gemacht werden soll, und mit dem Gebete stiller Unterwerfung werdet ihr denselben entgegentreten: Mein Vater, ist es nicht möglich, daß dieser Kelch von uns gehe, wir trinken ihn denn; so geschehe dein Wille! Nicht getäuscht fühlt ihr euch, ja noch mehr — kaum überrascht wird euch die Prüfung finden, faßt ihr den Entschluß, sie euch willig gefallen zu lassen. Wie glücklich aber müssen wir euch preisen, theure Brüder, ist diese Verfassung die eurige! Wie wohl wird sie euch thun, wenn das böse Stündlein kommt! Mit manchen Entwürfen möget ihr das Jahr beginnen; scheitern sie — euch befremdet es nicht, und ihr bleibt ruhig; manches Gut habt ihr aus dem Sturme der Vergangenheit gerettet; gehts verloren, euch befremdet es nicht, und ihr bleibt ruhig. Wenn ihr von uns scheidet, wenn eure Bestimmung euch aus unserer Mitte rufen sollte, ihr Freunde unseres Herzens, und das Band sich lösen muß, das die Liebe um uns geschlungen, das die Zeit befestigt, das eure Treue bewährt hat: mit tiefer Wehmuth werden wir euch aus unserm Kreise entlassen; aber es befremdet uns nichts, und wir sind getrost. Wenn der Sand in der Lebensuhr bei Manchem verrinnt, der heute noch in der Fülle der Jugendkraft das neue Jahr begrüßt; wenn das Grab sich für Manchen öffnet — wir werden um ihn klagen — aber befremden kann uns nichts; wir beugen uns unter Gottes Rath, der euch uns gab, der euch nimmt, der euch früher, als uns vollendet. Gesichert vor Täuschung und Ueberraschung und gefaßt auf jede Veränderung, die das neue Jahr herbeiführen mögte, werden wir die Ruhe des Herzens, an welcher uns alles gelegen seyn muß, retten, fassen wir heute schon den Entschluß, uns schmerzliche Prüfungen gefallen zu lassen. Er ist aber um so nothwendiger, da ihn auch

die Pflichttreue zu einer ihrer wichtigsten Bedingungen macht, um die Führungen Gottes kindlich zu verehren und weise zu benutzen. Daß wir beides thun sollen — darüber ist kein Zweifel, und ihr erlaßt mir jeden Beweis. Ehren wir die Führungen Gottes nicht, so sind wir Empörer in seinem Reiche, so erlauben wir uns den frechsten Tadel seiner Regierung; so verurtheilen wir die ewige Weisheit; und zu welchen Vergehungen wird es dann kommen, welche Ausbrüche ungebändigter Klagen werden erfolgen, welch einen unbiegsamen Trotz, welch ein Widerstreben werden wir uns zu Schulden kommen lassen! Haben wir dagegen den Entschluß gefaßt, von dem wir reden: so muß ja der Glaube lebendig seyn, daß eine Weisheit über uns waltet, die Alles nach den Gesetzen der höchsten Vollkommenheit ordnet; daß eine Güte geschäftig sey, die auch durch die Züchtigung segnet, und jede Last erleichtert; daß es eine Macht gebe, die überall gebietet, der Alles gehorcht, die jedem Leiden seine Grenze setzen kann. Und von diesem Glauben gehoben, sollten wir nicht geneigt seyn, die Führungen Gottes zu ehren? in ihnen den Vater zu erkennen, der allen nahe ist? der durch jede Erfahrung uns segnen, in jeder uns ein Mittel darreichen will, das wir nur ergreifen und benutzen dürfen, um besser und seliger zu werden? — Sollen wir aber das; sollen wir seine Führungen benutzen, und so ihre heiligen Zwecke erreichen, so ist gar keine weitere Frage über die Nothwendigkeit des Entschlusses, uns auch schmerzliche Prüfungen gefallen zu lassen. Der mürrische, widerstrebende Sinn ist ganz unbrauchbar dazu; er weiß nur zu klagen über das, was geschieht — an Benutzung denkt er nicht. Tretet ihr dagegen mit jenem Entschlusse ins neue Jahr: o, eine Schule der Weisheit und Tugend wird es dann für euch alle in allen seinen Erscheinungen, auch in den traurigsten — seyn. Eben weil ihr auch die Prüfung als Zug der Gnade Gottes ehrt, mit welchem

Ernst, mit welcher Strenge er auch durch sie sprechen mag, und weil ihr auch in der Prüfung den Treuen und Wahrhaftigen erkennt, der euch geliebt hat, ehe der Welt Grund gelegt war, und der euch die Zusage gab: ich will unter euch wohnen und ihr sollt mein Volk seyn: so werdet ihr desto ruhiger über die Absicht derselben denken; ihr werdet euch und euren sittlichen Zustand erforschen; ihr werdet sie zu den Uebungen anwenden, zu welchen sie auffordert; ihr werdet im Stande seyn, sie euch zu Nutze zu machen und in einen bleibenden Segen zu verwandeln. Wenn euch so der Unfall klüger und vorsichtiger macht; wenn die irdische Noth euch zum himmlischen Sinne bildet; wenn Erfahrungen von der Hinfälligkeit und Unsicherheit aller eurer Güter, wenn Krankheit, die euch befällt, wenn die Gräber, die man euren Brüdern gräbt, euch mahnen, mit euch selber abzurechnen, ehe eure Stunde schlägt; wenn sie an die Flucht eurer Zeit erinnern und euch mächtig treiben, den Augenblick zu ergreifen, der noch euer ist, und Gutes zu thun, ohne müde zu werden, ehe die Nacht kommt, wo ihr nicht mehr wirken könnt, wenn ihr dann von Tage zu Tage reicher werdet in Gott: wie gerührt werdet ihr auf dies Jahr zurücksehen, habt ihrs durchlebt; und noch für die Prüfungen danken, die ihr erfuhrt; wie klar wird es euch werden, daß Trübsal — Geduld, daß Geduld — Erfahrung, daß Erfahrung eine Hoffnung bringe, die nicht zu Schanden werden läßt. Und führt es euch selbst zum Ziele; seyd ihr von uns geschieden, ehe es seinen Kreislauf vollendet — bei dem Entschlusse, den ihr heute faßt, wirds euch an Muth und Zuversicht nicht fehlen, wenn die Pforten der Ewigkeit sich vor euch öffnen; ihr habt euch läutern lassen, wie das Gold im Feuer, und trennt euch von diesem Uebungsplatze eurer Kindheit mit dem Bewußtseyn: Wir haben einen guten Kampf gekämpft; wir haben Glauben gehalten und überwunden; uns ist die Krone der Gerechtigkeit beigelegt.

Zu wichtig ist dieser Entschluß, von welchen wir reden, und zu laut dringt uns die Klugheit und die Ruhe des Herzens und die Pflichttreue selbst, daß wir ihn am ersten Tage des Jahres mit allem Ernste fassen, als daß wir nicht an die Bedingungen denken sollten, unter welchen er uns leicht werden, und Festigkeit erlangen kann. Er hat seine Schwierigkeiten, das dürfen wir uns nicht verschweigen; unsere sinnliche Natur sträubt sich unabläſſig gegen jede Zucht; ſie ſchmachtet nach ungeſtörtem Wohlſeyn, ohne Anſtrengung möchten wir zum Ziele kommen und ohne Kampf zum Siege. Allein wir werden jenen Entſchluß dennoch faſſen und er wird Stärke gewinnen, und zur Ausführung kommen, wenn wir den Glauben an Gott und Unſterblichkeit mit allem Fleiße zu beleben ſuchen.

Iſt der Glaube an Gott in uns lebendig geworden, rechnet darauf, gleichſam von ſelbſt fühlt ihr euch entſchloſſen, euch ſchmerzliche Prüfungen gefallen zu laſſen. Haben wir, ſo weit es unſere Beſchränktheit zuläßt, eine richtige Vorſtellung von Gott und ſeiner Regierung gefaßt, haben wir uns daher überzeugt, daß der Urheber unſerer Natur unſere Vollendung und unſere Seligkeit wolle: ſo bleibt uns kein Zweifel darüber, daß auch die Prüfung zu dieſem Zwecke führen ſoll. Es iſt uns ausgemacht, unter ſeiner Leitung müſſe aus aller ſcheinbaren Unordnung — Ordnung, aus allen Stürmen — Ruhe, aus der Finſterniß — Licht, aus den Ketten der Knechtſchaft — Freiheit, aus dem Elende einſt Segen und Heil hervorgehn. Es iſt uns ausgemacht, aus welchen Quellen auch die Prüfung fließe und welche nähere Veranlaſſung ſie auch in uns oder in andern finde — beſſern könne und ſolle ſie uns, wollen wir uns nur beſſern laſſen, und beglücken werde ſie uns, wollen wir uns nur vorbereiten, das Gute anzunehmen, wozu ſie führen ſoll. Laſſet es daher nur nicht an Eifer gebrechen, dieſen Glauben immer feſter zu gründen, und ihn lebendig zu erhalten! Dazu wird auch das neue Jahr Veranlaſſungen genug bieten — laßt ſie uns nutzen! Beleben können wir ihn durch vernünftiges Denken über Gott: mögen Stunden ernſter Sammlung oft für uns kommen! Wir beleben ihn durch frommes Gebet: möge es nicht erſt der Ermahnung bedürfen: haltet an am Gebet; möge das eigene Herz zu einem Geſchäfte treiben, das ihm Freude, Ehre und Segen iſt! Wir beleben ihn durch weiſen Gebrauch der Schrift; o, möge auch in dieſem Jahre das Wort Gottes reichlich unter uns wohnen! Wir beleben ihn durch die würdige Feier der Tage, die der öffentlichen Verehrung Gottes geweiht ſind; verlaſſet auch in dieſem Jahre unſere Verſammlungen nicht! Wir beleben ihn durch ſtilles, aufmerkſames Weilen bei Gottes Werken, die ſeine Ehre verkündigen; möge die Sonne, die euch leuchtet, und die mütterliche Erde, die euch nährt, die Pracht des Himmels und die Blume, die bescheiden an eurem Wege blüht, euch Gott predigen, und seine Weisheit und Liebe! Wir beleben den Glauben an ihn, wenn wir auf die Erfahrung achten: möge sie euch lehren von ihm und erheben zu ihm! Laßt die Geschichte reden, und sie wird es euch unwiderleglich darthun, durch Leiden sey unser Geschlecht gebildet, aus seiner Trägheit geweckt und veredelt; gewaltige Erschütterungen haben oft dem Geiste ganzer Nationen eine bessere Richtung gegeben, wie die Prüfung, die dem einzelnen begegnete, ihn zu der sittlichen Größe emporhob, zu der Gediegenheit brachte, zu der Thatkraft befeuerte, die er, außerdem, nicht erreicht und bewiesen hätte. Aus Prüfungstagen sind die ehrwürdigsten Vertheidiger der Freiheit und des Rechts, die freimüthigsten Bekenner und Zeugen der Wahrheit; die erhabensten Muster der Tugend und Frömmigkeit hervorgegangen. Und habt ihr es nicht selbst bemerkt, wie so manches, fast erstorbene Gefühl für Religion und Wahrheit wieder angeregt, wie die Aufmerksamkeit auf das Eine, was Noth ist, wieder gespannt, wie das Gefühl der Abhängigkeit von Gott, wie die Sehnsucht nach seiner Gnade wieder inniger ward, wenn hier der eine durch Prüfung zur Reue und Selbsterkenntniß, dort der andere zum Bewußtseyn seiner Ohnmacht, wenn der Gerettete zur Dankbarkeit und zum Vertrauen geführt ward? Lassen wir uns nur durch alles, was dazu geeignet ist, auf Gott zurückweisen, und beleben wir so den Glauben an ihn: es wird uns leicht werden, mit dem Entschlusse auch schmerzliche Prüfungen uns gefallen zu lassen; wir beruhigen uns in seinem Willen; wir sind zufrieden mit dem Wege, den er für uns wählt, wie beschwerlich ihn auch die Sinnlichkeit finden mag. Dahin bringt ihr's um so gewisser, wenn ihr auch

den Glauben an Unsterblichkeit treu bewahrt. Jede weise bestandene Prüfung segnet uns hier schon mit himmlischen Gütern; oft giebt sie auch dem äußern Schicksale eine bessere Gestalt. Viele sahen einen freundlichen Abend aufgehn nach einem trüben Morgen, und ihre Sonne in Frieden sinken. Doch wir gestehn es ein, diese Erfahrung ist keineswegs eine allgemeine; wir wissen sehr wohl, es giebt Dulder, die ihre Bürde forttragen bis zum Grabe, und wie schwer würde sie ihnen werden, womit, sagt selbst, womit sollten sie das arme Herz erquicken, gäbe es nicht eine Aussicht, die weit über die enge Grenze der Zeit hinausträgt? Lasset diese offen und entzückend vor euch sich aufthun, und euer Entschluß steht fest, euch jede, auch die schmerzhafteste Prüfung gefallen zu lassen. Denn wie sie nur kurz, nur ein trüber Augenblick im Vergleiche mit der Ruhe sey, die dem Volke Gottes vorhanden ist, das werdet ihr euch sagen, und damit habt ihr euch alles gesagt, was euren Entschluß befestigen kann. Oder erscheint euch nicht wirklich die Prüfung, die euch begegnet, immer kürzer, je ernster ihr sie mit der Zukunft vergleicht? Ich frage euch, ihr Geprüfte unter uns, die ihr im vergangenen Jahr euer Brod mit Sorgen gegessen, und manche Nacht euer Lager mit euren Thränen benetzt habt — ist es euch nicht heute schon wie den Träumenden? Wird es euch so nicht seyn, wenn einst die Zeit der Prüfung ganz vorüber ist? Unerträglich lang erscheint sie nur dem Blicke, der allein auf diesen kleinen Punkt des Daseyns auf Erden hinstarrt, unterdessen er sich vor den unermeßlichen Räumen einer seligen Zukunft verschließt. Wohl wird die Trübsal, so lange sie da ist, euch nicht Freude, sondern Traurigkeit dünken: aber ihr werdet euch ruhiger in die Sorge finden, die euch eben beschwert, und stiller unter die Last beugen, die euch eben drückt, wenn mit jedem Fortrücken des Zeigers eurer Uhr auch das Ende eurer Lasten näher kommt; und wenn euch der Glaube an ein neues Leben Folgen aus diesen Prüfungen verbürgt, die einen unendlichen Ersatz bieten. Habt ihr sie gelten lassen für das, was sie sind, für Erziehungsmittel in der Hand der Vorsehung, haben sie euer Herz gereinigt, euren Willen veredelt, eure Kräfte geübt, eure Treue bewährt: nein, dann waren sie nichts weniger, als eine zwecklose Geisel; dann sind sie nicht umsonst ertragen; sie wirken beglückend fort, wenn lange, lange schon der Tag vorüber ist, wo euch um Trost sehr bange war! — Und wie? — wir sollten bei diesen Aussichten nicht den Entschluß fassen, sie uns willig gefallen zu lassen? O, ob sie auch im neuen Jahre uns treffen, wir fassen ihn, wir bewahren ihn, und heben unsere Häupter auf, denn wir wissen, daß eine Erlösung nahe sey! Wir weigern uns der Züchtigung des Allmächtigen nicht, da du uns bleibst, heiliges Land der Vergeltung! Was wir auch tragen, was wir verlieren werden: durch stille seyn und hoffen werden wir stark seyn, da du uns aufnimmst, endlose, selige Zukunft! Mag auch im neuen Jahre die Gewalt der Vergänglichkeit herrschen, mag untergehn, was freundlich blüht, mag zertrümmern, woran die Liebe warm und innig hängt: wir betreten seine Bahn mit männlicher Fassung, da du uns tröstest, unvergängliches, unbeflecktes, unverwelkliches Erbe, das behalten wird im Himmel! Amen.

2.

Höchst verschieden sind die Ansichten über menschliche Schicksale, m. Br. Der eine sieht darin blos das rein Menschliche; alles erscheint ihm als Wirkung des eigenen Wollens und Beginnens, und es fehlt nicht viel, daß er sich zum unumschränkten Herrn seines Schicksals erklärt. Der andere meint, alles, was geschehe, sey Gottes Werk, und er vertheidigt diesen Satz mit Gründen, die wir achten müssen; allein er mißbraucht ihn; er schließt alle Einwirkung der menschlichen Freiheit aus; er benutzt ihn zu der Behauptung, daß wir gar keinen Einfluß auf den Gang unsers Schicksals äußern können. So wird er abergläubig und wundergläubig, und beruhigt sich am Ende bei jeder Thorheit und bei jedem selbstverschuldeten Leiden in dem Gedanken: Gott habe es gewollt und so bestimmt. Die Abweichung beider Ansichten ist zu groß, als daß sie nicht auffallen und bemerklich werden — der Gegenstand, auf welchen sie sich beziehen, ist zu bedeutend, als daß er nicht unsere volle Aufmerksamkeit in Anspruch nehmen sollte. Diese hat man denn auch wirklich bewiesen; man hat, um zu einem richtigen Urtheile zu kommen, beide Ansichten oft geprüft, man fand, daß in beiden Wahres enthalten sey, und man suchte daher, sie mit einander in Einklang zu bringen. Und wenn schon unsere Väter das Sprüchwort im Munde führten: „Der Mensch denkt, und Gott lenkt!“ wenn wir's von ihnen lernten, wenn wir's so oft schon wiederholt, wenn wir uns damit bei den unerwarteten Wendungen unseres Lebensganges Trost zugesprochen haben — was thaten wir anderes, als daß wir uns, so gut wir vermögen, die wunderbare, geheimnißvolle Verbindung zu veranschaulichen suchten, in welche die ewigen, unabänderlichen Rathschlüsse Gottes mit unserm freien Wirken gesetzt sind? Noch stehen wir an den ersten Anfangspunkten des neuen, begonnenen Jahres; wir sehen den Erscheinungen noch harrend entgegen, die es offenbaren wird; wir werden daher um so lieber auf Betrachtungen dieser Art eingehen, zu welchen überdies der Abschnitt der heiligen Schrift, über welchen wir jetzt zu euch sprechen sollen, eine ganz nahe Veranlassung giebt. Er enthält eine entscheidende Bestätigung des Ausspruchs, daß der Mensch denke, aber daß der Gang der Dinge von Gott gelenkt werde. Lasset uns diese Wahrheit in nähere Betrachtung ziehen.

Sprüch. Sal. 16, 9.

Wenn diese Worte an die Entwürfe erinnern, welche der Mensch macht, und welche allein unter Gottes Leitung ausgeführt werden können, an die Absichten, welche der Mensch zu erreichen sucht, und welche unter Gottes Leitung allein erreichbar sind, so rufen sie uns den alten, wahren Ausspruch in's Gedächtniß zurück:

„Der Mensch denkt, und Gott lenkt!"

Wir wollen zuerst seinen Inhalt zu erläutern und über das geheimnißvolle, räthelhafte Verhältniß des menschlichen Denkens zu der göttlichen Leitung uns Licht zu verschaffen bemühen. Es wird sich sodann leicht die Anwendung finden lassen, welche die Beschäftigung mit diesem Gegenstande fruchtbar für unser Herz und Leben macht.

Der Mensch denkt. Was wir damit sagen wollen, bedarf keiner Erklärung. Er wird sich seiner Bedürfnisse bewußt; er untersucht, wie er sie befriedigen könne; er macht Entwürfe zur Erreichung seiner Absichten. Die tägliche Erfahrung lehrt, daß dem so sey. Ist der Verstand erst erwacht, regen sich erst Neigungen, hat sich der freie Blick in die Welt erhoben, zeigt sich dem beschauenden Auge ein wünschenwerthes Gut nach dem andern, regt sich die Kraft, das Ersehnte zu erstreben: so werden Pläne mancher Art entworfen. Aber diese Pläne — wie sind sie beschaffen? Können wir einer Frage, die so nahe liegt, nicht ausweichen, so laßt uns nur unverholen gestehen, oft seyen sie thöricht, oft klug, oft aber auch weise und gut. Thöricht müssen wir viele derselben nennen: kündigen sie sich doch gleich auf der Stelle in dieser Eigenschaft an. Kaum sollten wir glauben, daß sie in eines Menschen Sinn kämen, der zu reiflicher Ueberlegung fähig ist; Wünsche, Entschließungen und dann Bestrebungen, die das Gepräge der Kindheit des Geistes an der Stirne tragen, aus welchem sie flossen, die sich nothwendig selbst zerstören müssen, und, wie Luftgebilde, wieder verschwinden. —

Bald sind sie wohl klug, aber auch nichts weiter, als klug. Wir sehen unsere Vortheile; wir denken nach über die Maßregeln, die jetzt zu ergreifen sind, wir ersinnen zweckmäßige Mittel, aber wir halten sie nicht an den sichern Probierstein, welchen das Gesetz Gottes uns darbietet. Denken an die, welchen bei ihren Plänen alles recht ist, was zum Zwecke führt, List und Betrug und Falschheit und Gaunerei und Niederträchtigkeit — sie scheuen nichts, und meinen, das heiße, sich in die Welt schicken, und überreden sich, anders könne es nicht angefangen werden, wenn man durchkommen wolle. O, ihr findet unter dem, was die Menschen denken und wollen, wie klug es immerhin erscheinen mag, unendlich viel, was ihr nur mit Ekel und Abscheu betrachten könnt. Es ist die Frucht des kalten, auf Vortheil und Gewinn alles berechnenden Verstandes, der im Dienste der Leidenschaft und verkehrter Neigungen steht. — Doch wie viel Gutes und Edles findet ihr auch im menschlichen Denken und Wollen, und wie traurig wäre es, könnten wir das nicht behaupten! Was gemeinnützig ist, was edel ist, was die Quellen der Erdenleiden verstopft, was Trost, Beruhigung und Hilfe in die Gemächer des Jammers bringt, was die Kräfte des Geistes entwickelt und schärft, und was das Herz reinigt — Bildung und Besserung, auch das wollen und verlangen Menschen; das denken, dahin arbeiten sie, daß das Reich Gottes zu uns komme und uns segne.

Bei allen diesen Entwürfen ist es nun Gott, welcher lenkt. Bald läßt er zu, was wir wollen, bald hindert er, was wir auszuführen gedachten, bald giebt er unsern Entwürfen eine andere Richtung, bald unterstützt und fördert er den Gang unserer Unternehmungen. Daß er oft zulasse, was der Mensch denkt, lehrt euch die tägliche Erfahrung. So findet ihr es bei thörigen und klugen, aber unsittlichen, so findet ihr es bei weisen und edeln Gedanken, und ihr würdet daher sehr irren, wolltet ihr den innern Werth derselben blos und allein nach ihrem glücklichen Erfolge bestimmen. Kommt der Mensch in Lagen, die seine Absichten begünstigen, erreicht er also das Ziel, das der Gegenstand seines Denkens und Wollens war: so ist ihm zugelassen, wornach er sich sehnte, allein die Güte seiner Zwecke kann dabei noch sehr zweifelhaft seyn. In solchen Lagen kann der Bösewicht das Aergste ausführen; der Dieb stiehlt, und bleibt unentdeckt; der Wucherer wuchert, und wird reich; der Mörder mordet, und seine Missethat wird verschwiegen; der Dränger schwingt seine Geißel, und Tausende zermalmt sein eiserner Fußtritt, er bleibt ungestraft; der verkürzte Lohn der Arbeiter schreit, und das Ohr der Menschen bleibt taub.

Nicht selten seht ihr dagegen verhindert, was der Mensch gedacht hat. Das merken wir dann, wenn sich unerwartet Kräfte gegen sie verschwören, an die sie kaum dachten, und ihnen ihr Unvermögen fühlbar machen; wenn die Entwürfe, über welche sie lange gedacht haben, die mit Klugheit und Umsicht angelegt sind, an deren Ausführung mit Entschlossenheit und Muth und Beharrlichkeit gearbeitet ward, oft bei den freundlichsten Aussichten auf einen glücklichen Erfolg dennoch mißlingen, wenn sie auf Schwierigkeiten treffen, die ihnen unüberwindlich sind. Mächtiger, als Worte, spricht dann die Erfahrung an die Ohnmacht des Menschen: Bis dahin sollst du kommen und nicht weiter! und er steht betroffen da, und fühlt, daß er Staub sey. — Ein anderesmal gewinnt, was der Mensch dachte, eine völlig andere Richtung, als die, worauf er gerechnet hatte. Er kommt zum Ziele, aber zu einer Zeit, wo er's nicht glaubte, an einem Orte, den er nicht kannte; unter Umständen, die er in die Reihe seiner frühern Vorstellungen nicht aufnehmen konnte; unter Verhältnissen, die ihm neu und überraschend sind. Er hat erreicht, was er will — aber wie ganz anders hat sich alles gestaltet! Gott lenkt! sagen wir dann, und wie sollten wir anders sagen, wo so oft die unleugbarsten Unterstützungen seiner Macht und Weisheit, seiner Liebe und Treue uns klar wird? Freilich können wir diese Behauptung nur auf das beziehen, was als Werk seiner Leitung und seines Segens betrachtet werden kann, also nur auf solche Entwürfe und Unternehmungen, die wir nach den Aussprüchen der Vernunft und der Religion für recht und gottgefällig erklären dürfen. Ist Gott heilig und kann er das Gute nur wollen, so ist es entschieden, daß Unterstützung und Hilfe von ihm nirgends zu erwarten sey, wo sein Gesetz mit frevler Hand angetastet und frech übertreten wird. Daher ist es auch allein der Fromme, der vertrauensvoll darauf rechnet, Gott werde das Werk seiner Hände fördern und segnen; daher bezieht er nur mit Recht jedes Gelingen seines Vorhabens auf Gott, dankt ihm den Fortgang, den es hat, erkennt seinen Segen dabei an, komme er auch erst spät und nach langem

Kampfe mit Hindernissen jeder Art. Eine heilige Weltordnung kann in dem Reiche sittlicher Freiheit auch das Böse zulassen, weil gewaltsame Unterdrückung desselben — gewaltsame Vernichtung der Freiheit und Aufhebung aller Tugend und aller sittlicher Würde wäre: aber fördern und unterstützen kann sie das nur, was recht ist.

Fassen wir diese Ansicht, so wird die sittliche Freiheit des Menschen und seine Zurechnungsfähigkeit eben sowohl, als die unumstößliche Wahrheit aufrecht erhalten, daß Gott alles lenke. Frei bleibt der Mensch, so hat der Herr ihn geschaffen. Er bestimmt sich nach eigener Einsicht, unabhängig von zwingenden Kräften der Natur; dessen ist er sich bewußt, und eben deßwegen erklärt er sich für den Urheber seines Wollens und seiner That, deßwegen kann ihm zugerechnet werden, was er unternimmt und wirkt; deßwegen ist er verantwortlich vor seinem Gewissen und vor Gott; darum ist es seine Schuld, wenn er dem bösen Gedanken Raum giebt und nachhängt, seine Schuld, wenn er das Böse wählt; seine Schuld, wenn aus der bösen Wahl nur böse Folgen sich entwickeln, wenn die Sünde wieder Sünde, wenn das Elend der Sünde neues Elend gebiert; wenn er, der das Schlechte wählte, zerstört, wo er aufbauen konnte, verdirbt und elend macht, wo er erfreuen und segnen konnte. — Und dennoch ist es nicht weniger wahr, daß Gott lenkt. Nichts ohne Gott! Alle Kräfte, alle Gelegenheit des Denkens und Handelns gehn von dem Urheber der Dinge aus. Brauchen und mißbrauchen, versäumen und ergreifen kann sie der Mensch; nie aber wird er mit allem seinen Denken und Wollen, nie mit seinen festesten Grundsätzen, nie mit seinem entschlossensten Muthe, nie mit dem Aufbieten aller Kräfte, nie wird er unumschränkter Herr seines Schicksals seyn; nie hat er die Lagen und Verhältnisse, in welche er kommt, nie die Umstände, die ihn begünstigen oder ihm hinderlich in den Weg treten, unbedingt in seiner Gewalt; nie kann er sich aller der Kräfte der Außenwelt bemeistern, unter deren Einfluß der Weg, welchen er angeschlagen hat, bald fortgeht, bald der Lauf seines Beginnens gehemmt wird, oder eine unerwartete Richtung bekommt, welche er aufzuhalten viel zu ohnmächtig ist; nie kann er alle Folgen seines Beginnens berechnen und ihren Zusammenhang überschauen, Folgen, die oft grade das Gegentheil von dem bewirken, was er bezweckte. Wir stoßen hier auf eine Thatsache, die sich in unleugbaren Erfahrungen ankündigt, die uns aber auch mit hoher Bewunderung erfüllt. Wir beugen uns vor dem Unendlichen, in dem, und zu dem und von dem alle Dinge sind; wir fühlen die Würde, nach seinem Bilde, zu freien Wesen erschaffen zu seyn, aber wir fühlen uns unter seiner Leitung und erkennen über uns eine Macht, die überall gebietet; wir erkennen einen ewigen, von dem beschränkten Verstande nicht erreichbaren Plan der göttlichen Weisheit, in welchen die freie Handlung des Geschöpfes schon aufgenommen, und bei welchem sie mit berechnet ist, und der des großen Zwecks nie verfehlen kann, zu welchem er angelegt ist. Der Mensch denkt, aber die heilige Ordnung bestehet, zu welcher Alles mitwirken muß, was ist, und geschieht — Gott lenkt!

So vielseitig die Anwendung ist, welche sich von diesen Bemerkungen machen läßt, so genüge es jetzt, nur darauf hinzuweisen, daß sie ganz vorzüglich geeignet seyen, den Stolz zu demüthigen, der Verzagtheit zu wehren, zur strengsten Gewissenhaftigkeit zu ermuntern, mit dem erquickendsten Troste aufzurichten und eine unbedingte Gottergebenheit und die Hoffnung auf eine künftige Welt zu bewahren.

Es giebt einen Stolz auf eigene Kraft, m. Br., der sich allein Alles zuschreibt, der euch spottend entgegentritt, wenn ihr ihm bemerklich macht, daß Gott Alles lenke, wenn gleich dem Menschen ein freies Wählen überlassen bleibe. Ach, daß ihr euch beschämen, daß ihr euren Wahn zerstreuen ließet, ihr Alle, die ihr euch auf euch allein stützen wollt! Was ihr auch denken, was ihr vorhaben, welche Entwürfe ihr machen, welche Pläne ihr ausführen mögt, was ist's, das ihr nicht empfangen habt? Und wenn ihr's empfangen habt, was rühmt ihr euch denn, als hättet ihr's nicht empfangen? Wenn ihr am Ziele steht, wenn euch glücklicher, als tausend andern gelungen ist, was ihr begonnen habt, wenn jedes Hinderniß, das euch entgegen trat, beseitigt, jede Anstrengung, die ihr machtet, mit Segen gekrönt ist — was ist denn euer Werk? Wir wollen eure Klugheit, euren Fleiß, eure Thätigkeit nicht verkennen: aber ihr dachtet — Gott lenkte; ohne ihn wäre nichts vollendet. In Demuth lasset die alte Wahrheit gelten: des Menschen Herz schläget seinen Weg an, aber der

Herr allein giebt, daß er fortgehe. Möchtet ihr auch das Beste gewollt haben, könnet ihr euch der reinsten, edelsten Gründe, eures Handelns bewußt seyn — haltet den Gedanken fern, als hättet ihr ohne Gottes Lenken das Ziel erreicht. Der Anblick des vollendeten Werkes eures Edelmuths und eurer Liebe sey für euch die laute Aufforderung zum frommen Danke — „Nicht uns, Herr, nicht uns, sondern deinem Namen gieb Ehre! Denn habt ihr's etwa ohne Gott vollbracht? Wie — ohne ihn hättet ihr euch gebildet, ohne ihn hättet ihr das Licht, das euch erleuchtet, ohne ihn den frommen Sinn errungen, der euch beseelt; ohne ihn die Kraft und den Muth erworben, der allen nöthig ist, welche unsträflich vor ihm wandeln und Gutes thun wollen, ohne müde zu werden? Doch ihr habt es ja unzähligemal gestanden, in ihm leben, weben und sind wir; ihr habt euch ja längst gewöhnt, seine Hand in Allem und überall zu erblicken; ihr sehet, bei einem ehrenvollen Zeugnisse eures Gewissens, in dem Fortgange eures Geschäfts, das ihr mit strenger Pflichttreue betreibt, nur die segnende Huld von Oben, und begreift die Worte der Schrift: Wo der Herr nicht das Haus bauet, so arbeiten umsonst, die daran bauen, und wo der Herr nicht die Stadt behütet, so wachen die Wächter umsonst.

Aber auch der Verzagtheit soll der Gedanke wehren, daß der Mensch denkt, und Gott lenkt. Wie bald, wie bald würden wir muthlos werden, müßten wir auf das allein sehen, was wir sind und haben und vermögen, könnten wir, umgeben von gewaltigen Kräften, die uns so oft zu einem ungleichen Kampfe auffordern, nicht auf eine höhere Leitung rechnen! Wie viele von denen, welche dreist gefragt hatten: Wer ist der Herr? sind zuletzt verzweifend dem Gefühle ihrer Ohnmacht unterlegen! Doch ist es Gott, welcher lenkt, ist er für uns, so bald wir nur das Rechte wollen: wer mag wider uns seyn? Mit ihm werden wir Thaten thun! Im Glauben an ihn und sein Walten wird der Verzagte stark, und der Muthlose muthig. Wie viel Kraft auch ein Werk fordern mag; sie kommt von Gott, und bei ihm ist kein Ding unmöglich; wie wenig auch die Umstände uns begünstigen, und wie wenig sie in unserer Gewalt stehn; wenn der Herr spricht, so geschiehts, wenn er gebeut, so stehts da! Wie unzureichend auch die

Mittel scheinen mögen, die in unsere Hände gelegt sind: es ist dem Herrn nicht schwer, durch viel oder wenig helfen. Wo wahre Hoheit des Sinnes, wo — nicht Starrsinn, der den weisesten Rath verschmäht — aber feste Beharrlichkeit im Streben nach großen und edlen Zwecken, wo Ausdauer unter den Einflüssen einer ungünstigen Zeit, wo Freudigkeit der Hoffnung, in Tagen, in welchen Alles verloren zu seyn schien, hervortrat, wo — nicht die Verzweiflung kämpfte — wohl aber der Heldenmuth sich erprobte, der seines Namens werth ist: da hatte sich tief in's Gemüth die Ueberzeugung geprägt, daß Gott es sey, welcher lenkt, und die Verzagtheit war gewichen, und ein männlicher, entschlossener, fester Sinn war eingezogen in's Herz, und die Mitwelt sah mit Erstaunen, was er vermochte, und die Nachwelt fand auf den Plätzen, wo er gewirkt hatte, die Muster, auf welche sie zurückwieß — „— Schauet ihr Ende an" hieß es, „und folget ihrem Glauben nach!"

Welch eine strenge Gewissenhaftigkeit eben jener Gedanke bewahren lehre, und wie er zu ihr ermuntere — das ist von selbst klar. Laßt ihn lebendig vor der Seele stehn, und ihr werdet vorsichtig seyn, und werdet ein gutes Gewissen bewahren, beides gegen Gott und die Menschen, möget ihr nun einen Rath fassen, oder an seiner Ausführung arbeiten. Zulassen kann eine heilige Weltregierung das Böse, denn sie gründete ein Reich freier Wesen; billigen und unterstützen kann sie es nimmermehr, das haben wir schon bemerkt. Aber müssen wir nicht bei dem, was wir wollen und thun, diese Billigung und Unterstützung wünschen, sobald wir ruhig seyn wollen? Müssen wir nicht wünschen, daß wir uns des Beistandes einer alles vermögenden unendlichen Macht getrösten können? Und soll dieser Trost möglich seyn, müssen dann nicht unsere Gedanken Gottes Gedanken, unsere Wege Gottes Wege seyn? O, es leuchtet euch allen ein, was euch dann obliegt! Ihr fühlt es, unterwerfen müsset ihr dann jeden Vorsatz einer strengen, unpartheiischen Prüfung; die Frage: Ist's auch recht? muß immer die erste bleiben, die ihr zur Sprache bringt, an deren Beantwortung euch Alles gelegen seyn soll; ihr müsset vor der Stimme des Gewissens jede Einflüsterung der Sinnlichkeit und der Selbstsucht zurückweisen; ihr könnet euch nicht erst mit Fleisch und Blut besprechen, wenn's darauf ankommt, zu wählen und zu erstreben, ihr wollet nur bei jeder Wahl, die ihr trefft, bei jedem Ziele das ihr erstrebet, vor dem bestehn, der das Geheimniß eures Innern kennt, der das Herz prüft und ansieht, der auch die Gedanken von ferne weiß. Vergesset ihr es nicht, Alles lenke Gott, so nehmt ihr auch Alles genau, so nehmt ihr ihn überall zum Zeugen, so gewöhnt ihr euch zu einer strengen, unbestechlichen Gewissenhaftigkeit; so öffnet ihr euch aber auch eine Quelle des erquickendsten Trostes. Freilich, dieser Trost ist abhängig und bedingt von dem Bewußtseyn der jedesmaligen Treue, die wir bewiesen haben, von der Lauterkeit unserer Absichten, von der Klugheit, die wir angewendet, von der Thätigkeit, die wir erprobt, von der Besonnenheit, womit wir begonnen haben, von der Ausdauer, womit wir fortfuhren in dem Angefangenen, von der Tugend und Gottesfurcht, die uns überall geleitet hat. Wir werden, bei dem Mißlingen unserer Absichten, das auf unsere Rechnung setzen, was wir dabei verschuldet und was wir gefehlt und gestrauchelt haben; wir werden die verfehlte Absicht um so schmerzlicher empfinden, je unumwundener wir uns gestehn, nur an unserer Thorheit, an unserer Schwäche, an unserer fehlerhaften Handlungsweise habe es gelegen, daß uns nicht zu Theil ward, was unser seyn würde, hätten wir anders und besser gehandelt. Soll die Ueberzeugung, daß der Mensch denkt, und Gott lenkt, uns wahrhaft beruhigen, so muß sie uns vor allen Dingen bessern, so muß sie uns zu dem Eifer bringen, der Alles aufbietet, um den Einflüssen unserer Kurzsichtigkeit zu begegnen, um jede Uebereilung zu vermeiden, um jede Herrschaft der Begierde zu brechen, die nur irre führen, um allem entgegen zu arbeiten, was das Gewissen verletzen kann. Ist's aber dahin gekommen, dann tröstet sie auch über den Gang unseres Schicksals mehr, als irgend eine es vermag. Wie müßten wir uns vor uns selber fürchten, sollte Alles von uns ausgehen, sollten wir, die wir nicht Eine Folge unserer Handlungen, in allen ihren Wirkungen zu berechnen im Stande sind, die Regenten unseres Schicksals seyn! Wie trostlos würden wir auf die Täuschung, die dem Klügsten begegnen, auf die Fehltritte, die den Besonnensten zur Reue bringen können, hinweisen, wie verlassen würden wir uns fühlen, ruhete die Leitung unserer Angelegenheiten nicht in der Hand dessen, der allein Weisheit hat, und vor dem durch die Finsterniß Licht ist und die

Nacht leuchtet, wie der Tag. Nur erst dann, wenn der Glaube fest und lebendig ist, daß Gott lenke, beschwichtigen wir die quälende Ahnung von zerstörenden Folgen unserer Fehler, dann erst fassen wir wieder Muth in der Hoffnung, daß uns, wenn wir Gott nur lieben und seine Gebote halten, Alles zum Besten dienen werde; daß unter seiner Leitung selbst das Straucheln zum neuen Aufstehn führen, und das verschuldete Leiden noch eine Schule sittlicher Bildung und Uebung werden müsse, die uns empfänglich macht für jede gute und vollkommene Gabe, welche von Oben kommt, von dem Vater des Lichts, dann kann die Reue nicht mehr zernichten mit ihrem Schmerze, sondern sie wird die Kraft spannen, damit wir feste Tritte thun auf dem Pfade des Lebens, und geschickt werden, zu jedem Segen, mit welchem die Vaterhuld Gottes so gern die fromme Tugend krönt. Und wie hat er sich bewährt dieser Trost, der ausgehend von dem seligen Bewußtseyn unserer Gemeinschaft mit Gott, das Herz in seiner Führung ruhen läßt, wie hat er sich bewährt in seiner Kraft, zu jeder Zeit! Könntet ihr alle zu uns sprechen, die ihr's erfahren habt, wie Gott lenkt, könntet ihr uns erzählen, was er Großes an euch that, wie eure Erwartungen übertroffen sind, so bald ihr nur von ganzem Herzen an ihn euch hieltet, so bald ihr nur offene Augen hattet für sein Heil, welche Lobgesänge würden wir hören! Welche wunderbare, herrliche Führungen, welche Entwicklungen menschlicher Schicksale, welche Spuren eines weisen Waltens würden wir erkennen! Wie würden wir erstaunen vor den unzähligen Beweisen, daß da, wo Gott lenkt, auch der Verlust zum Gewinn, und die Thränensaat zu einer Freudenernte werden muß!

Daher gedeihet denn auch eine unbedingte Gottergebenheit nicht leichter und sicherer, als bei diesem Gedanken. Wie könnten wir noch anstehen, alle unsere Sorge auf Gott zu werfen; der für uns sorgt? Alle unsere Wege dem zu empfehlen, der sie lenkt, und der es wohl macht? Ob wir auch wandeln in einem finstern Thale, — wenn wir nur weise sind, wenn nur unser Unverstand nicht tadelt, was er nicht versteht, unsere Verdrossenheit, unsere Trägheit, unsere Zaghaftigkeit nicht aufs neue verderben, was uns bereitet ist; wenn wir nur zu nutzen suchen, was sich unter Gottes Leitung gestaltet hat: wie ruhig, m. Br., wie ruhig werden wir uns an diese

Leitung hingeben, wie sicher trauen unter dem Schatten ihrer Flügel! Wir sind zufrieden und stille, da wir's mit dem zu thun haben, der, wenn er uns demüthigt, uns zu erhöhen weiß zu seiner Zeit, und ob es scheinen möge, daß er sein Angesicht einen Augenblick vor uns verbirgt, dennoch unser Schreien hört und uns hilft.

Nur das vergesset nicht, daß die volle Entwicklung eures Schicksals auf die Ewigkeit berechnet sey. Wolltet ihr das Lenken eures Lebensganges blos und allein nach den Erscheinungen des Augenblicks beurtheilen: wie würdet ihr euch täuschen! O, es kann seyn, eure angelegentlichsten Wünsche bleiben unerfüllt, eure mühsamsten Anstrengungen erreichen nicht den Zweck, auf den sie gerichtet waren; es kann seyn, daß euch das Unersetzliche genommen wird, daß euch selbst das Grab verschlingt, ehe ihr die Frucht eurer Arbeit sehet. Aber es geht euch über jede mögliche Bedenklichkeit ein Licht auf, wenn ihr den großen Zusammenhang zwischen Gegenwart und Zukunft, zwischen Zeit und Ewigkeit bedenkt, wenn ihr euch sagt, darum lenke Gott, was ihr dachtet, nicht daß nur irdische Zwecke erreicht werden, welche in den Fluthen der Jahre und Jahrhunderte untergehen; sondern darum, daß ihr eure Bestimmung erreicht, daß euer inneres Leben gedeihe, daß eure Kraft geübt und entwickelt, daß euer Herz gebildet, vollbereitet, gestärkt, gekräftigt, gegründet werde, daß ihr fähig werdet für das Erbtheil der Heiligen im Lichte. Beginnt Alles nur hier, ist Alles nur Anfang, dort die Vollendung; o, mit welcher Zuversicht schauet dann das Auge auf den Unendlichen hin, der allein weiß, was auf immer beseligen kann, und wie jedes Einzelne sich ordnen, verzweigen und gestalten müsse, um das Geschöpf die Bahnen zu führen, die es durchlaufen soll. Wir fühlen demüthig unsere Abhängigkeit und beten an; wir verzagen nie, und unsere Zuversicht steht auf ihn, der Himmel und Erde gemacht hat; wir thun mit frommer Gewissenhaftigkeit, was uns obliegt, und das Vertrauen, daß uns Alles zum Besten dienen werde, stärkt sich von Tage zu Tage; wir sind reich an Trost unter jedem Wechsel von Lust und Leid; wir tragen eine Ergebenheit in uns, die sich in jedem Rathschlusse Gottes beruhiget, denn anders, als segnend für uns kann die Ausführung seiner Entwürfe und seiner Leitungen nicht seyn. Mag den Abend lang das Weinen währen, den Morgen begrüßt die Freude; mag unsere Trübsal uns beugen; sie ist zeitlich und leicht und wirkt eine ewige über alle Maße wichtige Herrlichkeit, wenn wir durch sie geübt sind; mögen wir hier nur stückweis erkennen, und wie durch einen Spiegel in einem dunklen Worte lesen: einst sehen wir von Angesicht zu Angesicht. — Welche Lobgesänge werden dann erst laut werden, wenn es ganz einleuchtet, wie jeder Rath, der uns so wunderbar erschien, doch der beste gewesen sey, und wie er herrlich hinausgeführt ward! — Sie ist nicht fern, diese Zeit der neuen Offenbarung! Laßt uns nur sorgen, daß das, was wir in dem kurzen Reste unserer Wallfahrt noch wollen und denken, daß jeder Weg, den wir anschlagen, dem Herrn gefalle — Er wird lenken, und machen, daß unser Weg fortgehe! Ihm sey Ehre und Anbetung in Ewigkeit! Amen.

3.

Zu den traurigsten Erfahrungen, welche sich machen lassen, gehört ohne Zweifel die, daß das wahre Gute so leicht übersehen und verkannt wird. Man ergreift, durch blendende Außenseiten getäuscht, ein Scheingut, und giebt das wahre auf. So ist es namentlich der Religion unzähligemale ergangen. Ihre Geschichte ist voll von Beweisen des Undanks gegen sie und ungerechter Vorurtheile, welche ihre Zwecke, ihre Anstalten und ihre Wohlthaten in ein falsches, gehässiges Licht setzten, schiefe Ansichten von ihr unterhielten, und Geringschätzung derselben mit einem unseligen Eifer begünstigten. Bald ließ sich diese Erscheinung aus Fehlern des Verstandes erklären, dem eine richtige Erkenntniß der wahren Religion gebrach, und der manche ihrer äußern Formen, wie sie aus der Menschen-Hand hervorgingen, mit dem innern, wahren Gehalte religiöser Wahrheit verwechselte; bald lagen Fehler des Herzens zum Grunde, das, hingegeben an seine Neigungen, sich mit einer so heiligen Führerin, als die Religion ist, nicht vertragen mochte. So wurden ihr die unverdientesten Vorwürfe zugezogen. Man hat sie nicht nur für etwas entbehrliches ausgegeben, o, man ist weitergegangen, man hat sich nicht entblödet, sie sogar als nachtheilig zu verlästern, und in ihr die fruchtbare

Quelle der zerstörendsten Uebel nachzuweisen. Einen ganz besondern Beifall hat sich die Meinung erworben, die Religion sey höchstens nur noch Sache für die Schwachen am Geiste, der Aufgeklärte und Gebildete habe ihrer nicht nöthig; sie möge ein Zaum für den rohen Menschen, und ein Schreckbild seyn, das geschickt ist, ihn in Zucht zu halten, aber der starke Geist nehme darauf keine Rücksicht; für ihn sey nichts entbehrlicher, als sie, und es verstehe sich von selbst, daß er abweisen werde, was nur für das Kindesalter unseres Geschlechts gehöre. Aus diesem Vorurtheile und aus dem Uebermuthe, der sich die Gebrechen, an welchen wir leiden, wie überhaupt die eigentlichen Bedürfnisse der vernünftigen Natur des Menschen sorgfältig verhehlt, mußte zuletzt jene dreiste Sprache, die man geführt hat, und die freche, alles Heilige verhöhnende Religionsverachtung sich erzeugen, über welche so oft und so laut geklagt ist, und welche das traurigste Sittenverderben immer in ihrem Gefolge hat. Kann uns etwas nöthiger seyn, als solche Vorurtheile mit der Fackel der Wahrheit zu beleuchten? Es war ja eine ganz andere Ueberzeugung, welche die Weisesten und Besten aller Zeiten hatten; sie behaupteten, daß die Religion ein unentbehrliches Gut für alle Menschen sey. Verdient ihre Ansicht nicht eine unpartheiische Prüfung? Muß es uns nicht daran gelegen seyn, mit uns auf's Reine über einen Gegenstand zu kommen, dessen Wichtigkeit keines Beweises bedarf? Laßt uns sehen, wie sie die Unentbehrlichkeit der Religion zu vertheidigen wissen. Finden wir die Wahrheit auf ihrer Seite, so müssen sich aus dem Ergebnisse unserer Untersuchung die bedeutendsten Folgerungen ableiten lassen.

Matth. 2, 1—2.

Aus fernen Landen kommen die Männer, von welchen in dem vorgelesenen Abschnitte der evangelischen Geschichte erzählt wird, um dem ihre Verehrung zu beweisen, dessen Erscheinen ihren Geist zu großen Erwartungen gespannt hatte. Sie ahneten das Außerordentliche seiner Bestimmung; es war die Hand eines Höhern, welche sie hier geschäftig fanden; es war ein religiöser, das Walten der Gottheit im frommen Glauben ergreifender Sinn, der sie anregte und leitete. Der führte sie auf die Reise; der sprach sich in allen ihren Aeußerungen aus; der machte sie gehorsam gegen die Mahnung, auf einem andern Wege zurückzuziehen in ihr Land. Wie ganz anders würden sie gehandelt haben, und wie ganz anders würden die Folgen ihrer Reise gewesen seyn, hätten sie den Sinn nicht treu in ihrem Gemüthe getragen! Und so ist es bei uns allen. Wir dürfen uns keinen Augenblick bedenken, mit der Behauptung unter euch aufzutreten,

„daß die Religion ein unentbehrliches Gut für alle Menschen sey."

Es wird unser Geschäft seyn, die Wahrheit dieses Satzes zu beweisen, und nachher auf die wichtigen Folgerungen aufmerksam zu machen, die sich aus derselben ziehen lassen.

Als Beweis für die Wahrheit, daß die Religion ein unentbehrliches Gut für alle Menschen sey, wird schon die Erfahrung gelten können. Wir berufen uns zunächst auf sie. Von jeher, so weit die Geschichte reicht, zeigte sich unter den Völkern, auf jeder ihrer Bildungsstufen, die Religion, wie verschieden auch die Gestalt seyn mochte, in welcher sie auftrat. Wo nur die Vernunft einigermaßen erwachte, und den Menschen über die fesselnden Schranken des thierischen Lebens erhob, da fühlte sich das Gemüth bald zum Höhern und Uebersinnlichen gezogen; da empfand man seine Abhängigkeit von einer überall gebietenden Macht; da trat die Vorstellung von einer höchsten Ursache aller Dinge hervor; da beugte man sich vor dem, in welchem man den Schöpfer, Erhalter und Regierer des Ganzen und seiner eignen Schicksale erkannte; da sahe man in ihm den Herrn und auch den Richter und Vergelter; da fühlte man Sehnsucht nach Vereinigung mit ihm. Diese Erfahrung läßt sich nicht in Abrede nehmen. In den Zeiten der wildesten Barbarei und in den Zeiten der schönsten Blüthe der Kunst und der Wissenschaft; unter den entsetzlichsten Auswüchsen und Verirrungen des finstersten Aberglaubens und des empörendsten Götzendienstes, wie bei der würdigsten Anbetung Gottes im Geist und in der Wahrheit, tritt sie uns vor Augen. Sie könnte diese Allgemeinheit nicht heben, wäre die Religion nicht unentbehrlich für alle. Noch mehr wird sie uns durch die vernünftige Natur des Menschen und durch die unabweislichen Bedürfnisse derselben verständlich. Bei allen Menschen finden wir Vernunft, bei allen regen sich daher auch Bedürfnisse, welche nur in der Religion Befriedigung erhalten. Wo der Mensch leben mag, in welcher Zeit, unter welchem Himmelsstriche, unter welcher Verfassung; wie hoch gebildet oder ungebildet, wie belehrt oder unwissend, wie frei und geachtet oder wie gedrückt und zur schmachvollsten Sclaverei herabgewürdiget er seyn mag: die Stellung, welche er als Vernunftwesen einnimmt, führt sein Streben weit über das Sichtbare hinaus, auf das hin, was in den engen Schranken des Endlichen nicht gestillt werden kann; auf das Unendliche und Ewige richtet er sich. Er sucht Wahrheit; er bedarf Kraft, dem Gebote der Pflicht zu gehorchen, das in ihm spricht; er sehnt sich nach einem von jedem Wechsel und von dem Fluthen irdischen Erscheinungen unabhängigen Heile. Das Alles aber gewährt ihm die Religion, und wird eben deßwegen für ihn ein unentbehrliches Gut.

Richtet zunächst eure Aufmerksamkeit auf die Wahrheiten, welche die Religion lehrt, und ihr gebet zu, entbehren könnt ihr derselben nicht — eine Behauptung, die sich in dieser Allgemeinheit nicht von jeder Erkenntniß aufstellen läßt. Es giebt des Wissenswürdigen so viel und sein Einfluß auf die Entwicklung menschlicher Kraft, auf das bürgerliche Leben, auf Wohlstand und äußeres Glück ist unverkennbar. Auch wird der Geist nicht müde im Denken und Forschen; er ergreift jeden Lichtstrahl, der ihm aufgeht; er zieht Gewinn aus jeder Erfindung und aus jeder Erfahrung, die im Laufe der Zeiten gemacht wird. An Gelegenheit dazu fehlt es nirgends; überall treffen wir auf Etwas, das den Umfang unseres Wissens erweitern und unsere Thätigkeit anregen kann. Deßwegen aber ist nicht jeder Zweig des Erkennbaren für jeden nöthig; nicht jeden führt die Neigung auf ein und dasselbe Gebiet der Untersuchungen; einen nicht zu berechnenden Unterschied machen da die Verschiedenheiten des Alters, der äußern Verhältnisse und der Lebensart. Doch wenn der Mensch auch wirklich sich aus dem Umfange des Wissenswürdigen aneignet, was er nur immer kann — es genügt ihm nicht einmal, sobald es sich blos auf das äußere Leben richtet, und nur Werth für sinnliche Zwecke hat. Er will mehr wissen, als das, was ihm nur für die kurze Spanne seiner gegenwärtigen Zeit zu statten kommt. Ueber sich selbst, über die letzte Absicht seines Daseyns und Wirkens und Strebens über Gott, über Vorsehung, über Zukunft, will er so viel Licht haben, als möglich ist. Aber ist es nicht das Gebiet religiöser Wahrheit, das er nun betritt? Sind es nicht Religionskenntnisse, nach denen er sich sehnt, und welche allein das Dunkel erhellen, das ihn drückt? die ihn über die Erfahrung hinausführen? die ihn auf dem Standpunkt des religiösen Glaubens erheben, und ihm freie Bahn machen, damit er das Unendliche und Ewige ergreifen könne? Und noch mehr! Es kommt ihm nicht nur auf Erkenntnisse an; er will auch handeln, wie es einem Wesen seiner Art geziemt; will unabhängig von dem Zwange der sinnlichen Natur, frei in seinem Innern, sich selbst bestimmen nach einem heiligen Gesetze, groß und edel in seiner That seyn. Kaum bedarf es der Erinnerung, daß Belebung und Stärkung der sittlichen Kraft nirgends nöthiger sey, als hier.

Das Niedrige und Große, das Gemeine und Edle, das Schlechte und Gute, das Sinnliche und Geistige, das Irdische und Himmlische, liegt in einem fortwährenden Kampfe. Die Hindernisse des Guten sind unzählig und sie nöthigen uns, auf jedes zweckmäßige Mittel Bedacht zu nehmen, was uns den Sieg über sie erleichtern und den Muth stählen kann, unsere Würde zu behaupten und im Dienste der Pflicht unwandelbar treu zu seyn. Wir würden uns, wir würden unser Geschlecht wenig kennen, wollten wir behaupten, ohne das Ansehen der Religion werde es je damit gelingen. Nur erst, wenn sie zu uns spricht, wenn sie uns die Stimme eines heiligen Gesetzgebers und eines gerechten Richters vernehmen läßt, wenn sie eine heilige, weise, Alles zum Besten leitende Weltordnung erkennen lehrt, nur erst dann wird der Wille stark, und der Widerstand sinnlicher Neigungen gezügelt; nur erst dann, wenn das Herz sich gerührt von Dankbarkeit gegen Gott, von welchem alle gute und alle vollkommene Gabe herabkommt, von Liebe zu ihm, der selbst die Liebe ist, durchdrungen, wenn es sich ermuthigt fühlt durch das Vertrauen auf ihn, der mit seinem Beistande allen nahe ist, nur dann ist es zum sittlichen Kampfe gerüstet; dann weiset es die Lockungen der Sünde siegreich zurück, der Weg der Pflicht ist ihm nun der Weg des Heils, es trachtet allem nach, was wahrhaftig, was ehrbar, was gerecht, was keusch, was lieblich ist, was wohllautet, jeder Tugend, jedem wahrem Lob c. Genauer mit sich selbst nimmt es der Mensch nie, strenger wird seine Gewissenhaftigkeit nie, reiner sein Wille nie, nie aber wird auch seine sittliche Kraft stärker, als da, wo die Religion ihr Ansehen behauptet, wo sie seinem ganzen Denken und Handeln die Weihe giebt; wo also seine Pflichtachtung — Frömmigkeit wird, wo er Gott vor Augen und im Herzen hat. Und ich bitte euch, achtet einmal aufmerksam auf euer Inneres — wenn es euch gelang, euch unbedingt für das Gute zu bestimmen; wenn ihr es vermochtet, Menschengunst und Ehre vor der Welt, Vortheile, Vermögen, Eigenthum, Freude und Lebensgenuß zu vergessen und für Schaden zu achten, um der Pflicht treu zu seyn; wenn ihr zur Versuchung sprechet: wie sollten wir ein so großes Uebel thun, und wider unsern Gott sündigen? und zu den blendenden Vortheilen der Ungerechtigkeit: was hilfe es, die ganze Welt zu gewinnen, nähmen wir Schaden an unserer Seele? wenn ihr so des ehrenvollsten Sieges euch bewußt wurdet, der errungen werden kann: müsset ihr nicht eingestehen, es sey die Religion gewesen, die euch stark machte? unter ihren Einflüssen habet ihr euch und die Welt überwunden? Und dürft ihr denn leugnen, was vor allen Augen offen da liegt, daß wo sie nicht gehört und geachtet wird, bald genug das sittliche Gefühl abgestumpft, die Tugendkraft gelähmt, die Reinigkeit des Herzens verloren, die Pflichttreue bald schamlos verletzt, bald zu einem werthlosen Außenwerke herabgewürdigt und in schimpfliche Heuchelei übergegangen sey, die noch den Schein retten wollte von dem Wahren, das längst schon aufgegeben war? Gemeinnützige, selbst blendende Thaten mögen auch ohne Religion vollendet werden: aber, wenn unlautere Antriebe des Ehrgeizes und der Selbstsucht in's Leben riefen, was die Menschen preisen, die nur sehen, was vor Augen ist, was hat es für Werth? Seinen Lohn hat's dahin; es sinkt zum Gemeinen herab, wenn's in seinen Quellen getrübt ist. Die edelsten Früchte der Tugend sind Früchte des frommen Sinnes, und sie gedeihen nur auf dem heiligen Boden der Religion. Für alle ist sie ein unentbehrliches Gut; denn alle bedürfen ihres Ansehens, so wie ihrer Tröstungen. Wir rufen euch zu Zeugen für diese Behauptung auf, euch, die ihr Erfahrungen gemacht habt, bei welchen euch um Trost sehr bange war. Was hat das Schmachten nach Ruhe und Friede von jeher am glücklichsten gestillt? Was hat das Herz beschwichtigt, was seine Sehnsucht nach andern und bessern Verhältnissen gemäßigt und vor Zweifel und Verzagtheit bewahrt? Was hat tragen und dulden gelehrt, und unter des Lebens Sorgen und Mühen wohl größern Muth, mehr Entsagung und mehr standhaften Sinn entwickelt, als mancher von den gepriesenen Helden besaß, deren Namen die Geschichte Unsterblichkeit verheißt? Was hat, wo weder der Glanz der großen Welt, noch der Ruhm, noch der Reiz der Freude, noch die Zusprache der theilnehmenden Liebe für euch geschäftig war, was hat das Gemüth zufrieden gestellt, was hat die geschlagene Wunde verbunden, was hat den stechenden Schmerz gelindert, was hat den Geist der Ungeduld beschworen, was die bange Furcht beschwichtigt, was hat über Erde, Zeit und Grab, über alle Zerstörungen der Vergänglichkeit erhoben und mit himmlischen Tröstungen erquickt? Es war die Religion! Welche Triumphe hat sie gefeiert, wenn ihre Verächter und Spötter, hatten sie lange genug die heilige gelästert, und fanden sie in sich und außer sich und in den Traumgestalten eines scheinbaren Glücks keinen Frieden mehr, wenn sie reuig und sehnend zu ihr zurückkehrten, um bei ihren Tröstungen die Thränen des Kummers zu trocknen! Wer mag die Schaaren der Gebeugten zählen, die unter dem wahren Gefühle sittlicher Gebrechlichkeit sich in der Kraft der Religion wieder emporgerichtet und das dankbare Geständniß abgelegt haben: Gott, wäre dein Wort nicht unser Trost gewesen, wir wären vergangen in unserm Elend. Wer mag sie zählen, die alle, die durch sie ermuthigt und erquickt, noch im Angesichte des Todes riefen: Wo ist dein Stachel, Tod? — Hölle, wo ist dein Sieg? Wahrer Muth — bemerket das wohl, m. Br! — wahrer Muth, nicht lächerliche Großsprecherei und unnatürliche Gefühllosigkeit — wahre Ruhe — nicht erzwungene Unterwerfung unter die Gesetze eines blinden Naturzwangs, der Friede, der höher ist, als alle Vernunft — von der Religion allein lassen sie sich erwarten. Lassen wir die Erfahrung aller Zeiten gelten, und kennen wir die Bedürfnisse unserer sittlichen Natur, so ist es uns entschieden gewiß, daß die Religion ein unentbehrliches Gut für alle Menschen sey.

Ungemein wichtig sind die Folgerungen, die sich aus dieser Behauptung ergeben! Daß sie zunächst schon unser Urtheil über die Religion berichtigen müsse, dieß ist unleugbar. Wir wollen nicht wiederholen, was wir gleich anfangs zur Sprache gebracht haben, daß dies Urtheil oft ganz unbegründet und höchst ungerecht sey. Achtet nur darauf, wie es sich ausspricht und ihr werdet das Gesagte bestätigt finden; ihr werdet überall auf Spuren der

Gleichgültigkeit und der Erkaltung gegen die Religion treffen; auf Spötter, die es sich zur Ehre rechnen, fade Witzeleien über sie auszugießen, auf schwache Köpfe, die sich überreden, es sey ein Zeichen höherer Aufklärung, wenn sie den Spöttern Gehör geben, und gemeinschaftliche Sache mit ihnen machen. Brauche ich euch zu sagen, in welchem Lichte Menschen dieser Art erscheinen, und wes Geistes Kinder sie sind? Brauche ich euch bemerklich zu machen, daß sie ihre Einfalt, den Mangel richtiger Erkenntniß und die Fehler ihres Herzens nicht sicherer und unwidersprechlicher an den Tag legen können, als so? Können sie es leugnen, daß sie ihre höchsten Bedürfnisse nicht verstehen, und für ihre heiligste Angelegenheit keinen Sinn haben? Mögen sie sich vielseitig gebildet, und in manchen Fächern der Wissenschaft große Fortschritte gemacht haben: den Vorzug machen wir ihnen nicht streitig; mögen sie ihre äußern Sitten verfeinert haben, und vor groben Verbrechen sich hüten: wir leugnen dies nicht; mögen sie das Lob der Thätigkeit und des Fleißes, und mancher gesellschaftlichen Tugend sich erworben haben; wir wollen es ihnen nicht absprechen: aber daß sie das Höchste nicht achten, daß die theuersten Wahrheiten sie nicht rühren, daß sie von dem Gefühle der Ehrwürdigkeit der Tugend noch nicht durchdrungen sind, daß sie die Ruhe nicht haben können, die nur die Religion dem Frommen schenkt, und die ihm Vorschmack der Unsterblichkeit giebt: das müssen sie uns zugeben, so lange sie in der Religion das sicherste Mittel verwerfen, diese Güter in dem Umfange zu erwerben, als der Mensch sie erwerben kann. Soll man also gegen unsern Verstand und gegen unser Herz nicht mißtrauisch werden, so halten wir die Religion in Ehren; so können wir nur mit Achtung von ihr reden; so ist sie uns das theuerste Geschenk des Himmels — so werden wir namentlich den hohen Werth des Evangeliums Jesu mit der dankbarsten Rührung erkennen. Denn nie erschien die Wahrheit der Religion in solchem Lichte, nie hat sie ihre Kraft so wohlthätig erprobt, so hat sie nirgends erquickt und beseligt, mehr konnte sie ihre Unentbehrlichkeit zum wahren Heile nicht fühlbar machen, als durch das Wort, welches der Herr verkündigt und durch das Reich, das er gestiftet hat. Unter den gewaltigsten Erschütterungen von Außen, unter allen Anfeindungen des Unglaubens und des Lasters, unter allen Drangsalen seiner Bekenner, unter den schärfsten Prüfungen der Vernunft, in allen

Jahrhunderten seines Bestehens hat sich das Evangelium als eine Kraft Gottes ausgewiesen, die selig macht, alle, die daran glauben. Als Finsterniß das Erdreich deckte und Dunkel die Völker, da hat es Licht gebracht, und leitet heute noch sicher, wenn wir unter den schwankenden Meinungen der Zeit, einen festen Stützpunkt suchen, an welchem das religiöse Gemüth sich halten und aufrichten kann. Es hat ein neues sittliches Leben in allen angeregt, die ihm Einfluß gestatteten — sie haben die Wahrheit erkannt, und die Wahrheit hat sie frei gemacht. Als man fruchtlos in Opfern und Büßungen nach Ruhe rang, und Frieden suchte, da war es das Evangelium, das seine Verehrer wiedergeboren zu einer lebendigen Hoffnung; es hat ihnen geschenkt, was die Vorwelt in diesem Maße und in diesem Umfange nicht kannte — Leben und volle Genüge, und aus seiner Fülle haben sie Gnade um Gnade genommen. Daher wird denn aber auch

das treueste Festhalten an der Religion zur heiligen Pflicht. Denn müßten wir nicht unserm Verstande oder unserm Herzen Schande machen, wenn wir aufgeben wollten, was keiner entbehren kann? Setzt uns der, welchem sie nichts gilt, nicht in Verlegenheit, ob wir ihn mehr als einen Irrenden und Unwissenden bedauern, oder als einen sittlich Verdorbenen scheuen sollen? Hat sich euer Urtheil über sie berichtigt, habt ihr in derselben ein unschätzbares, unentbehrliches Gut erkannt: so stehet ihr im Glauben und seyd männlich und stark; so lasset ihr euch nicht mehr bewegen vom jeglichem Winde der Lehre, und glaubt nicht jedem Geiste, sondern prüfet die Geister, ob sie von Gott sind? Weder die Kälte, mit welcher der eine, noch der Spott, womit der andere, noch die dreiste Verachtung mit der ein dritter sie behandelt, macht euch irre; ihr fühlt euch namentlich durch Christum so hoch beglückt, erkennt in ihm so dankbar den Weg, die Wahrheit und das Leben, daß ihr für nichts eifriger zu sorgen wißt, als dafür, daß ihr haltet, was ihr habt. Wohin, sprecht ihr im freudigen Glauben, wohin sollten wir gehn? Du hast Worte des ewigen Lebens! und ob sich viele ärgerten, — wir nicht. Nur hütet euch, daß dieß Festhalten an der Religion nicht ein Spiel mit leeren Worten sey. Ach, es hat ihr nicht an Lobrednern gefehlt, die da hatten den Schein des gottseligen Wesens, aber seine Kraft verleugneten sie, und sie haben ihr mehr, als andere geschadet. Dieses Halbwerk, diese verächtliche Gleißnerei mußte den Feinden der Religion einmal über das andere die scheinbarsten Gründe leihen, sich wider sie zu erklären. Und dann der Aberglaube, der in den religiösen Ansichten herrschte, die Mißbräuche, die man von den Anstalten und Lehren der Religion machte; die Gräuel des Betrugs, der Verfolgung und der Tirannei, die unter dem Vorwande des Eifers für die Religion das Heiligste entweihten und zum gemeinen Mittel unheiliger Zwecke machten; — welche Vorwürfe haben sie der Religion zugezogen! Man legte ihr zur Last, was Irrthum und Sünde verschuldet, und was ein finsterer Geist der Zeit geboren hatte. Wir selbst aber, wir selbst würden solche Vorwürfe herbeiführen, wir würden den Verächtern der Religion die Waffen in die Hand geben, wären wir nur Hörer des Worts, nicht Thäter desselben, und genügte uns das äußere Bekenntniß der Religion, ohne dafür zu sorgen, daß sie Geist und Leben in uns wird. Erkennt ihr sie als ein unentbehrliches Gut für alle Menschen, also auch für euch, so erhaltet euch offen für ihren Unterricht, für ihre Kraft und für ihren Trost. Sie nöthigt euch nicht mit unwiderstehlicher Gewalt ihre Segnungen auf: frei, aus lebendiger Ueberzeugung sollt ihr sie dankbar annehmen, hier laßt uns zeigen, daß wir gelernt haben, unsere Seligkeit zu hoffen! Wir bedürfen alle ihres Unterrichts — nie komme eine Zeit, wo wir übermüthig sagen: Wir sind schon reich und gar satt und bedürfen weiter nichts. Wachsen lasset uns in der Erkenntniß unseres Herrn Jesu Christi, und das Licht nutzen, dieweil wirs haben, damit uns die Finsterniß nicht überfalle! Wir bedürfen alle ihrer Kraft zum Besserwerden — nie komme eine Zeit, wo wir ihrem Ernst, wenn sie warnt, ihrer freundlichen Ansprache, wenn sie ermuthigt, ein trotziges, verstocktes Herz entgegen setzen. Wir alle bedürfen ihres Trostes — nie komme eine Zeit, wo wir unser Inneres verschließen vor ihren Zusagen, und unser Auge wegwenden von den Aussichten, die sie öffnet, damit des Lebens Last uns leichter, damit die Nacht der Leiden uns nicht ein Fallstrick zur Sünde, damit jeder Wechsel des Schicksals uns eine Schule der Weisheit werde, aus welcher wir geläutert und veredelt hervorgehen, und erfahren sollen, daß die Züchtigung eine friedsame Frucht der Gerechtigkeit gebe, wenn wir durch sie geübt sind. Alle bedürfen ihrer — allen, auf die wir wirken können, laßt sie uns empfehlen durch Wort und That — unsern Kindern, unsern Zöglingen, unsern Hausgenossen, unsern Freunden, unsern Mitbürgern! Ein größeres Gut können wir ihnen nicht zuführen, ein reicheres Erbe den Unsern nicht hinterlassen; aber auch schwerer uns nicht an ihnen versündigen und mehr sie nicht vervortheilen, als wenn der Sinn für Religion, die Achtung vor ihr und die Liebe zu ihr durch unsere Schuld ihnen verloren geht. Darum lasset das Wort Gottes reichlich unter euch wohnen und erbauet euch unter einander; darum lasset alle, die mit euch in Berührung kommen an der Reinheit eures Herzens, an eurer Liebe, an eurer Tragsamkeit und Geduld, an eurem Eifer für alles Gute, an eurer Hoffnung und an eurem Seelenfrieden sehen, wie reich, wie groß, wie selig ein Freund und Verehrer der Religion seyn könne; vor ihnen her leuchte euer Licht, damit auch sie sich wenden zu der Quelle des Segens, aus welcher ihr schöpft, und daß auch sie mit euch den Vater im Himmel preisen, und selig seyen mit euch in ihrer That! Ist die Religion ein unentbehrliches Gut für alle Menschen, so werdet ihr endlich mit Recht darauf

die Hoffnung gründen, sie könne nie von der Erde weichen, und nie könne es ihr an Verehrern, nie an Glücklichen fehlen, die unter ihren Einflüssen das Ziel erstreben, welches den Menschen gesetzt ist. Haben wir oft mit Wehmuth und Trauer an die Tage gedacht, wo man sie mißverstanden und verkannt, wo man ihre Freunde verfolgt, wo man in ihrem Namen, die Unschuld geopfert und Ströme von Bruderblut vergossen, wo man im blinden Wahne, sie, die Tochter des Himmels, zu einer Ruthe, die nur wund schlug, und zu einer Geißel der unglücklichen Dulder gemacht hat, die blinder Wahn sich zu seinen Opfern ausersah: so wollen wir nicht vergessen, wie das Beste, was der Menschheit gegeben ward, unter den Händen des irrenden, schwachen, sündigen Geschöpfs wohl gemißbraucht werden konnte — denn, was ist's, was der Mensch nicht gemißbraucht und verunstaltet, und wogegen er nicht gefrevelt hätte? — aber vergessen wollen wir auch nicht, Gott könne sein Werk nicht untergehen lassen; könne, was er will, nicht aufgeben, daß allen geholfen werde und daß alle zur Erkenntniß der Wahrheit kommen; er könne nicht anders, als zur Vollkommenheit führen. Und je mehr die Menschen fühlen, was sie bedürfen, und je mehr sie ihre Bestimmung verstehen und das, was sie selig macht, würdigen lernen: desto willkommener ist ihnen die Religion mit ihrem Unterrichte, mit ihrer bessernden Kraft, mit ihren freundlichen Tröstungen; desto mehr wird sie Gegenstand ihrer Verehrung und desto reicher wird der Segen seyn, den sie über alle verbreitet. Immer neue Bahnen wird sie sich brechen, daß der Irrthum entweiche vor der Wahrheit, daß der Mensch sich erhebe zur herrlichen Freiheit der Kinder Gottes, und alle schmecken und sehen, wie freundlich der Herr sey.

Und wie glücklich müssen wir euch preisen, theuere Brüder, denen diese Hoffnung darum so sehr und entzückend erscheint, weil ihr den Segen der Religion längst aus eigner Erfahrung kennt, und durch sie an allen Stücken reich gemacht seyd! O, euch brauchen wir nicht erst zu ermuntern, daß ihr sie richtig zu beurtheilen strebt: ihr kennt ihren Werth; wir brauchen euch nicht zu ermahnen, daß ihr fest haltet an ihr — sie ist euch ja schon das Liebste auf Erden; wir brauchen nicht zu bitten, daß ihr sie treu befolgt und weise benutzt — ihr seyd schon entschlossen, sie zum Lichte auf eurem Wege und zur Leuchte eurer Füße auf immer zu behalten, und freudig erweitert sich euer Blick auf die Tage der Zukunft, wo das Gottesreich überall eine Stätte findet, und unermüdet arbeitet ihr mit an der Sache der Wahrheit und des Heils, damit diese Tage sich nahen, wo alle, alle reich sind in Gott. Aber vereinigen wollen wir uns mit euch in dem Gebete, daß der, welcher in euch das gute Werk angefangen hat, dasselbe vollführe, daß ihr immer völliger werdet, daß ihr einst unter den Tröstungen einer Religion in Frieden entschlummert, die euch weise und gut und reif für die Herrlichkeit der zukünftigen Welt gemacht hat; daß euer Glaube der Sieg bleibe, mit dem ihr die Welt überwindet! Amen.

4.

Was wir lernen und erfahren, was wir thun und dulden, alles soll unsere Kräfte üben, alles soll uns weiter führen und vervollkommnen. Umgeben von Anstalten, welche dazu beitragen können, sind wir überall, in Verbindungen stehen wir alle, in welchen wir bald mehr, bald weniger zu Anstrengungen jeder Art genöthigt sind; mannigfaltige Hindernisse haben wir alle zu bekämpfen und Schwierigkeiten zu überwinden, die unsern Entwürfen im Wege stehn, unsere Ruhe bedrohen, und den friedlichen Genuß unseres Daseyns gefährden und stören. Wer aber möchte leugnen, daß gerade auf diese Weise die Uebung unserer Kräfte möglich, ihre Entwicklung erleichtert, und eine fortwährende Gelegenheit gegeben werde, sie in ein reges, lebendiges Spiel zu setzen? Nirgends aber sind diese Anstalten so bedeutend, nirgends die Hilfsmittel der Uebung so wichtig, nirgends kann die Erreichung ihres Zwecks so sicher seyn, als in der Kirche Jesu. Sie ist ausschließlich darauf berechnet, die Entwicklung des Edelsten im Menschen zu begünstigen, und ihn auf die höchste Stufe der Sittlichkeit zu heben, die er schon hier zu erreichen fähig ist. Wo trefft ihr mehr Licht, mehr Ermunterung, mehr Antrieb, mehr Mittel des Heils, als in ihrem Schooße? Aber, in der That, es sind auch nicht Menschen von gemeinem Sinne, welche sie bilden will; die auserlesensten ihres Geschlechts sollen die Christen seyn, eine Gemeine sollen sie darstellen, die herrlich ist, die keinen Flecken hat, die heilig und unsträflich ist; sie sollen ein auserwähltes Geschlecht, ein königliches Priesterthum, ein Volk des Eigenthums seyn, und verkündigen die Tugenden deß, der sie berufen hat, von der Finsterniß zu seinem wunderbaren Lichte; sie sollen mit Einem Worte ganz seyn, was sie seyn können. Aber hat sich denn die Gemeine Jesu zu dieser sittlichen Höhe emporgeschwungen? Ist nicht an ihren Gliedern oft noch so viel Böses, — überall noch so viel Mittelmäßiges sichtbar, daß wir es nicht ohne Wehmuth betrachten können? Scheinen nicht viele die Würde, welche sie behaupten sollen, ganz zu verkennen, und zufrieden zu seyn, wenn sie es in ihrem Stande, in ihren Geschäften, in der Uebung ihrer Pflichten so weit nur bringen, daß man sie nicht in Anspruch nehmen und zur Verantwortung ziehen kann? Lassen sie nicht die schönsten Anlagen und Kräfte ihres Geistes ungenutzt? und wenn ihr Verstand sich bildet, bleibt nicht der Wille einmal über das andere hinter ihm zurück, so, daß sie bei mancher Erkenntniß, doch nicht weiser, bei aller Geschäftigkeit, nicht gemeinnütziger, bei aller äußern Sittsamkeit doch nicht tugendhaft und fromm werden? O, ihr vergesset, wozu ihr als Christen bestimmt seyd, ihr entfernt euch von eurem Ziele, statt ihm zu nahen, ihr seyd darum auch zu der Seligkeit nicht fähig, die ihr, als Christen, theilen könnt, wenn ihr eine solche Mittelmäßigkeit an euch dulden, wenn ihr auf halbem Wege stehn bleiben, wenn ihr nicht suchen wollt, in euren Verhältnissen ganz zu seyn, was ihr seyn sollt. Uns zu diesem Streben unter einander zu ermuntern, das sey der Zweck unserer heutigen Betrachtung.

Luc. 2, 41—52.

Welch ein bedeutsamer Zug aus dem frühesten Leben Jesu, unseres Herrn! Wie spricht sich schon hier das Bestreben aus, ganz zu seyn, was er seyn sollte! Wie sein Sinn auf das Höchste gerichtet war, wie er die Verhältnisse zu würdigen wußte, unter welchen sich seine irdische Laufbahn entwickelte, wie er, der die Lehrer in Erstaunen setzt, und alle, die ihn zuhörten, schon im jugendlichen Alter zur Bewunderung hinreißt; der lebendig überzeugt war, er müsse seyn in dem, das seines Vaters ist, dennoch mit seinen Aeltern hinabgeht nach Nazareth und ihnen unterthan war; das können wir nicht bemerken, ohne uns an den Gegenstand erinnert zu sehn, der jetzt unsere Aufmerksamkeit beschäftigen soll, an

„das Bestreben, in unserm Berufe ganz zu seyn, was wir seyn sollen.“

Die Beschaffenheit und die Nothwendigkeit dieses Bestrebens sind die Punkte, auf welche wir eingehen wollen.

Wenn wir streben, ganz zu seyn, was wir seyn sollen, so liegt uns ob, daß wir uns für unsern Beruf gehörig zu bilden und ihn möglichst vollkommen auszufüllen suchen. Es bedarf dabei nicht der Erinnerung, daß dies nur ein Beruf seyn könne, den das Gewissen billigt, und den wir, als von Gott uns angewiesen, betrachten können. Nur für einen solchen kann sich der Christ bestimmen, zu ihm allein giebts einen Ruf der Pflicht; wo dieser schweigt, da kann vom christlichen Berufe die Rede gar nicht mehr seyn, sondern nur von Verhältnissen, gegen welche das Gesetz sich erklärt, und welche das Gewissen verwirft. Setzet ihr aber einen solchen, vom Gewissen gebilligten Beruf, so könnet ihr, was ihr seyd, in ihm nur dann erst ganz seyn, wenn ihr euch für denselben **bilden** wollt, und zwar mit dem Eifer, bei dem es weder an **Gelehrigkeit**, noch an **Fleiß**, noch an **frommer Gewissenhaftigkeit** fehlet.

Nicht an Gelehrigkeit, sage ich. Denn euch, denen Berichtigung und Erweiterung eurer Erkenntnisse das Unbedeutendste von der Welt scheint; die ihr zufrieden seyd, wenn ihr nur das Nothdürftigste von dem gefaßt habt, was euer künftiges Geschäft einst von euch fordern wird, denen es gar nicht in den Sinn kommt, daß es euch obliegt, euch über das Mittelmäßige zu erheben, so weit ihr könnt: euch ist es nicht möglich, ganz zu seyn, was ihr seyn sollt. Zu viele Lücken bleiben in eurer Erkenntniß, zu viel Irriges, Unhaltbares und Halbwahres in euren Ansichten, als daß ihr gehörig leisten könntet, was man von euch zu erwarten und zu fordern ein Recht hat. Wollet ihr das vermeiden, so müsset ihr früh schon jeder bessern Belehrung offen seyn, so lasset ihr es bei dem nicht bewenden, was man euch in eurer Kindheit beibrachte; so nehmet ihr jede Gelegenheit wahr, wo ihr zu lernen, wo ihr nützliche Erfahrungen machen, wo ihr über das richtigere und zweckmäßigere und vollendetere Treiben eurer Geschäfte Auskunft erhalten könnt; so sitzet ihr gern unter den Lehrern und Weisen eurer Zeit, um sie zu hören und zu fragen, so schöpfet ihr aus den Quellen der Erfahrung und aus dem Unterrichte, den lehrreiche Schriften gewähren — ihr zeigt **Gelehrigkeit**, und — wendet dabei allen **Fleiß** an. Nicht vom Zufall laßt ihr es abhangen, ob euch über dies und jenes einmal ein helleres Licht aufgehn werde oder nicht. Ihr strengt euch vielmehr an; ihr forschet nach; ihr sucht die Gelegenheit, euch über euren Beruf und über eure Obliegenheiten aufzuklären und bessere Einsicht zu verschaffen, geflissentlich auf. O, wie werdet ihr, die ihr ganz zu seyn strebt, was ihr seyn sollt, schon früh die Schätze der Weisheit benutzen, die man euch öffnet; wie werdet ihr an dem Munde eurer Lehrer hangen; wie werdet ihr, um diesen Fleiß zu nähren, euch oft die Wichtigkeit eures künftigen Berufes vorhalten, um ihn wohl vorbereitet zu beginnen! Mit welchem Fleiße werdet **ihr** dies Werk der Erleuchtung fortsetzen, die ihr ihn schon begonnen habt! Ihr höret nicht auf, ihr werdet nicht müde, alles euch anzueignen, was euch für euer Wirken brauchbarer machen kann; ihr könnt mit dem Alltagsleben nicht zufrieden seyn, bei dem Tausende mehr zurück, als vorwärts schreiten. — Damit wird es uns freilich nur dann erst gelingen, wenn wir uns zu frommer Gewissenhaftigkeit gewöhnt haben. Denn nimmermehr kann es uns am Herzen liegen, in unserm Berufe ganz zu seyn, was wir seyn sollen, wir werden uns um die Vorbereitung nicht kümmern, die er fordert, gewöhnen wir uns nicht, auch hier mit steter Hinsicht auf Gott und um Gottes Willen zu handeln. Fehlt es an fester Richtung der Seele auf ihn den Allwissenden und Heiligen, so betrachten wir unser Tagewerk nur als gemeines Mittel, uns durch die Welt zu helfen und unser Brod zu verdienen; dann üben wir uns höchstens, um so weit zu kommen, als nöthig ist, damit wir manche äußere Vortheile erlangen und manche flüchtige Genüsse erjagen; nicht das Wirken selbst liegt uns am Herzen, sondern allein die Befriedigung eigennütziger Triebe, und wir sind schon auf dem Wege, einst gewissenlos auch solche Geschäfte zu übernehmen, die wir am wenigsten verstehen, und denen wir am wenigsten gewachsen sind. Aber mit welcher Gelehrigkeit, m. Br., mit welchem Fleiße werden wir uns für unsern Beruf bilden, sind wir zu frommer Gewissenhaftigkeit gewöhnt! Was ihr dann auch werden, was ihr einst treiben wollet, möget ihr als Gelehrte, oder als Geschäftsmänner, oder als Künstler, oder als Handwerker, oder als Ackerleute thätig seyn; möget ihr in Verhältnisse treten, wo ihr befehlen, oder in Verhältnisse, wo ihr gehorchen müßt, wo ihr bemerkt von der großen Menge oder im Stillen eure Arbeit treibt: daß euch euer Beruf von Gott angewiesen sey, daß ihr Gott Rechenschaft schuldig seyd von eurem Haushalten, daß ihr seine Diener seyd, das sagt ihr euch täglich, und das müßt ihr euch sagen, wolltet ihr euch so bilden und vorbereiten, um einst ganz zu seyn, was ihr seyn sollt. Möglich ist euch das bei dieser Vorbildung geworden, und nun hängt alles nur noch von dem festen Willen ab, sie in der Führung eures Berufes selbst, ihre volle Frucht tragen zu lassen. Das erkennen wir aber daran, wenn wir mit Nachdruck und Eifer das Unsrige thun, wenn wir es im möglichsten Umfange und mit wachsender Treue vollenden.

Wo es an Eifer und Nachdruck fehlt, da bleibt unsere Thätigkeit ein trauriges Halbwerk. Lasset ihr alles gehn, wie es will, fällt es euch nie ein, das was ihr zu thun habt, besser zu machen und vollkommener zu vollenden; ist es das Gleis der Gewohnheit, aus welchem ihr nicht herauskommt, so könnt ihr nicht seyn, was ihr seyn sollt. Ihr werdet euer Hauswesen betreiben, aber weit weniger gut, als ihr vermögtet; ihr werdet für Andere arbeiten, aber nicht mit der Gemeinnützigkeit, mit der ihr könntet; man wird euch wichtige Geschäfte in die Hand geben, aber ihr werdet wenig oder gar nichts leisten, wenn ihr die Kraft, die ihr habt, nicht ganz anwendet, wenn ihr jeden Vorschlag zu Verbesserungen überhört, weil euch Trägheit befällt, und weil die Trägheit auch die beste Gelegenheit vernachlässigt, mit Ernst und Eifer für eine gute Sache zu handeln, und durchzudringen und ihr den Sieg zu verschaffen. Wir sind nur dann, was wir seyn sollen, wenn wir Nachdruck beweisen, wenn wir uns nicht, wie Miethlinge, dabei beruhigen, auf halbem Wege stehn zu bleiben, sondern immer nach dem Vermögen, das Gott darreicht, und dann auch — im möglichsten Umfange das Unsrige leisten. Es giebt Menschen, welche den Kreis ihrer Bestimmung ausgefüllt zu haben glauben, sobald sie thaten, wozu sie rechtlich verbunden waren, und wozu sie selbst durch Zwangsgesetze angehalten werden konnten. Aber darüber hinaus gehn sie nicht; ein freiwilliges Mehrthun, ein Wirken auch da, wo Niemand sie nöthigen kann, ist ihnen eine Thorheit. Sie gehorchen ihren Gebietern, sie vollenden ihr Tagewerk, nur so weit, als es seyn muß; dabei beruhigen sie sich, und machen wohl gar noch auf das Lob der Treue Anspruch. Ganz sind sie gewiß nicht, was sie seyn sollen. Wo dieß der Fall ist, da erweitert man seinen Wirkungskreis nach jeder Richtung, so weit es möglich ist; da will man so vielen und so viel nützen, als man vermag; da geht man von höheren Ansichten des Lebens und von edlern Beweggründen aus, als die sind, von welchen sich die Alltagsmenschen treiben lassen. Und untersuchet nur eure Lage, ihr werdet finden, wie leicht es euch in der Regel gemacht sei, allen euren Bestrebungen eine Erweiterung zu geben, die es euch erst fühlbar macht, wie Herrliches ihr leisten könnt. Lebet in einem Stande, in welchem ihr wollt; mag es scheinen, als sey euer Vermögen noch so schwach, als seyet ihr noch so unbemerkte, unbedeutende Glieder in der Gesellschaft — so scheint es nur, aber so ist es nicht. Strenget euch an; macht es euch zur Pflicht, von dem Standpunkte aus, auf welchen euch Gott gestellt hat, das Gute zu thun, wozu die Umstände, die Bedürfnisse der Zeit und der Menschen euch auffordern: welch eine Summe edler Thaten werdet ihr bald genug zählen! Was ihr auch treiben möget im gottgefälligen Berufe, ihr steht alle in Verbindungen, habt alle eure Verhältnisse, findet überall Gegenstände, auf welche ihr Einfluß äußern könnt, und wollet ihr da ganz seyn, was ihr sollt, dann geht ihr hin aus eignem Drange, und werdet bald mit eurem Gelde, bald mit eurer körperlichen Kraft, bald mit eurer Geschicklichkeit und Kunstfertigkeit, bald durch eure Belehrung, bald durch eure Verbindungen, bald durch Wort, bald durch That, euch untereinander dienen, jeder mit der Gabe, die er empfangen hat, als die guten Haushalter der mancherlei Gnaden Gottes. Dabei darf es denn an wachsender Treue nicht fehlen. Die Gewissenhaftigkeit, mit welcher wir uns auf den Beruf vorbereiteten, soll uns in denselben begleiten, und soll uns bleiben, so lange wir in ihm leben. Es giebt keinen Punkt für den Christen, wo er sich sagen dürfte, nun habe er genug gethan und wolle ruhen. Jedes Kraftgefühl, das sich in ihm regt, ist ihm ein Ruf von Gott, noch fortzuwirken, und weder in dem nahenden Alter, noch in der Möglichkeit, bei einem müssigen Leben, dennoch auszukommen und zu bestehn, weil das irdische Vermögen zureicht; noch in dem Undanke, womit man ihn belohnt, findet er eine Entschuldigung für die Trägheit, die nicht früh genug Feierabend machen kann, und oft genug die schönsten Blüthen einer thatenvollen wohlthätig verlebten Jugend in der Schmach eines in Faulheit vergeudeten Alters verwelken ließ. Es giebt aber auch keinen Punkt für den Christen, wo er an sich und seinem Thun nichts mehr zu verbessern fände. Je weiter er fortschreitet, desto größer werden die Anforderungen an sich selbst; je mehr seine Kraft sich geübt hat, desto mehr verlangt er von ihr. Darum soll, wie alles Gute, auch unsere Treue im Berufe wachsen, wenn wir ganz sind, was wir seyn sollen; darum lassen wir uns durch keinen Undank ermüden; lassen durch keine fehlgeschlagene Hoffnung unsern Muth brechen; wir scheuen keine Anstrengung; uns dringt die Liebe zu Gott, zu allem Guten, Nützlichen, Edlen; und wir vergessen es nicht, daß wir seinen Willen thun sollen von Herzen und uns sollen dünken lassen, daß wir ihm dienen und nicht den Menschen, und daß wir Schüler dessen sind, dem es Grundsatz war: ich muß wirken so lange es Tag ist; es kommt die Nacht, da Niemand wirken kann; wir wollen, ist's möglich, jeden Platz, auf den wir gestellt werden, mit Spuren unserer Treue und mit den Denkmalen eines rastlosen Strebens nach dem Bessern bezeichnen.

Wie nöthig das Streben sey, von welchem wir reden, davon werdet ihr euch leicht überzeugen, sobald ihr bedenkt, ohne dasselbe sey weder Aehnlichkeit mit Gott und Jesu, noch gemeinnützige Brauchbarkeit, noch wahre Menschenliebe, noch würdige Vorbereitung auf die Ewigkeit möglich.

Keine Aehnlichkeit mit Gott und Jesu! Also das, worauf es uns vor Allem ankommen muß, fehlt, sobald wir nicht suchen, ganz zu seyn, was wir seyn sollen. Ihr werdet mit Bewunderung erfüllt, sobald euer Auge auf die Werke Gottes fällt; ihr erblickt überall die Spuren der Weisheit und Vollendung; ihr erfaßt die Vorstellung von ihm, als dem höchsten, vollkommensten Wesen; und — ihr sehet ein, ein höheres Ziel könne dem Geschöpfe nicht gesetzt werden, als das Ringen und Streben, vollkommen zu seyn, wie der Vater im Himmel. Ist das möglich, könnet ihr wirklich diesem Ziele entgegenschreiten, so lange es euch an dem Eifer fehlt, ganz zu seyn, was ihr seyn sollt? Das höchste, erhabenste Vorbild in diesem Eifer hat der Sohn Gottes uns aufgestellt; sein Sinn und sein Wandel ist das fleckenlose Bild dessen, der ganz ist, was er seyn soll. Er steht da unter allen, welche auf Erden lebten, als der Einzige, der im ganzen Umfange leistete, was ihm aufgetragen war, und dem allein es möglich war, am Ziele seiner Laufbahn, in einem Sinne und mit einer Bestimmtheit, wie außer ihm Niemand, zu sprechen: Ich habe dich verkläret auf Erden, und vollendet das Werk, das du mir gegeben hast. Darum werden wir bei jeder Gelegenheit auf ihn verwiesen; wir sollen aufsehen auf den Anfänger und Vollender unseres Glaubens; sollen gesinnet seyn, wie Jesus Christus es auch war; sollen wandeln, wie er gewandelt hat. Wie weit aber, wie weit würden wir uns von ihm entfernen, wollten wir nicht ganz seyn, wozu wir berufen wurden; wollten wir nicht durch Gelehrigkeit und Fleiß und fromme Gewissenhaftigkeit uns auf unser Tagewerk vorbereiten, es mit Nachdruck und in möglichstem Umfange, und mit ausharrender Treue erfüllen, und zunehmen, wie an Alter, so an Weisheit und Gnade bei Gott? Laßt es uns nur gestehn, verwalten wir ohne Nachdruck unser Amt und unsern Beruf — nicht Kinder Gottes sind wir; sein ewig kräftiges Wirken nehmen wir nicht zum Vorbilde; nicht Jünger Jesu, der, was ihm aufgetragen war, mit einem Ernste vollendete, an den wir nur mit Bewunderung und Ehrfurcht denken! Wollten wir unsern Wirkungskreis nicht ausdehnen, so weit wir können: nicht Kinder Gottes sind wir, der überall wirkt und sich aller seiner Werke erbarmt, nicht Jünger Jesu, der alle in sein Herz schloß, der nicht einige nur, der alle beglücken wollte, der gekommen ist, daß die Welt durch ihn selig werde. Wollten wir nicht mit ausdauernder, immer wachsender Treue das Unsrige thun, nicht Kinder Gottes sind wir, denen Alles daran gelegen ist, sich mehr und mehr in sein Bild zu verklären; nicht Jünger Jesu, der bis zum Tode treu war, und fortfährt selig zu machen immerdar, alle, die durch ihn zu Gott kommen. Nöthig für uns alle ist das Streben, ganz zu seyn, was wir seyn sollen, denn ohne dasselbe giebt es keine Aehnlichkeit mit Gott und Jesu; und

keine gemeinnützige Brauchbarkeit. Tretet in einen Beruf ein, in welchen ihr wollt, fehlt es euch an aller Vorbildung — wie wenig werden wir uns dann von euch zu versprechen haben! Lebet in einem Berufe, in welchem ihr wollt, treibt ihr ihn nicht mit Nachdruck, sucht ihr nicht gewissenhaft und liebend, zu nutzen, so viel ihr vermögt; haltet ihr nicht fest an einer wachsenden Treue, so bleibt euer Daseyn ohne wahre Gemeinnützigkeit; so bleibt viel Gutes ungeschehen, was geschehen konnte; so werdet ihr wohl gar verderben und werdet untergehn lassen, was eurer Pflege und Wartung vertraut ward; so werdet ihr am Ende mehr schaden, als nützen; so werdet ihr höchstens für euch, für eure Vortheile und für eure Freuden, aber nicht für Andere, nicht für eure Zeit, nicht für die Nachwelt leben; ihr werdet den Zweck nicht erreichen, der euch vorgesetzt war. Ich schweige von den Verlegenheiten, denen wir uns selbst aussetzen, sind wir nicht entschlossen, in unserm Berufe ganz zu seyn, was wir sollen, und von den Vortheilen, die uns entgehn werden, erscheinen wir nur als armselige Miethlinge. Aber bedenket, welch einen Schaden haben Menschen, die ihrem Berufe nicht gewachsen waren, über andere gebracht! Tretet als Lehrer, als Aerzte, als Richter, als Haushalter und Geschäftsführer auf — hängt nicht oft genug Eigenthum, Ehre, Gesundheit, Leben eurer Mitbrüder von eurem Rathe, von eurer Geschicklichkeit, von eurer Mühe ab? —

So könnet ihr denn freilich den Vorwurf nicht ablehnen, daß es euch an dem, was vom wahren Christenthume unzertrennlich ist, an wahrer Menschenliebe fehle; und nur daran dürfen wir erinnern, um die Nothwendigkeit des Strebens allen fühlbar zu machen, ganz zu seyn, was sie seyn sollen. Wer vom Geiste des innigen herzlichen Wohlwollens getrieben wird, wie er in den Schülern und Freunden Jesu lebt; wie wird der sich anstrengen, sich alle Erkenntnisse zu verschaffen, die ihm Noth thun, um andern zu dienen; mit welchem Nachdrucke wird der für jeden wirken, der seiner bedarf, wie willig wird der seyn, sich theilnehmend mit den Fröhlichen zu freuen, mit den Weinenden zu weinen, und darum rastlos zu wirken, wo es darauf ankommt, Hindernisse der menschlichen Wohlfahrt wegzuräumen, der Wahrheit und dem Frieden neue Wege zu bahnen, der Noth zu steuern, die, bei der menschlichen Gebrechlichkeit, in tausend Gestalten über die Erde zieht; er kann nicht ermüden, ein wohlthätiger Engel zu seyn für jeden, der mit ihm in Berührung kommt, denn die Liebe höret nimmer auf. Aber ihr könnet und werdet ihren Forderungen nicht genügen, wenn ihr nicht strebt, ganz zu seyn, was ihr seyn sollt. Betrachtet sie, alle die ehrwürdigen Muster der Liebe, die je unter uns weilten, die Wohlthäter ihrer Familien, ihrer Wohnorte, ihres Vaterlandes, ihrer Zeitgenossen, wie hat sich dies Streben in ihnen geregt; wie ist es ihnen nur dadurch gelungen, so viele Thränen abzuwischen, so viele Seufzer zu stillen. Nein, dahin bringt es keiner, der nicht von ihm beseelt ist: Bald wird es ihm an Fähigkeit, die er sich nicht erwarb, bald an Muth und Festigkeit fehlen, bald wieder, bei seiner Engherzigkeit, seinen Wirkungskreis verkleinern, und höchstens sich nur zu seinen Brüdern freundlich thun, und lieben, die ihn lieben, aber mit kaltem, liebeleeren Gemüthe übersehen und zurückstoßen, die nicht seines Glaubens sind, die nicht seiner Familie angehören, die nicht seine Lieblinge werden konnten, die nicht zuerst seine Wohlthäter waren; bald wird seine Treue überall nachlassen; und die freudigsten Hoffnungen, die man von ihm gefaßt hatte, zerrinnen, wie Nebelgestalten; ein Augenblick des Mitgefühls und der Theilnahme mag ihm, wenn die Gelegenheit kommt, aufgehn, aber es ist ein Augenblick — ein beharrliches, ernstes Bemühen für Menschenwohl erwarten wir umsonst; er versteht das Wort nicht mehr:

Seyd nicht träge, was ihr thun sollt; seyd brünstig im Geist.

Eine würdige Vorbereitung auf die Ewigkeit endlich — wie wäre sie nur denkbar, wenn wir nicht streben wollen, ganz zu seyn, was wir seyn sollen? Wer die Hand an den Pflug legt, und sieht zurück, der ist nicht geschickt zum Reiche Gottes, und dann auch nicht geschickt zur Herrlichkeit einer bessern Welt, die keinen krönt, er kämpfe denn recht. Fortsetzung des gegenwärtigen Lebens ist das künftige, aber wie könnet ihr in höhern, wichtigern Verbindungen glücklich seyn, wie für einen größern Beruf passen, wenn ihr den nicht ausfüllen wolltet, der euch hier angewiesen ward? Wer im Geringsten untreu ist, wird untreu auch im Großen seyn. Vergeltung ist die Zukunft, für Alles, was wir hier wurden und thaten: aber was wollet ihr hoffen, welchen Lohn wollet ihr erwarten, wenn ihr nicht ganz zu seyn suchtet, was ihr solltet? Ihr habt euch nicht vorbereitet auf euer Leben; ohne Gelehrigkeit, ohne Fleiß, ohne Gewissenhaftigkeit seyd ihr in euren Geschäftskreis getreten, und nicht verantwortlich solltet ihr über diese Vernachlässigung eurer Kräfte seyn? Ihr habt nicht mit Eifer und Nachdruck gewirkt, und ungestraft sollten eure Versäumnisse bleiben? Ihr habt nicht an die Erweiterung eures Wirkens gedacht, und dieser Mangel an Gemeinsinn, diese Verachtung so vieler Gelegenheiten, euch verdient zu machen, sollte nicht gegen euch zeugen und euch richten? Ihr habt nicht die wachsende Treue bewiesen, die immer mehr zu thun, immer zu verbessern, immer Vollendeteres zu leisten strebt, und ohne traurige Folgen sollte diese Untreue seyn? Ohne Aehnlichkeit mit Gott und Jesu, ohne gemeinnützige Brauchbarkeit, ohne wahre Menschenliebe seyd ihr gewesen, und ihr wolltet leugnen, daß euch alle Vorbereitung auf ein Leben fehle, wo ein jeder empfängt, was er verdient hat bei Leibes Leben? Wollet ihr euch auf den Uebergang zu einer höhern Laufbahn freuen, wollet ihr behaupten, dazu habet ihr euch bereitet, wollet ihr Rechnung machen auf das Wort voll Trost und Gnade: ich weiß deine Werke und deinen Dienst und deinen Glauben und deine Liebe, und daß du je länger, je mehr thust, so vergesset es nicht, streben müßt ihr dann, ganz zu seyn, was ihr seyn sollt. So wird sich aber auch Alles bei euch unaufhörlich verbessern; o werdet ihr ehrwürdig durch Aehnlichkeit mit Gott und Jesu, geachtet durch gemeinnützige Brauchbarkeit, geliebt bei dem Wohlwollen, womit ihr Alles, was Mensch heißt, umfaßt, reif für die Ewigkeit seyn, und wie selig, wie selig werdet ihr euch fühlen, wenn sich ihre Pforten vor euch unter dem Ausspruche eures Vergelters öffnen: Ei, du frommer und getreuer Knecht! du bist über Wenigem getreu gewesen; ich will dich über viel setzen; gehe ein zu deines Herrn Freude! Amen.

5.

Das Beste und das Gemeinste, das Edelste und das Niedrigste kann eine und dieselbe Handlungsweise, eine und dieselbe Rede ausdrücken, m. Br. Ob wir es loben oder tadeln, billigen oder verwerfen sollen, das läßt sich nach dem, was wir sehen und hören, oft gar nicht bestimmen. Es muß erst die Frage erörtert seyn, aus welchen Gründen, mit welchen Absichten und Gesinnungen man so und nicht anders zu Werke ging, so und nicht anders gesprochen hat, und je nachdem diese Untersuchung ausfällt, wird auch das Urtheil sehr verschieden über Thaten und Reden ausfallen, die, wie sie in der Erscheinung hervortreten, sich völlig ähnlich sehen. Eben aber deßwegen, weil wir in die Gemüthswelt der handelnden Personen nicht immer tief genug eindringen können, bleibt unser Urtheil nicht selten oberflächlich und seicht, und wird mehr als zu oft ungerecht werden. Muß uns nun unsere Kurzsichtigkeit schon bei menschlichen Reden und Handlungen die sorgfältigste Bescheidenheit im Urtheilen empfehlen: wie dringend wird die Forderung, diese Bescheidenheit zu bewahren, erst dann werden, wenn wir über Gott, über seine Erklärungen, über seine Werke sprechen! Bei dem Unvermögen, in den ganzen Plan seiner Regierung einzudringen und seine Rathschlüsse im Zusammenhange zu überschauen, darf es in der That nicht befremden, wenn wir, bei gewagten, absprechenden Urtheilen einmal über das andere irren, und wenn wir nur auf dem Standpunkte des frommen Glaubens Ruhe gewinnen, und alle Sorge auf Gott werfen und alle Wege ihm befehlen lernen, in der freudigen Ueberzeugung, daß er für uns sorge und daß er es wohl mache. Dennoch aber bleibt das bescheidene Forschen nach den Gründen, aus welchen unsere Mitmenschen handeln, in sehr vielen Fällen — nach den Gründen dessen aber, worin wir eine Veranstaltung der göttlichen Weltregierung erkennen, unter allen Umständen, eine würdige Aufgabe unseres Denkens, und mag es dabei nicht immer gelingen, jede Dunkelheit zu zerstreuen, umsonst wird es nicht seyn, dies Denken und Forschen; es wird uns manches unerwartete Licht gewähren; es wird uns weiser, ruhiger, glücklicher machen; es wird uns vor tausend Fehlern bewahren; es wird das Werk unserer Heiligung fördern.

Ein Wort spricht der Herr in unserm heutigen Evangelio aus, das zu solchem Forschen ganz vorzüglich geeignet ist. Denket, es wird von Menschen gesprochen; — oder betrachtet es als Erklärung Gottes, wie zweideutig in jenem, wie räthselhaft in diesem Falle werdet ihr es finden, ist es nur Gegenstand einer oberflächlichen Beachtung; wie lehrreich und bedeutungsvoll wird es erscheinen, sobald ihr es ernstlich beherzigt! Es wird über so manche Erscheinung im Leben Licht verbreiten, und die Gründe auffinden lassen, nach welchen ihr sie zu würdigen habt, und aus welchen sie bald euren Tadel, bald euer Lob verdient, bald euch mit Furcht, bald mit Hoffnung und Trost erfüllt. „Meine Stunde ist noch nicht gekommen" sagt Jesus. Schenkt diesem Worte eure Aufmerksamkeit, die ein stilles, andachtvolles Gebet beleben möge!

Joh. 2, 1—11.

Er allein, der Herr, wußte den Augenblick, der am geeignetsten war, seine Herrlichkeit zu offenbaren; auf seine Entscheidung hin verwies er daher die Maria; meine Stunde, sagt er ihr, ist noch nicht gekommen. Sprechen Menschen so, wie verschieden kann der Werth dieser Aeußerung seyn! Bald wird sie uns erfreuen, bald betrüben; bald werden wir sie loben, bald sie tadeln. Es kommt dabei Alles auf die Gründe an. Hören wir Gott so sprechen in seinen Werken, in seinem Walten, in dem Gange seiner Führungen: wie tröstlich wirds für uns seyn, haben wir Glauben an seinen Vatersinn und an die Weisheit seiner Wege! Wie verwirrend und beängstigend wird es uns erscheinen, urtheilen wir falsch, haben wir nicht den

Glauben an seine Vorsehung, die nur zur Vollendung führen kann, und benutzen wir, was sie thut und geschehen läßt, nicht zu dem Zwecke, den sie uns allen gesetzt hat. Laßt uns in dieser doppelten Hinsicht unsere Betrachtung ordnen, und zeigen, das Wort:

„Meine Stunde ist noch nicht gekommen"

sey ein zweideutiges Wort im Munde der Menschen — ein immer gnadenreiches, weises Wort im Munde Gottes.

Zweideutig, m. Br., im hohen Grade zweideutig findet ihr dies Wort im Munde des Menschen, und ihr müßt ihn, müßt seine Gesinnungen und Absichten genau kennen, wenn ihr es gehörig würdigen wollt. Es ist offenbar verwerflich als Ausdruck der Arbeitsscheu, der Lieblosigkeit und der Unbußfertigkeit — es ist dagegen eine ehrenvolle Rede, wenn sie Ausdruck jener Weisheit ist, welche Meisterin in der Kunst wird, die Zeit zu prüfen und zu verstehn, sie recht zu theilen und recht zu nutzen, und so für nothwendige Erklärungen, Unternehmungen und Hilfsleistungen die beste Zeit zu wählen.

„Meine Stunde ist noch nicht gekommen" — ein Spruch, der der Arbeitsscheu zur Gewohnheit geworden ist! Alles, was dir vorhanden kommt, das thue frisch — ruft die Weisheit uns schon aus dem fernsten, längst entschwundenen Alterthume zu, und als die Tage der Erleuchtung durch Jesum gekommen waren, und eine neue, rege Kraft in allen Gliedern seiner Gemeine geweckt ward, da trat der Apostel auf mit der Regel: Ringet darnach, daß ihr stille seyd, und das Eure schaffet, und arbeitet mit euren eigenen Händen, wie wir euch geboten haben. Aber überhört und verachtet findet ihr diesen Ruf, wo die Arbeitsscheu sich einschleicht. Wo man das Nöthigste aufschiebt, von Tage zu Tage, von Woche zu Woche, bis zu Monaten und Jahren, wo man den Raub an der fliehenden Zeit nicht mehr vor seinem Gewissen straft, wo man den Lohn für Arbeiten nimmt, die nicht vollendet wurden, wo nachlässige Hauswirthe, wo träge Geschäftsmänner, wo unthätige Genossen des Hauswesens und der bürgerlichen Gesellschaft das Leben verträumen — dahin sehet, und ihr findet die Arbeitsscheu, und wo sie Fuß gefaßt hat — nun, wie ihr da auch um Förderung des Guten und Nützlichen bitten, wie ihr euren Nothstand vorstellen, wie ihr die triftigsten Gründe zum schnellen, ungesäumten Wirken anführen möget, man wird euch sagen, noch sey die Stunde nicht gekommen.

Erwartet es von dem Lieblosen nicht anders! Wir haben das heilige Gebot empfangen: Seyd Gottes Nachfolger, und wandelt in der Liebe! — Gott aber ist die Liebe. Von ihm ist Alles geordnet, was zu unserm Frieden dienen kann, er hat gesorgt und unsere Tage auf sein Buch geschrieben, als noch keiner derselben da war; er giebt allen zu rechter Zeit, was sie bedürfen, er erbarmt sich aller seiner Werke, kommt allen mit Liebe zuvor — und wir sollen seine Nachfolger seyn. Daher ist die Liebe, wo sie nach Gottes Muster sich bildet, so geschäftig und thätig; daher will sie ohne Verzug trösten, retten, erfreuen, wo sie kann; daher ergreift sie dazu jede Gelegenheit, die sich darbietet. Nun aber blickt einmal dahin, wo ihr nichts so sehr, als diese Liebe vermißt, und bald genug nehmt ihr wahr, wie gleichgültig man eure dringendsten Bedürfnisse behandelt, und euch bemerklich macht, noch sey die Stunde nicht, ihnen abzuhelfen. Wo man mittheilen, wo man dienen, wo man dem Leidenden als Engel des Trostes sich nahen soll — und keine Liebe hat; wo man keinen Begriff davon hat, wie sie selbst ungebeten und ohne Aufforderung, aus freiem Triebe, umherschaut und nachforscht, ob man ihrer bedarf; wo selbst nach langen Bitten, dennoch die Hilfe hinausgeschoben wird, die heute schon geleistet werden könnte: da wundert euch nicht, wenn ihr die Entschuldigung vernehmt: Meine Stunde ist noch nicht gekommen. Vielleicht sind diese kalten, liebeleeren Herzen schon ein Spiel muthwilliger Schadenfreude und der Rachsucht geworden, ehe sie es ahnten; vielleicht weidet sich schon das Auge an dem Sturze des gefallenen Nebenbuhlers und an dem Jammer des Feindes, vielleicht ist schon jedes Gefühl für den Edelmuth erloschen, der feurige Kohlen auf des Feindes Haupt sammelt und Böses mit Gutem vergilt: — nun — dann werden sie nur um so geneigter zu solcher Sprache seyn; sie muß ihnen einen Vorwand vor der Welt leihen, um ungestörter die Freude zu genießen, die sich an den Thränen des Bruders sättigt. Welch ein Unwille ergreift uns bei diesem Anblicke! Welch eine Wehmuth fühlt ihr, Gottes Kinder, die ihr wandelt in der Liebe, wenn ihr seht, daß jene Elenden zu Allem, — nur zur Erfüllung des Gebotes keine Zeit haben, das die Liebe empfiehlt, welche des Gesetzes Erfüllung ist. Fordert sie auf zu jedem andern Geschäfte, fordert sie auf zum Spiele, zum Tanze, zur Lust, mitten unter dem Drange der Arbeit — sie werden ihr eine Stunde abgewinnen; aber wo es der Liebe gilt, da ist für solche Menschen nie die rechte Stunde gekommen, so wenig, als

für die Unbußfertigen überhaupt. Das ganze Leben soll der Besserung gehören; es hat keinen höhern Zweck. Vom Aufschub der Heiligung kann unter den Weisen keine Rede seyn; sie würden darin nichts anders, als offene Verachtung ihrer heiligen Bestimmung, und eine Verkehrtheit des Sinnes erkennen, die nicht schmachvoller seyn kann. Heute — das ist ihre Regel — heute, so ihr hören werdet seine Stimme, so verstokket eure Herzen nicht! Ermahnet euch alle Tage unter einander, so lange es heute heißt, daß nicht Jemand unter euch verstocket werde durch Betrug der Sünde. Meinen wir dann, dies ernste Geschäft möge sich höchstens für die Tage der Altersschwäche schicken, die keinen Genuß mehr theilen kann, nur für uns nicht; rufen wir uns zu: Habe guten Muth, meine Seele, iß, trink, dein Herr kommt noch lange nicht; soll Gott, soll die Pflicht, soll das Gewissen warten, bis wir der Sünde müde sind — antworten wir auf jede Aufforderung zur Buße und Besserung: die Stunde ist noch nicht gekommen! — so können wir nichts Schändlicheres sprechen, und wo man so spricht, da verwildert der Jüngling und reift früh zum Bösewicht; da sinkt der Lüstling zum Frevel des Lasters herab; da wird jede Mahnung der Wahrheit übertäubt, jede Rüge der bekümmerten Freundschaft, jede Warnung der Religion verspottet — es ist ein furchtbarer Ausdruck der Verworfenheit und der Verhärtung, den ihr in diesem Worte vernehmt.

O, daß es nimmermehr aus solchen Quellen flöße, wenn man es von euch hört, geliebteste Brüder! Es empört unsere bessern Gefühle; wir verweilen nicht länger bei ihm. Und dennoch — warum nicht bei ihm verweilen? Warum nicht selbst mit Freude und Wohlgefallen es hören? Kommt es doch nur auf die Gesinnungen an, die ihm zum Grunde liegen, um uns mit ihm auszusöhnen, in ihm ein Wort zu vernehmen, das uns mit Zutrauen zu den Menschen, und mit Hochachtung und Dankbarkeit gegen sie erfüllt!

Es giebt **Erklärungen**, das wißt ihr, die, wenn sie zu früh geschehen, unaussprechliches Unheil verbreiten. Was verletzte Verschwiegenheit, was unzeitiges Plaudern, was leichtsinniger Verrath anvertrauter Geheimnisse gewirkt haben — ich brauche es euch nicht zu sagen. Wie bitter, wie bitter sind vielleicht eure eignen Erfahrungen in dieser Beziehung geworden! Darum, wenn ihr vorsichtig wandelt, nicht wie die **Unweisen**, **sondern wie die Weisen**; wenn ihr den Bedrängten einen unersetzlichen Verlust mit Schonung und kluger Berücksichtigung der Zeit verkündigt; wenn ihr dem Jünger manches noch verschweigt, was er jetzt noch nicht fassen würde; wenn ihr, wo der Unverstand poltert, wo die Hitze sich übereilt, wo die Leidenschaft wüthet, mit Mäßigung verfahrt, und selbst die Wahrheit heute verschweigt, weil sie heute nur demüthigen und erbittern würde, und weil sie morgen erst fruchten kann — wenn ihr bei allen euren Erklärungen weise mit euch selbst zu Rathe geht, und dann erklärt: Unsere Stunde ist noch nicht gekommen — o, so seyd unseres Dankes gewiß; so erkennen wir in euch die Schüler des Heiligen, der auch einst seinen vertrauten Freunden gestand: **ich habe euch noch viel zu sagen, aber ihr könnet es jetzt nicht tragen**; so zeigt ihr euch würdig eures Berufs, unsere Rathgeber, unsere Lehrer, unsere Tröster zu seyn!

Es giebt **Unternehmungen** und **Hilfsleistungen**, bei welchen es eben so ist. Die christliche Weisheit muß sich oft ein überlegtes, wohlbegründetes Zögern zur Pflicht machen. Es können Umstände eintreten, unter welchen sie lange auf eine entscheidende That warten läßt, und ihren ungeduldigen Beurtheilern immer wieder sagt: Meine Stunde ist noch nicht gekommen! Doch wie würden wir uns an dieser Weisheit versündigen, wollten wir ihr Zögern mit Trägheit, dies Langsamgehn mit dumpfem, unthätigem Versäumen der rechten Zeit verwechseln. Eben diese will sie ja treffen; auf diese will sie warten, um sich aller ihrer Vortheile zu bemächtigen; eben so will sie der göttlichen Weisheit ähnlich seyn, die in tausend Fällen unserer Kurzsichtigkeit zu langsam scheint, und die dennoch allein die beste Stunde kennt, wo ihr heiliger Plan ausgeführt werden soll. Lange hatte das Auge der Väter sehnsüchtig auf die Tage geschaut, wo der verheißne Retter auftreten, und die neue, bessere Zeit herbeiführen würde. Jahrhunderte verstrichen, ehe diese **Zeit erfüllet war**, bis dahin, wo es hieß: Euch ist der Heiland geboren! Und ist es nicht unzähligemale nachgewiesen worden, wie er zu rechter Zeit erschien? Wie sichtbar auch in der Wahl dieser Zeit die Spuren der Gottesweisheit geworden sind, die am besten zu bestimmen vermag, wenn der Glaube — schauen, wenn die Hoffnung erfüllt, wenn der Wunsch befriedigt werden soll? Darum mißlingt uns so vieles, und darum erreichen wir so oft unsere besten Absichten nicht, weil wir — nicht blos versäumen — sondern auch übereilen; weil wir an die Ausführung unreifer Entwürfe gehn, die dann freilich scheitern, und weil wir das Gebäude aufführen wollen, ehe noch Alles gesammelt, Alles in Bereitschaft ist, was der Bau fordert. Hättet ihr, die ihr dies erfahren mußtet, hättet ihr warten wollen mit euren Plänen, bis ein unübersteigliches Hinderniß aus dem Wege geräumt war — sie wären ausgeführt; hättet ihr eine Bitte verschoben, bis dahin, wo man sie hören wollte — sie wäre erfüllt; hättet ihr erst Kraft gewonnen zu dem Werke, das ihr unternahmt — es wäre glücklich gefördert. Ach, ihr eiltet zur Ausführung, ehe eure Stunde gekommen war, und eure Pläne sind vernichtet und zerronnen, ohne Vortheil für die Welt; eure Bitte ist abgewiesen, euer Werk ist in eigner Kraftlosigkeit untergegangen; — es war noch lange nicht fest genug, um den Stürmen und Wogen zu widerstehen, denen ihr es ausgesetzt habt! — Und giebt es nicht persönliche Hilfsleistungen genug, die dann nur gedeihen, wenn wir sie aufschieben? Wenn der besonnene Vater dem verschwenderischen Sohne manches versagt, was ihn auf der Stelle aus einer Verlegenheit ziehen könnte, die ihn erst witzigen soll; wenn der Menschenfreund eine Wohlthat zurückhält, die der Arme, bei aller seiner Dürftigkeit, noch nicht zu gebrauchen weiß; wenn dem unerfahrnen Jünglinge ein Amt versagt wird, dem er, bei aller seiner Bildung und bei den rühmlichsten Kenntnissen, nicht gewachsen wäre; wenn einzelne Glieder der Familie oder des Staats von einer drückenden Last noch nicht befreit werden können, weil das Oberhaupt des Vereins sieht, daß das Ganze einen unersetzlichen Schaden leiden würde, käme die Erleichterung zu früh: wollen wir das tadeln? — Wir tadeln nicht; wir können nach Hilfe uns sehnen, wir können die Stunde herbeiwünschen, wo das Joch vom Nacken genommen wird: aber wir müssen dennoch die Weisheit ehren, die aus edler Absicht zögert, und der Liebe danken, die ihre Gabe zurückhält, nicht um sie zu entziehen, sondern um sie wohlthätiger zu machen. Es hat alles seine Zeit, m. Br., das Pflanzen und Begießen, das Blühen und Fruchttragen. Heil euch, die ihr die Zeichen der Zeit zu deuten wißt; die ihr auch dem schönsten Drange des Herzens zu gebieten versteht, das heute schon vollenden möchte, was der Verstand erst morgen zu beginnen gerathen hat. Immerhin sagt uns: noch ist die Stunde nicht gekommen! Wir kennen euren Sinn; wir kennen eure Liebe, wir kennen eure Thatkraft — aber eure Besonnenheit auch und eure Weisheit auch. Eure Stunde wird kommen, rechtschaffene, unsträfliche Arbeiter, und ihr werdet das Ziel nicht verfehlen; ihr werdet ausrichten, was die Voreiligkeit verdorben und die Uebereiluug auf immer vernichtet hätte. Der Unverstand mag euch verkennen, der Argwohn euch mißdeuten: aber der Erfolg wird euch rechtfertigen, und im dankbaren Herzen wird euch ein Denkmal aufgerichtet werden, auch dafür, daß ihr zu zögern wußtet, wo es Noth that, und daß ihr die Stunde wähltet, die für die Werke eurer Liebe die segensreichste war!

Doch, um sie immer zu treffen, diese Stunde — welch eine Summe der Erkenntniß, welch ein Ueberblick über den Zusammenhang der Dinge, würde erforderlich seyn! Auch der Beste kann irren, da dieser Ueberblick ihm fehlt, und der redlichste Wille, die geschärfteste Aufmerksamkeit, die reifste Erfahrung ist vor Fehlgriffen nicht gesichert. Daher erkennen wir das Wort: Meine Stunde ist noch nicht gekommen, als ein wahrhaft trostvolles, gnadenreiches, immer heilbringendes Wort nur dann, wenn wir es von Gott gesprochen denken. Ein Wort der langmüthigen Liebe an den Sünder, ein Wort der weisen Liebe an den Dulder höret ihr dann allemal. Möge es nicht fruchtlos verhallen!

Ihr seht den Sünder erhalten, wie den Frommen; seht, wie Gott seine Sonne aufgehen läßt über Böse und Gute, und wie er regnen läßt über Gerechte und Ungerechte. Meinet ihr, es achte das Auge des Ewigen auf den Unterschied zwischen ihnen nicht? — Doch ihr, die ihr Glauben habt an eine heilige Ordnung der Dinge, die ihr es wißt, was der Mensch säe, das werde er ernten; die ihr den Richterspruch einer unbestechlichen Gerechtigkeit in den Tiefen eures eignen Innern vernehmt — so meint ihr nicht! Aber wenn ihr den Sünder, der die Wahrheit höhnt, die Treue verspottet, die Unschuld verfolgt, bei aller Unwürdigkeit und bei allem seinen Frevel noch immer getragen und geduldet, wenn ihr ihn verschont seht von einem Gerichte, das ihn, wie die Leidenschaft wähnt, längst hätte ereilen sollen, wenn ihm die Mittel der Erkenntniß und des Heils noch immer angeboten werden, so erscheint euch die Liebe Gottes in ihrer Langmuth; so versteht ihr seine Absicht, die zur Buße leiten will; so wird euch sein Wille klar, nach welchem allen geholfen werden, und keiner verloren gehn soll; so hebt sich euer Herz in Bewunderung und Ehrfurcht zu dem empor, der seine Hände zu uns ausstreckt den ganzen Tag. Seine Langmuth sprach: Meine Stunde ist noch nicht gekommen! Wer wollte scheel sehen, daß Gott so gütig ist? Wer wollte an diesem Verschonen nicht Tragsamkeit und Schonung gegen den Bruder üben lernen, dessen der Herr sich annimmt? — Aber mißdeutet es auch nicht, dies Wort der Langmuth, wenn es euch selbst gilt! Und was würden wir heute seyn, hätte es uns nicht gegolten? Liegen wir doch alle vor Gott nicht auf unsere Gerechtigkeit, sondern auf seine große Barmherzigkeit, und mangeln des Ruhms, den wir an ihm haben sollen. Mögen wir den Sinn des schonenden Wortes fassen und seinen heiligen Zweck verstehen! Möge es uns unvergessen bleiben, daß es bei Gott keinen absichtlosen Vorzug giebt, daß er aber Geduld habe, damit sich Jedermann zur Buße kehre; daß er auch mit uns Geduld habe, damit wir eilen, wo der Tag des Heils und die angenehme Zeit noch da ist, eilen, die ungewisse kleine Spanne dieser fliehenden Zeit zu ergreifen, und unsere Seelen zu retten!

Laßt uns endlich in jenem Worte das Wort der weisen und tröstenden Liebe vernehmen, wenn wir leiden, und wenn die Hilfe zu verzögern scheint. O, wir wissen es wohl, wie lange euch die Zeit dauert, müde, belastete Pilger! Wir wissen es, wie ihr euch sehnt nach Erleichterung eurer drückenden Last! Der Abend kommt — aber die Ruhe nicht; die Nacht kommt — aber der Schlaf weicht von eurem Lager, und ihr sehnt euch nach dem Morgen, und seufzt ihm mit der Frage entgegen: Hüther ist die Nacht schier hin? — Aber wenn der Tag anbricht, so blutet die Wunde fort; die Morgensonne spiegelt sich in euren Thränen und beleuchtet euren Schmerz. Ihr steht an den Gräbern früh vollendeter, glücklicher Menschen; sie sanken in der Blüthe der Jahre, in voller Kraft der Gesundheit in die Gruft, wo die Gespielen ihrer Jugend um sie klagen. Ihr klagt mit — aber ihr klagt anders, aus eurem Herzen drängt sich der Wunsch: Es ist genug, so nimm nun, Herr, meine Seele, und laß deinen Diener in Friede fahren! Doch der Herr spricht: Meine Stunde ist noch nicht gekommen! — Wäre es möglich, daß ihr eure Schwachheit und Gottes Vaterliebe verkennen solltet? Spricht der nicht, der sich nicht täuschen kann, der besser, als ihr, versteht, welche Läuterungen euch noch nöthig, welche Kämpfe euch noch unentbehrlich sind, sollt ihr vollbereitet, gestärkt, gekräftigt, gegründet werden, sollt ihr die Uebung erhalten, die ihr für eure höhere Bestimmung bedürft? Spricht der nicht, der allein die rechte Stunde kennt, wo eure Traurigkeit in Freude verkehrt werden soll, wo ihr eure Garben bringen und mit Freuden ernten könnt, was ihr mit Thränen gesäet habt? Er züchtiget den Sohn, den er aufnimmt, darum nur, damit derselbe seine Heiligung erlange! Ein Wort der weisen Liebe und ein Wort des erquickenden Trostes habt ihr vernommen, — gedenket daran, und fasset eure Seelen mit Geduld! — Es ist das Wort des Wahrhaftigen, der die Zusage nicht brechen kann: ich will dich nicht verlassen noch versäumen; das Wort des Allwissenden, der alle eure Bedürfnisse kennt und euer Seufzen hört; das Wort des Gütigen, der aller seiner Werke sich erbarmt; das Wort des Weisen, dessen Rath wunderbar erscheinen mag, der aber herrlich hinausführt, was er vollenden will. Also wird sie kommen, diese Stunde. Heute noch und morgen noch mag euch bange seyn; heute noch und morgen noch mag eine neue Nacht der Trübsal auf euch warten, der Schmerz noch einmal stechender werden; — aber seine Stunde wird kommen; über eine kleine Weile ist der Retter da, und verzieht nicht. Bleibet nur fröhlich in Hoffnung, geduldig in Trübsal; er ist bei euch in der Noth, er wird euch herausreißen, er wird euch zeigen sein Heil! — Ach, daß wir nur würdig erfunden werden der rettenden Stunde! Daß sie uns nur gereinigt treffe, wie Gold im Feuer gereinigt ist — frei von der Selbstsucht, die nur das

Ihrige sucht, von der Lohnsucht, die so lange nur im Dienste treu ist, als ihr auf der Stelle vergolten wird; daß die Trübsal nur unsern irdischen Sinn gebrochen, nur unsere Eitelkeit beschämt, nur unsern Stolz gedemüthigt, nur unser Vertrauen zu Gott, unsere Unterwerfung unter seine Hand, unsern Muth, unsere Ausdauer bewährt habe — daß es dann nur dahin gekommen sey, wo wir uns des frommen Sinnes bewußt sind, allein nach der Regel einherzugehn: „was er uns sagt, das wollen wir thun.“ — Wie werden wir es dann verstehen, zu spät sey seine Stunde nicht gekommen; zu welchen Quellen dankbarer Freude werden uns die Tage der Anfechtung werden, wenn sie bestanden sind; wie werden wir niedersinken und anbeten: ich danke dir, daß du mich gedemüthigt hast, so habe ich deine Rechte gelernt; welch ein Triumphgesang wird jede Klage werden, die einst dem Herzen entquoll! Tröstet euch, duldende, gedrückte Genossen des sterblichen Lebens, tröstet euch mit diesen Worten unter einander, und lasset nur nicht ab, und werdet in eurem Muthe nicht matt. Nur noch über ein Kleines — und seine Stunde ist gekommen und sein Lohn mit ihm. Amen.

6.

Diejenigen unter den Juden, welche das Leiden traf, mit dem Aussatze behaftet zu werden, einer Krankheit, der in den Erzählungen der heiligen Schrift oft Erwähnung geschieht, mußten sich, wenn sie glücklich genug waren, wieder zu genesen, von einem Priester untersuchen und für rein erklären lassen, und waren sodann gehalten, ein, in dem Mosaischen Gesetze vorgeschriebenes Dankopfer zu bringen. — Einen solchen Leidenden führt uns unser heutiges Evangelium vor. Im Gefühle seines Elend's wendet er sich an Jesum: „Herr, so du willst, kannst du mich wohl reinigen.“ Jesus streckte seine Hand aus, rührte ihn an, und sprach: „Ich will's thun; sey gereinigt“ — und alsbald war er von seinem Aussatze rein. Es ist bemerkenswerth, daß der Herr die Weisung beifügte: „Siehe zu; sage es Niemand!“ Schwerlich war es Absicht Jesu, daß überhaupt und durchaus Niemand etwas von dieser Wohlthat erfahren sollte;

aber er wünschte, daß sie nicht zu früh laut werden möchte. Die Ursache ist leicht aufzufinden. Er verrichtete diese wundervolle und wohlthätige Handlung in Galiläa; nach Jerusalem aber mußte der Geheilte sich begeben, um den Forderungen des Gesetzes zu genügen. Hätte sich die Nachricht von dem, was geschehen war, früher, als er dort anlangen konnte, verbreitet; wäre sie zur Kenntniß der Priester gekommen, ehe diese die gesetzliche Untersuchung über den Zustand des Geheilten angestellt und die öffentliche Erklärung darüber abgelegt hatten: so konnte ihre feindliche Stimmung gegen Jesum sie leicht veranlassen, selbst gegen ihre bessere Ueberzeugung, jene Erklärung zurückzuhalten. Dann aber wäre der Gerettete das Opfer einer blinden Leidenschaft geworden, und aller der Vortheile verlustig gegangen, welche er von der Wiederherstellung seiner Gesundheit erwarten konnte. So war es also eine Regel der Klugheit, welche ihm der Herr gab, eine Regel, deren Befolgung ihm den vollen ungekränkten Genuß der empfangenen Wohlthat, die Rückkehr in das thätige, bürgerliche Leben, sichern sollte. Für uns, m. Br., kann sie ein wahrer Prüfstein unseres sittlichen Zustandes werden, wollen wir sie anders nur dazu benutzen. Was Jesus dem Aussätzigen sagte, das führen auch wir, bei unzähligen Gelegenheiten, im Munde; wir sagen es uns selbst, wir sagen es andern, bittend und warnend; aber nicht immer beachten wir den Sinn und die Absicht dieser Worte, die sich auf eine sehr verschiedene Art würdigen lassen. Dies wird uns deutlicher werden, wenn wir jetzt mit unserm Nachdenken bei der Bitte verweilen: „Sage es Niemand!"

Matth. 8, 1 — 13.

Hier also die Erzählung, über welche wir bereits einige Erläuterungen beigebracht haben. Wie wir sie heute benutzen wollen, das haben wir schon bemerklich gemacht.

„Sag' es Niemand!"

Dies Wort soll uns diesmal ausschließlich beschäftigen. Es verdient unsere Aufmerksamkeit, denn es kann ein Wort

des bösen Bewußtseyns,
der strafbaren Absicht,
der bewährten Klugheit,
des freundlichen Vertrauens,
der stillen Wohlthätigkeit seyn.

Sag' es Niemand! so spricht das böse Bewußtseyn — furchtsam und ängstlich, daß die böse That nicht entdeckt werde, und nicht zur Verantwortung und Strafe und Schande ziehe. Das ist die Rede des Lasters in seiner Erniedrigung und in seinem Elende! So eilt der Bösewicht zu seinen Spießgesellen und zu dem, dessen Scharfblick ihn durchschaut hat — „o, sag es Niemand" bittet und bettelt der entwürdigte Mensch. So der Betrüger, der, bei seinem Raube, ein verletztes Gewissen mit sich umherträgt; so der Ungerechte, der den Frommen gestürzt hat, und doch die Missethat verhehlen will, so der Wollüstling, der ausgelernt in den Künsten der Verführung, das Maas seiner Sünden vollgemacht hat; so jeder, der Brandmaale in seinem Gewissen trägt, und darum nicht an das Licht kommen will. Wehe uns, wenn es das böse Bewußtseyn ist, was uns den Wunsch abnöthigt, daß man Niemanden sage, was wir begonnen und vollführt haben! Wir haben das Heiligthum des Herzens entweiht; wir haben in der Furcht, die uns peinigt, die unbestechliche Zeugin gegen uns, und die Verrätherin einer innern Unordnung, wohl gar einer Verworfenheit, die sich nur vor Menschen scheuet, aber vor Gott nicht, gegen den sie frevelt, und die sich in der bangen Ahnung quält, vielleicht da am ersten entdeckt zu werden, wo sie sich am sorgfältigsten zu verbergen sucht. Kann uns etwas die Niedrigkeit des Lasters fühlbarer machen, als eine solche Sprache knechtischer Menschenfurcht? Können wir tiefer stehen, als dann, wenn wir so uns demüthigen müssen unter das Geschöpf, und uns so abhängig machen von dem Vertrauten unserer Missethat? Lasset uns prüfen, ob Manches — ob Viel auf uns laste, was uns die Bitte abnöthigt: Sag' es Niemand! Möchten wir dann thun, was allein noch retten kann! Möchten wir zu dem eilen, welchem keiner zu sagen nöthig hat, was wir verschuldeten, weil er wohl weiß, was im Menschen ist! „Herr, so du willst, kannst du mich wohl reinigen" sprach der Aussätzige. Müssen wir jene Sprache führen, und scheu und schüchtern um Verschwiegenheit bitten: so sind wir Unreine am Geist und Herzen. Möge die Sehnsucht, die einst den Aussätzigen in seinem körperlichen Leiden ergriff, bei uns eine Sehnsucht nach Reinigung von so großen sittlichen Gebrechen werden! Möge sie uns zu dem führen, zu welchem jener um Hilfe rief, und welcher uns die Verheißung zurückließ: Wer zu mir kommt, den will ich nicht hinausstoßen. Wer kann so uns reinigen, wer so heilen, als der Herr? Ist er nicht der Weg, die Wahrheit und das Leben? Reicht er nicht alles dar, was erleuchten, was bessern, was über die Macht des Bösen erheben, was reich in Gott machen kann? Möge unser Auge aufgethan werden und die Binde fallen, durch welche Thorheit und falscher Reiz einer lüsternen Sinnlichkeit sein Licht verdunkeln, daß wir heute noch, wo wir seine Stimme hören, uns aufmachen; heute noch ein Herz voll Scham und Reue, voll Buße und Besserung ihm entgegen bringen; daß der Glaube, der eine verzeihende Vaterliebe Gottes ergreift, uns ermuthige, wieder aufzuheben die lässigen Hände und die müden Knie. Noch sind wir auf dem Wege, noch ist der Tag des Heils, noch die angenehme Zeit; noch will uns Christus erleuchten und ausrüsten mit Kraft aus der Höhe und zeigt uns den Vater, der den Tod des Sünders nicht will, der seine Hände zu uns ausstreckt den ganzen Tag! Aber lasset uns eilen, lasset uns eilen! Wie der Aussätzige den Augenblick ergriff, so lasset uns den Augenblick der Hilfe ergreifen, ehe er vorübergeht! Es kommt eine Stunde, wo diese Zeit des Heils verronnen seyn wird, und es giebt einen Abgrund, in dem das Laster versinken kann, vor dem wir erbeben! — Lasset uns eilen!

Doch wären auch wir es nicht, die ein böses Bewußtseyn zu der Bitte treibt: Sage es Niemand! — Vielleicht begegnet uns ein anderer, der sie an uns bringt. Dann wollen wir nicht vergessen, es könne Fälle geben, wo wir sie abschlagen müssen — aber prüfen lasset sie uns sehr wohl! Wenn er unsere Verschwiegenheit nicht verlangt, um fortzusündigen, sondern um sich zu bessern und, wär' es möglich, um gut zu machen, was er Böses that, wenn wir seine Reue sehen, seinen Kummer, seine Wiedergeburt zu dem Leben, das aus Gott ist; wenn er Trost und Belehrung und Ermuthigung bei uns sucht: so wollen wir bedenken, daß die Liebe auch der Sünden Menge bedecke; so werde er Gegenstand unseres Gebets, unserer Unterstützung und Hilfe. So mache sich keiner der unerbittlichen Strenge schuldig, die den Gefallenen nur verdammen, aber nicht tragen mag, und hüte sich jeder vor der kindischen, unseligen Geschwätzigkeit, die von nichts zu reden weiß, als von fremden Gebrechen, die sie von Haus zu

Hause, von Ort zu Orte trägt, und sie vergrößert, selbst, wenn sie zu entschuldigen scheint, und die den Sünder noch tiefer in den Staub tritt, und seinen Muth lähmt, vom Falle aufzustehn; die das glimmende Docht auslischt und das zerstoßene Rohr zerbricht. So ihr, schrieb der Apostel, so ihr euch unter einander beißet und fresset, so sehet zu, daß ihr nicht unter einander verzehret werdet! Wollen wir Verräther an anvertrauten Geheimnissen werden, die der Reuige an unsere Brust legte, um sich zu erleichtern, um ein Wort des Friedens zu hören, um einen Rath zu vernehmen, wo er rathlos und verlassen stand: so verwandeln sich Gespräche, die das Vertrauen täuschen, in Hochgerichte, die jeden Guten mit Ekel und Abscheu erfüllen, und wir werden es bald genug dahin bringen, wo man andere warnen muß, daß sie nicht uns ihr Vertrauen schenken. Darum — lasset kein faul Geschwätz aus eurem Munde gehen, sondern was nützlich zur Besserung ist, da es noth thut, daß es holdselig sey, zu hören.

„Sag es Niemand!" — so spricht auch die strafbare Absicht. Da wird oft an nichts weniger, als an Reue gedacht; man geht noch um mit dem unwürdigen Vorsatze, das Schändliche zu vollbringen, und geht darauf aus, uns zu Mitgenossen der Uebelthat zu machen; man traut uns das Aergste zu; man meint, daß wir, wenigstens durch Schweigen, der Sünde Vorschub thun werden. Welch eine Zumuthung! und zugleich — welch ein tiefer Fall dessen, der so und in solcher Absicht sprechen kann! Er erklärt ungescheut, daß ihm weder das Heil seiner Seele, noch das unserige etwas gelte; daß er alles aufbieten wolle, zu vollenden, was seine Begierde fordert; daß er keine Furcht habe, als Furcht vor Menschen, die wohl den Leib tödten können, aber vor dem nicht, der Leib und Seele verderben kann in die Hölle. Er mag das Unwürdige und Strafbare seines Vorhabens erkennen, aber das kümmert ihn nicht, nur verschwiegen will ers wissen, damit die Ausführung nicht mißlinge. Nicht Unwissenheit, nicht Uebereilung, nicht Schwäche — ach, ein böser, das Heilige gering achtender Sinn hat in ihm Wurzel geschlagen. Wie ist's doch zu allen Zeiten so wahr geworden: Wer Arges thut, der hasset das Licht, und kommt nicht an das Licht, auf daß seine Werke nicht gestraft werden. O, wäre auch nur Einer unter uns so unglücklich, sich eines Vorhabens bewußt zu seyn, mit welchem er an das Licht zu kommen sich scheuen muß, und das ihn zu der Bitte drängt: Sag es Niemand! — wie auch das Vorurtheil ihn entschuldigen, wie auch der Geist der Zeit sich für ihn erklären, wie auch die Leidenschaft ihm schmeicheln mag: wir bitten ihn, wir bitten alle, die gleichen Sinnes mit ihm sind, bitten an Christus Statt, lasset euch versöhnen mit Gott! Wir bitten, daß der, welcher in uns wirket, beide, das Wollen und Vollbringen, ihnen erleuchtete Augen des Verstandes gebe, zu erkennen, welches sey die Hoffnung unseres Berufes und der Reichthum seines herrlichen Erbes, damit sie bedenken zu dieser ihrer Zeit, was zu ihrem Frieden dient, daß ihre Seelen sich nicht verwirren in dem Rathe der Gottlosen und daß sie nicht sitzen, wo die Spötter sitzen. Du aber, an den sich die schlechte, strafbare Absicht mit der Bitte wendet: Sage es Niemand! — was willst du thun? — Ihn, der dich bat, begünstigen? Ihn thun lassen, was er vorhat und theilnehmen an seiner Schuld? Hehler und Beförderer dessen werden, was jetzt vielleicht noch in der Geburt erstickt werden könnte? Nichts thun, wo ein entschlossenes Entgegentreten das scheue, die Entdeckung fürchtende Laster im Zaume halten könnte? Viele sprechen dann erst, wenn die Sünde geboren und das beabsichtigte Böse vollbracht ist, wovon sie Kenntniß hatten. Sie belehren betrogene Herrschaften von der Untreue ihrer Dienstboten, wenn diese nicht mehr im Dienste stehen; sie machen den Verläumdeten mit den Quellen der bösen Nachrede bekannt, die ihn um Brod und Frieden gebracht hat, wenn diese Quellen nicht mehr fließen; sie entdecken die Gefahr, die der Bösewicht uns bereitet, wenn die Gefahr uns schon ereilet hat. Nein, ihr, die ihr Christi Namen nennet, und abtretet von der Ungerechtigkeit — das werdet, das könnt ihr nicht! Ihr werdet an das Herz des Sünders sprechen; ihr werdet nicht ablassen mit Ermahnen und Strafen, mit Warnen und Bitten; ihr werdet, wenn eure Worte fruchtlos abgleiten, und wenn ihr falschen Versicherungen der Reue nicht trauen dürft, mit Freimüthigkeit reden, und mit dem Muthe frommer Pflichttreue dem Bösen entgegentreten und das Gelingen seiner Absichten vereiteln; ihr werdet, habt ihr's mit dem mächtigen Laster zu thun, seinen Unwillen nicht fürchten, und werdet alles eher dulden, als die Schmach, Gehülfen der Sünde und Werkzeuge der Hölle zu seyn.

Sage es Niemand! — spricht die bewährte, umsichtige Klugheit, und — mit Recht. Das Kind, das die Tücken der Menschen noch nicht kennt, und jedes Wort für baare Münze nimmt; das in die große Welt tritt, unbefangen und ohne Argwohn, und das älterliche Haus mit seiner Rechtlichkeit, mit seiner Liebe und Nachsicht überall wieder zu finden meint — es trägt das Herz auf den Lippen, und wie bitter ist oft die Erfahrung, durch die es gewitzigt wird! Aber wenn sie gemacht ist, diese Erfahrung, wenn der Verstand unter ihr reifte, wenn die Reibungen in den Verhältnissen des Lebens, wenn Täuschung und Betrug und List eine Vorsicht aufnöthigten, die man sonst nicht kannte, wenn man wahrnimmt, ohne sie sey schwerlich zum Ziele zu kommen; wie verbürgt ist dann auch die Bedeutsamkeit des Wortes: Sage es nicht! Es soll Vorsicht lehren gegen die Arglist. Seht ihr, wie Gutes nur darum verhindert ist, weil es zu früh bekannt ward, und weil der Feind Zeit gewann, es zu zertreten; wie der Neid und die Schadenfreude ihren Triumph feiern, weil sie alles wußten, was die gemeinnützige Liebe wollte, und weil es ihnen gelang, die Gemüther umzustimmen, und gegen das Werk einzunehmen, das, wäre es begonnen, ein Segen für die Welt gewesen wäre — ihr werdet behutsam werden; ihr werdet schweigen — oder, wo es Noth thut, nur in dem kleinen, engen Kreise geprüfter Freunde das verhandeln, was die Menge noch nicht wissen darf, wenns nicht verdorben werden soll. — Und sehet ihr denn, wie es andern ging, wie mancher Mann, der einst angesehen war in seinem Geschäfte und Amte, darum das Vertrauen verlor, weil er seine Zunge nicht zähmte, wie viel Saamen der Zwietracht und des Haders ausgestreut ward, wie viele Verbindungen aufgelöst, wie viele Gemüther getrennt und entrüstet sind, weil man das Wort nicht zu würdigen verstand, von welchem wir reden: dann wird euch der Werth desselben fühlbar, ihr könnt es nicht leugnen, die Klugheit selbst lege es uns in den Mund. Ihr werdet dabei mehr gewinnen, als viele glauben mögen. Bei dem Umgange mit Unbekannten, in der Führung eures Amtes, in eurem Hauswesen, bei eurem Geschäfte — überall werdet ihr euch sichern, euer Vorhaben wird leichter gelingen, tausend Hindernisse werdet ihr aus dem Wege räumen, tausend Verlegenheiten entgehen, wenn ihr die Klugheit höret, die euch oft ermahnt: Sage es Niemand. Wir werden dem Sachwalter, der unsere Rechte vertheidigen, dem Arzte, der unsere Gesundheit berathen, dem Lehrer, der über wichtige Angelegenheiten des Herzens uns beruhigen soll, dem Freunde, an dessen Brust wir unsere Sorge ausschütten wollen — wir werden uns ihnen williger und offener mittheilen, wissen wir nur, daß sie diesen Rath der Klugheit zu achten verstehen. Nicht jener Geheimnißkrämerei, die sich nur wichtig machen will, nicht jener Verschlossenheit, die der Tod aller Freundschaft und aller Freuden des geselligen Lebens ist, nicht jenem argen Mißtrauen wollen wir damit das Wort reden, das sich in dem Herzen des Menschenfeindes, des eitlen Thoren und des Schwächlings entwickelt, der keinem vertraut, weil er selber kein Vertrauen verdient. Aber in einer Welt, wie die unsrige ist, bei dieser Verschiedenheit menschlicher Ansichten, bei diesem Durchkreuzen widerstreitender Entwürfe und Vortheile, bei dieser Schwäche des Verstandes und Herzens, bei diesen Mißverständnissen, welchen auch das Beste unterworfen bleibt, wird die bewährte Klugheit der Bitte Gehör geben müssen: Sag' es Niemand!

Sage es Niemand! spricht auch das freundliche, offene Vertrauen. Da, wo keine Falschheit lauert, wo die Seelen sich finden und die Herzen frei sich ergießen, wo die Freundschaft ihren Bund geschlossen und ihren Tempel gebauet hat, da kommt Manches zur Sprache, was allein unter dem Siegel der Verschwiegenheit gesagt werden kann. Es giebt so viele Sorgen, die nicht bemerkt, so viele Klagen, die nicht laut werden sollen. Doch der Dulder trägt leichter, wenn er wenigstens Einen hat, dem er sich mittheilen darf. Es giebt so viele Angelegenheiten, Ereignisse und Veränderungen, die uns über Alles wichtig sind: aber wir werden nicht verstanden, wollten wir uns gegen den aussprechen, der weder das Eigenthümliche unserer Person, noch das besondere unserer Lage, noch unsere Ansichten zu würdigen weiß; wir suchen dann ein verwandtes Gemüth, dem wir uns aufschließen dürfen. Es giebt Verlegenheiten, die uns drücken, und die Sehnsucht nach dem Rathe der Liebe um so höher steigern, je beengender sie werden, und es wird stiller in uns, wir haben Vorschmack der bessern Welt, wo die Geister sich verstehen ohne Täuschung und Trug, wenn wir den Vertrauten der Seele finden, zu dem wir sprechen mit einer Unbefangenheit und Offenheit, welche die Fesseln sprengt, die das Leben in der größern Welt uns anlegt; wenn wir das Ohr des Verräthers nicht fürchten und nicht den Arglistigen und Mißtrauischen, der das schuldlose Wort verdreht, der jede Aeußerung belauscht, um sie zur Anklage gegen uns zu stempeln, und der unser Seufzen verhöhnt. Den Werth solcher Herzensergießungen hat man in jeder Zeit empfunden; man fühlte bald, wie sie des Lebens Genuß erhöhen, des Lebens Glück befestigen, des Lebens Last erleichtern, und der Freundschaft, die sie möglich macht, hat man Lobreden gehalten von Alters her, und wird sie ihr halten bis an das Ende der Tage. — O, hat uns irgend ein Guter sein Vertrauen geschenkt, will er nur uns sich entdecken, und knüpft er dann an seine Geständnisse die Bitte: Sage es Niemand! so wisset, er hat uns großer Ehre werth gefunden. Lasset uns Alles aufbieten, sie zu verdienen. Mißbrauch eines solchen Vertrauens ist eine Unwürdigkeit, wie wir sie vorhin an dem getadelt haben, der bereuete und mit Reue gestandene Fehler zur Tagsgeschichte macht. Der edle Mensch bewahrt schuldlose, anvertraute Geheimnisse, wie ein Heiligthum; er weiß Manches, was er mit in sein Grab nimmt; er hat manchen Blick in die Tiefe des Herzens gethan, das sich ihm willig aufschloß, aber er schweigt über Dinge, die nie das Eigenthum der großen Menge seyn dürfen; er kann getrennt werden von denen, die ihm vertrauten, sie können ihn vorangehen in die Ewigkeit, aber auch dann bleibt ihm heilig, was ihm — und ihm allein in der Stunde des offenen Vertrauens gesagt ward: er schweigt, wo die Pflicht nicht zu reden gebietet; immer schlägt noch das Wort des Freundes, des Gedrückten, des Verkannten an sein Ohr: Sag es Niemand! Wollte Gott, so wäre es überall! Wie viel Unheil wäre dann nicht über die Erde gezogen, wie viele Leiden wären dir erspart, du armes Geschlecht, dessen Vertrauen so oft betrogen ward! Wie viele Liebe wäre nicht erkaltet und schmählich untergegangen unter Feindschaft und bitterm Groll; ach, und wie vielen wäre nicht das Vertrauen zu den Menschen entrissen, das sie darum verloren, weil die Bitte unerfüllt blieb: Sage es Niemand! Ist es doch immer furchtbar wahr geworden, die Zähne der Menschenkinder sind Spieße und Pfeile und ihre Zungen scharfe Schwerter — ein unruhiges Uebel, voll tödtlichen

Gifts. Ein kleines Feuer, schreibt der Apostel, welch einen Wald zündet es an! Wie mancher unter uns mag aus eigner, schmerzlicher Erfahrung gelernt haben, daß die Geschwätzigkeit die reinsten Freuden mordet. Ihr habt die Unholdin mitten in das stille Familienleben einziehen und schonungslos wüthen gesehen; ihr habt den Kummer der Verrathenen erkannt und die Thränen des getäuschten Vertrauens habt ihr verstanden. Wir leben so kurze Tage mit einander, gehen einen so kleinen Weg mit einander; wir werden uns jene erheitern, wir werden uns diesen erleichtern, dürfen wir nur gegen einander Vertrauen fassen. Laßt uns denn nicht spielen, nicht Mißbrauch treiben mit einer Gabe, die bald verscherzt und schwer zum zweitenmale erworben wird. Wo es sich einen Tempel erbauet hat, dies Vertrauen, da lasset uns hinzunahen mit hoher Achtung und denken: wie heilig ist diese Stätte! und über den Thoren des Eingangs zum Heiligthume lasset uns die Worte setzen: Sage es Niemand!

Sage es Niemand! — da hören wir auch das Wort der stillen, uneigennützigen Wohlthätigkeit. Es können wohl Fälle eintreten, wo wir unser Licht sollen leuchten lassen vor den Leuten, daß sie unsere guten Werke sehen, und zwar darum, damit sie den Vater im Himmel preisen, damit sie sich an uns erbauen, an uns die Kraft einer Lehre wahrnehmen, die, wo sie aufgenommen wird, reich an Werken der Barmherzigkeit macht; damit sie also zur Nacheiferung gespornt werden. Aber das ist nicht jenes eitle, übermüthige zur Schautragen, nicht jene pharisäische Tugend, die auswendig gleißt, wie ein übertünchtes, aber inwendig mit Todtengebeinen erfülltes Grab; — die nach der Bewunderung der Welt geizt, und ihren Lohn dahin hat. Die Umstände, unter welchen wir wirken, und unser eignes, unverdorbenes Gefühl werden uns am besten lehren, wo es Noth sey, öffentlich zu thun, was wir sonst dem Auge jedes Zeugen gern entziehen — und was wir mit der Bitte begleiten: Sage es nicht! Die linke Hand soll nicht wissen, was die rechte thut. Das edle Herz hascht nicht nach den Lobpreisungen der Menge, nicht nach dem lärmenden Beifall der Schmeichler, nicht nach dem lauten Danke der Geretteten und Erquickten: es genügt ihm an dem Beifalle des Gewissens und es freut sich des Zeugen, der auch in's Verborgene sieht. Wie oft müssen uns die Spuren dieses stillen, geräuschlosen Wohlthuns schadlos halten für das Vorgefühl, womit die Eitelkeit uns erfüllt, und die Ruhmsucht, und der Stolz, der sich nicht scheut, dem Leidenden, dem er zu Hilfe kommt, zu demüthigen und sein eignes Lob zu verkündigen! Wie offenbart sich der ächte Christensinn da, wo die Gabe der Liebe ihre werthvollste Zugabe in der Bitte erhält: Sage es Niemand! Wie glücklich müssen wir euch preißen, wenn ihr eines solchen Handelns euch bewußt seyd! Wenn ihr auf viele blickt, die ihr in ihrem Hunger gespeiset, in ihrem Durste getränkt, auf Dürftige, die ihr gekleidet, auf Verkannte, die ihr vertheidigt habt, auf Verlassene, deren Fürsprecher, auf Trauernde, deren Tröster, auf Irrende, deren Führer ihr geworden seyd! Sie kennen euren Namen nicht; aber — wie ihr so groß und selig seyd! Bleibet in dieser Liebe! Schamroth wird sich vor eurer stillen Größe der Ehrgeiz verkriechen, wenn ans Licht kommen sollte, was des Lichtes so werth ist. Doch vielleicht wird jetzt Niemand erfahren und Niemand sagen, was ihr wolltet, und waret und wirktet; aber bleibet in dieser Liebe! Sie trägt ihren Lohn in sich; wer möchte ihn rauben? Sag' es Niemand, sprach sie in ihrem geräuschlosen Wirken; aber ihre That sprach vor dem Throne Gottes und Gott schrieb sie zum Segen an. Welch' ein Halleluja dort, wohin ihre Werke folgen, wo Preis und Ehre und unvergängliches Wesen zu Theil wird allen, die mit Geduld in guten Werken getrachtet haben nach dem ewigen Leben! Amen.

7.

In den Ansichten und Urtheilen, so wie in dem Betragen und in den Bestrebungen des Menschen, finden sich nicht selten so auffallende Widersprüche, daß wir sie mit Erstaunen bemerken, und kaum begreifen, wie sie nur möglich seyen. Es scheint doch den meisten ungemein schwer zu werden, mit sich selber einig zu seyn, ihr Inneres zu ordnen und ihr Denken und Handeln in Uebereinstimmung zu bringen. Daher trefft ihr eine bis zum Eigensinn getriebene Pünktlichkeit auf der einen — und Unordnung auf der andern Seite; anmaßenden Uebermuth und niedrige Kriecherei, unersättliche Habsucht und üppige, sinnlose Verschwendung, ängstliches Streben nach Glück und leichtsinniges Untergraben desselben neben einander. Eben so widersprechend finden wir in unzähligen Fällen die Ansichten der Menschen und ihre Urtheile, und nicht etwa nur, wo es Angelegenheiten des gemeinen Lebens betrifft, sondern auch da, wo es sich um hochwichtige Gegenstände des religiösen Glaubens handelt, also da, wo wir jeden Widerspruch mit großer Sorgfalt vermeiden sollten. Ich will hier nur an die Urtheile erinnern, welche ihr über unsere Verbindung mit einer unsichtbaren Welt von Menschen vernehmt, deren Handlungsweise mit diesen ihren Urtheilen kaum vereinbar scheint. Sie gehn über den Kreis des Sichtbaren nicht hinaus; sie wollen Nichts, als das Gewöhnliche gelten lassen, für Nichts euch ihre Aufmerksamkeit schenken, als für das allein, was sie mit Augen sehen und mit Händen greifen, und spottend bemitleiden sie euch, wenn ihr ihnen sagt, es gebe ein Reich des Unsichtbaren, das der Vernünftige nicht aus der Reihe seiner Vorstellungen ausschließen könne. Sie weisen euch zurück; betrachten Alles, was sich darauf bezieht, als Irrthum, Aberglauben und Wahn; und meinen, wahre Weisheit sey das nur, wenn man bei dem stehen bleibe, was die Sinne unmittelbar berührt, und was auf das bürgerliche Leben Einfluß hat. Doch nur ändern darf sich ihre Lage — und welch ein abergläubisches Sehnen nach dem Wunderbaren und Außerordentlichen bemerkt ihr bei denselben Menschen! Sie haschen nach Allem, was sie über den Kreis ihres Wissens und Handelns hinauszieht, auf den sie sich allein beschränken wollten; sie suchen Offenbarungen und Zeichen, sie verlangen nach dem, was nur aus einer andern übersinnlichen Welt kommen kann. Dieser scheinbare Widerspruch hebt sich indessen, wenn ihr bemerkt, daß der Glaube an jene Welt und unser Zusammenhang mit ihr tief in des Menschen Herz gegraben sey, daß er ihn zwar eine Zeitlang verdunkeln, nie aber bewirken könne, daß nicht Augenblicke kommen, wo die unterdrückte Wahrheit ihre Rechte behauptet. Nur das ist zu beklagen, daß dann der Mensch so leicht von einer Abschweifung zur andern, von einem Aeußersten zum andern fortgeht; daß er erst gar nichts — und dann wieder das von der übersinnlichen Welt erwartet, was ihm nie von derselben verheißen ist; daß er durch unbegreifliche Wirkungen, aus ihrem Bereiche, jede Belehrung und jede Hülfe entnehmen will, nachdem er früher Alles allein innerhalb des Sichtbaren zu finden glaubte. Ach, und daß wir es eingestehen müssen! ist es nicht dieser Fehler, an welchen so oft auch diejenigen krank liegen, die lange schon den Glauben an das höhere unsichtbare Reich der Geister mit ihren andern Ueberzeugungen verschwistert, die in ihm ihre freudigste Hoffnung gefunden, die sich so oft schon im Aufschauen auf eine Zukunft erquickt haben, welche das Dunkel der Zeit aufklären, und das in der Zeit Begonnene fortsetzen wird? Müssen wir nicht oft auch an ihnen eitle Erwartungen tadeln, die sie von einer andern Welt hegen, und bemerken wir nicht, daß sie Forderungen an dieselbe machen, die nicht befriedigt werden können? Nehmen wir nicht oft genug ein Sehnen nach wunderbaren Beweisen der waltenden Gottheit wahr, das sie zur Anwendung von Mitteln bestimmt, die mit nichts weniger vereinbar sind, als mit der lichten Erkenntniß, wie sie der Christ haben, mit dem frommen kindlichen Glauben, wie ihn der Christ nähren, mit der Weisheit im Handeln, wie sie der Christ beweisen kann und soll? Was möchte uns abhalten, bei einem Gegenstande zu verweilen, den unser heutiges Sonntagsevangelium uns so nahe bringt? — Ueber das Sehnen nach wunderbaren Beweisen der waltenden Gottheit werden wir heute zu euch sprechen.

Matth. 8, 23—27.

Wie ängstlich findet ihr die Jünger! Wie regte sich in ihnen der Wunsch nach einer außerordentlichen Hilfe von ihrem Herrn! Freilich kann das bei ihnen weniger befremden, die so oft schon Zeugen der großen Thaten ihres Meisters gewesen waren. Aber so viel ist entschieden, was sich bei ihnen aussprach, spricht sich in ähnlichen Fällen nur zu oft auch bei andern aus; es regt sich, in mißlichen Lagen, der Wunsch, daß Kräfte einer unsichtbaren Welt uns unmittelbar dienen möchten, es ist

„das Sehnen nach wunderbaren Beweisungen der waltenden Gottheit,"

welches sich zu jeder Zeit unter den Menschen bemerklich gemacht hat. Bleiben wir jetzt bei Betrachtung desselben stehn, so sind es drei Fragen, zu welchen wir veranlaßt werden, und auf welche wir eingehen wollen. Wenn zeigt sich jenes Sehnen? Woher entspringt es? Wie haben wir es zu beurtheilen und zu würdigen? Sehet hier, die Fragen, deren Beantwortung uns obliegen wird.

Wie verschieden auch die Lagen seyn mögen, in welchen sich Menschen nach wunderbaren Beweisungen der waltenden Gottheit sehnen, so lassen sich doch die wichtigsten Fälle nicht verkennen, bei welchen diese Sehnsucht sehr leicht rege ward, und wir werden nicht irren, wenn wir behaupten, sie habe sich da vorzüglich gezeigt, wo es der Aufklärung dunkler Wege gilt, welche die Vorsehung uns leitet; wo es auf Rath in zweifelhaften Fällen ankommt, wo wir einen schnellen, uns auf einmal rettenden Erfolg für das Beste zu unserm Zwecke halten.

Es giebt Schicksale, m. Br., welche sich in ein geheimnißvolles Dunkel verlieren. Erinnert euch an so viele, merkwürdige Begebenheiten, an so überraschende, nie geahnte Erfahrungen, an so viele, uns verwirrende Erscheinungen im Leben, an welchen die Geschichte jedes Jahrhunderts reich ist; an große Weltbegebenheiten, an den Umsturz glänzender Throne, an den Untergang blühender Völker; an Familienereignisse, die dem Lebensgange aller Glieder des Hauses auf einmal eine ganz andere Richtung gaben, an das plötzliche Wegsterben der Personen, deren längeres Daseyn uns nothwendig schien; an Veränderungen unserer Verhältnisse, die uns den Untergang drohen, an die Tage, wo es uns ist, als wandelten wir in einem finstern Thale. Dann will es uns bange werden; dann hört ihr den ängstlichen Ruf: Herr, wir verderben! Dann schmachten wir nach Licht; wir wollen den Ausgang sehen, wollen jetzt schon wissen, wohin das alles führen, wie es enden, wie es sich entwickeln werde. Woher aber soll es uns kommen, dies Licht? Woher dieser sichere Vorblick in die Zukunft? Nicht von uns — wir sehen nichts! Nicht von den Weisen unserer Zeit — sie sind kurzsichtige, dem Irrthum unterworfene Menschen, wie wir! Nicht von den Deutungen des Aberglaubens — die Vernunft und das Gewissen verschmähen sie! Kaum erwehrt sich dann der Mensch des Sehnens, Gott möchte sich, sollen wir so sprechen, ins Mittel schlagen; er wünscht, daß ein Strahl des höhern Lichts ihn umleuchte, und ihm jetzt schon Aufklärungen bringe, die ihm die Zeit unter ihren langsamen Entwicklungen nur erst in später Zukunft verspricht. Doch nicht immer will er die Dinge, die da kommen sollen, nur darum wissen, daß er eine leere Neugierde befriedige; oft will er auch sein Handeln nach solchen Belehrungen einrichten; es ist also Rath, den er in seiner Rathlosigkeit bei zweifelhaften Fällen verlangt, und um dessen willen er sich nach wunderbaren Beweisungen der waltenden Gottheit sehnt. Wir wollen gern das Rechte treffen; wir wollen wählen, was Gott gefällt. Aber Gründe von dieser, Gründe von jener Seite drängen sich, beide scheinen uns gleich wichtig. Ein Weg geht zur Rechten, ein Weg zur Linken; beide scheinen uns gleich sicher und gut. Was sollen wir thun? Denkt an die Stunde der Entscheidung, wo sich der Mensch für eine bleibende Verbindung, für eine Lebensart, für einen Wohnort, für die Theilnahme an einem wichtigen Geschäfte bestimmen, wo er ein, in seinen Wirkungen nicht zu berechnendes Urtheil fällen, wo er eine Wahl treffen soll, deren Folgen sich über das ganze Leben, nicht über sein Leben nur, über das Leben und über das Glück vieler Andern unabwendbar erstrecken werden; an die peinliche Lage, wo heilige Pflichten unsere Thätigkeit in Anspruch nehmen, und wo wir Einer von ihnen nur genügen können — und das Bild menschlicher Rathbedürftigkeit steht vor euren Augen. Dann kämpft die Seele wohl einen schweren Kampf, sie fühlt sich bereit, Alles, Alles zur Ehre Gottes, der Pflicht und des Gewissens zu thun; sie will kein Opfer scheuen. Aber — ist es denn auch das Beste, was ich wähle? Werde ich nicht mein Gewissen verletzen? Wird nicht Nachreue meinem Entschlusse folgen? Wird er nicht die Quelle eines Jammers werden, die meine Hand zu verstopfen viel zu schwach ist? — Hier die Fragen des Zweifelnden, und nun — wie nahe liegt das Sehnen nach wunderbaren Beweisungen der waltenden Gottheit. Möchte nur diesmal eine Stimme vom Himmel mich belehren; nur diesmal mir bestimmt gerathen werden von dem, der alle Dinge erforscht, und der allein Weisheit hat! — so spricht der Mensch! So spricht er, und eben so sehnt er sich,

wenn ein schneller, ihn auf einmal rettender Erfolg das Beste scheint, was zu seinem Zwecke geschehen kann. Wohl hat die Vorsehung uns Mittel angewiesen, die wir in der Zeit der Noth ergreifen sollen; wohl hat der rege Forschungsgeist im Fortgange der Jahrhunderte sie durch mannigfache Entdeckungen vermehrt, und überall ist ja etwas in Bereitschaft, wornach der Leidende greifen und woran er sich halten kann. Welche Kräfte der Natur stehen der Kunst zu Gebote, wenn sie Krankheiten heilen will; welche Rettungen bietet das bürgerliche Leben, die Gesetzgebung, die Wissenschaft dar, wenn Beschwerden erleichtert und Hindernisse besiegt, und Gefahren abgewendet werden sollen; welche Hilfe hat die Religion in ihren Belehrungen, um das Herz zu stärken zu jedem Kampfe und zu Thaten zu begeistern, welche den Sieg versprechen! Aber die Gefahr scheint uns oft so drohend, die Noth so groß, die Last so schwer und drückend; es scheint uns jedes Hilfsmittel so unzureichend, die Wirkung gewöhnlicher Maßregeln so langsam und so schwach, daß wir rufen möchten: Herr, wir verderben! und dann möchten wir geholfen seyn, auf einem andern Wege, jetzt, auf der Stelle; wir möchten eine Stimme von Oben hören, die dem fluthenden, wogenden Meere, auf das unser Jammer uns treibt, gebietet, damit der Sturm und die Wellen sich legen, wir sehnen uns nach einem außerordentlichen Erfolge, nach wunderbaren Beweisungen der waltenden Gottheit. Ein Machtspruch des Weltregenten soll die Krankheit heilen, soll den Schmerz stillen, der erst allmählich den mühsamsten Anstrengungen weichen wird; soll die Gemüther unserer Widersacher wunderbar umstimmen zu unserm Gunsten; soll unsere Armuth durch unerwartete Segnungen in Wohlstand verwandeln; soll unserm Schicksale die Wendung geben, die wir für die beste und wohlthätigste halten, soll den Gang der Dinge ordnen, wie wir es gerade wünschen. Wie fromm sich ein solches Sehnen auch ankündigen mag, die Quellen, aus welchen es fließt, sind in der That sehr trübe. Bald nemlich wird es aus finsterm Aberglauben, bald aus herrschender Ungeduld, bald wenigstens aus einer traurigen Schwäche hervorgehen, die sich der Trägheit überläßt, und alle Thatkraft schwächt.

Betrachtet es genauer, und ihr werdet finden, es könne den Aberglauben, als eine seiner ergiebigsten Quellen nicht verbergen. Daher tritt es wirklich, wie eine dreiste, gewagte Herausforderung der Allmacht Gottes in vielen Fällen hervor. Man hört die Gründe, welche für eine höhere, weise, heilige Leitung, für liebevolle, treue Führungen der Vorsehung sprechen; man läßt sich belehren, es sey nichts vernunftwidriger, als sie in Zweifel zu ziehen; aber man will Bestätigungen für sie haben, will Aeußerungen derselben wahrnehmen, will Wirkungen sehen, welche von dem gewöhnlichen Gange der Dinge abweichen; nicht sehen und doch glauben — das ist für den Aberglauben eine Aufgabe, die er nicht lösen, eine Ordnung, in die er sich nicht schicken mag. Es ist nicht der Weg stiller Aufmerksamkeit und kindlichen Vertrauens, den er betritt, nicht Bescheidenheit und Demuth, womit er das Walten der Vorsehung anschaut. Ein unmittelbares Eindringen in ihren Rath und Erfüllung kühner Forderungen an ihre Macht ist es, was er sich erlaubt. Und so darf er sich dann nur des Verstandes bemächtigen, bald genug wird er auch das Herz und seine Wünsche für sich gewinnen, und das Sehnen nach wunderbaren Beweisungen der waltenden Gottheit ist auf der Stelle geboren. Nehmet

herrschende Ungeduld, als eine andere, reiche Quelle desselben hinzu. Es giebt lange, anhaltende Leiden; Leiden, die wie eine schwere Last den Duldern zu schwer zu werden, und über ihr Haupt zu gehen scheinen. Warum, klagen sie, warum ist das Licht gegeben den Mühseligen und das Leben den betrübten Herzen? die des Todes warten, und er kommt nicht, die nur die Eine Freude nur die Eine Hoffnung noch haben, die — daß das Grab sie aufnehmen wird. Da werdet ihr oft die Rede der Ungeduld hören, ihr werdet Aeußerungen wahrnehmen, vor welchen euch schaudert, werdet Verzagende finden, welche den Tag verwünschen, wo sie geboren sind. Und wie viele hat diese Ungeduld ergriffen schon im Anfange der Noth, ehe sie noch am schwersten und drückendsten ward. Nur eine einzige dunkle Wolke darf sich zusammenziehen und den Himmel ihres Glücks trüben, und sie sind außer sich und werfen das Wort des Trostes weg. Was Wunder, wenn dann das Sehnen sich regt, von welchem wir sprechen? Man will ja den Ausgang und die belehrende Zeit nicht abwarten; man will nicht aus Erfahrung lernen, daß Gott nur aus Liebe züchtige, und den Sohn stäupe, den er aufnimmt. Ohne Anstand soll sein Rath sich vor den Augen des Sterblichen enthüllen; unmittelbare Offenbarungen sollen jeder Mühe des Nachdenkens, aller Versuche, die zur Rettung gemacht werden könnten, überheben, und den Ausweg zeigen; unverweilt soll eine allmächtige Hand jedes Ungemach des Lebens wegräumen, und jeden Verlust ersetzen, daß das Herz noch in diesem Augenblicke fröhlich werde. Je weichlicher wir sind, m. Br., je mehr wir uns sträuben gegen jedes wehe Gefühl, je unzufriedener mit der heiligen Ordnung der Dinge, in welcher wir unter dem Wechsel der Freude und der Trauer geläutert und zur Vollendung gebildet werden, je ungeduldiger wir werden: desto leichter entwickelt sich das Sehnen nach wunderbaren Beweisungen der waltenden Vorsehung. Ihm liegt endlich

eine unverkennbare Schwäche, eine Trägheit zum Grunde, mag sie sich zeigen, in welcher Gestalt sie will. Denn, fehlt es auch dem Verstande nicht an richtiger Erkenntniß von Gott, von seinem Verhältnisse zur Welt; und von den Bedingungen, unter welchen wir seine Hilfe erwarten dürfen, haben wir nicht Lust, uns anzustrengen, um diesen Bedingungen zu genügen, so wird es sich bald genug regen. Wir werden ruhig zusehen, wenn falsche, irrige Vorstellungen von seinen Absichten mit uns, von dem Zwecke seiner Regierung, von den Mitteln, die zu unserm Heile nöthig sind und von unsern wahren Bedürfnissen sich vordrängen; wir sind zu bequem, um auf die Erfahrung zu achten, welche so deutlich und tröstlich von der Weisheit Gottes predigt, und auf die Wege zu merken, welche uns am Tage der Noth zur Rettung offen stehn; wir scheuen die Mühe, diese Wege zu betreten; ohne kraftvollen, entschlossenen Willen, zu thun, was wir können, verzagen wir schon im Voraus an der Wirksamkeit der Hilfsmittel, auf die wir gewiesen sind und an dem Segen, mit welchem Gott ihren Gebrauch segnen kann; unsere Bequemlichkeit, die wir nicht überwinden wollen, findet Alles zu lästig; wir denken ungern an die Quellen unserer Leiden, denn um jene zu verstopfen, damit diese enden, müßten wir eignen Fleiß beweisen, müßten uns Selbstüberwindung zumuthen; müßten uns manches versagen, und unsere Sinnlichkeit müßte manches Opfer bringen. Das will die Trägheit nicht; sie will belehrt seyn, ohne zu lernen, will weise seyn, ohne Mühe, will glücklich seyn, ohne Arbeit. So verlangt der Kranke Heilung, ohne Anwendung eines schmerzhaften Mittels, das ihm helfen könnte; der Arme verlangt Befreiung aus seiner Dürftigkeit, aber arbeiten mit seinen Händen und sein eignes, im Schweiße des Angesichts erworbenes Brod will er nicht essen; der Unversorgte will ein Amt haben — aber seinen Starrsinn will er nicht brechen, der ihn für jedes Verhältniß unbrauchbar macht, und die Lücken seiner Erkenntniß will er nicht ausfüllen, die eine versäumte, und vernachlässigte Jugend zurückließ; der Verleumdete und Verkannte will Freiheit aus lästigen Verbindungen, — aber vorsichtig will er nicht seyn; will nicht den bösen Schein meiden, will nicht ablegen, was man mit Recht an ihm tadelt. Bei dieser Trägheit erschlafft der Verstand und das Herz je mehr und mehr, und legt sich ein Ruhekissen in dem Sehnen nach wunderbaren Beweisungen der waltenden Gottheit unter das Haupt. Mit Einem Schlage soll sie Alles zu Gunsten des schwachen Träumers ändern; die Kraft der Allmacht soll wirken, damit er seine Kraft nicht brauchen, damit er nur ruhen und im unthätigen, müssigen Hinbrüten die Hilfe hinnehmen könne. Aberglaube und Ungeduld und Trägheit — ihnen nur dürfen wir Eingang gestatten, und das Sehnen nach wunderbaren Beweisungen der waltenden Gottheit kann nicht lange fehlen!

So kann aber auch eine richtige Beurtheilung desselben nicht schwer fallen. Ihr werdet es verwerflich und gefährlich finden, möget ihr es nun zunächst als Wirkung des Aberglaubens, oder als Frucht der Ungeduld, und somit immer als Folge einer vorherrschenden Schwäche und Trägheit betrachten. Doch übersehet nicht, daß ihm dennoch tröstende Hoffnungen zum Grunde liegen, die es sogar belebt und stärkt.

Verwerflich erscheint es allerdings. Denn könnet ihr den Irrthum gut heißen, aus welchem es stammt, und den Unwillen vertheidigen, mit welchem sich der Mensch gegen Gotteswege auflehnt, und das dreiste Verlangen, womit er eine Ausnahme von den ewigen, unwandelbaren Regeln der Weltregierung fordert? Ist uns nicht Licht genug gegeben, um uns über Gottes Walten aufzuklären, und, in diesem Lichte, freudige Zuversicht zu fassen? Ist Gott durch seine Werke, durch seine Belehrungen, durch Vernunft und Schrift, nicht nahe allen, die ihn anrufen? Ist unser eignes Leben nicht Zeuge einer Huld, die uns nicht verlassen noch versäumen will? Können wir uns etwan nicht zu dem seligen Glauben erheben, der uns sprechen lehrt: Der Herr ist mein Licht und mein Heil, vor wem sollt ich mich fürchten? Der Herr ist meines Lebens Kraft, vor wem sollte mir grauen? — Wenn wir dennoch den Höchsten gleichsam in das gemeine Leben hinabziehen; wenn wir von ihm Unterricht, Rath, Rettung, wenn wir ein Walten auf wunderbare Art erwarten, in einer Ordnung, die er nicht verheißen hat, wenn wir mit den Mitteln der Belehrung und Rettung nicht zufrieden sind, die er anwies, oder sie nicht ergreifen wollen, weil sie uns zu unbequem sind: könnet ihr das gut heißen? Könnet ihr ein Vertrauen billigen, das sich selber aufgiebt, sobald ihm der Glaube nicht in die Hand kommt? Ihr solltet hier nicht eine frevelnde Anmaßung wahrnehmen, welche den Herrn versucht?

Und wie gefährlich muß das für uns werden! Ueberlassen wir uns dem Sehnen nach wunderbaren Beweisungen der waltenden Gottheit — wir werden immer nachlässiger werden im Forschen nach Wahrheit — Gott soll uns unmittelbar erleuchten; dann aber wächst die innere Verfinsterung von Tage zu Tage. Wir suchen nicht Rath, wo er zu finden wäre — Gott soll uns unmittelbar rathen; — dann aber sind wir in Gefahr, daß wir jede Rede der theilnehmenden Liebe und der weisen Erfahrung überhören. Wir suchen nicht Hilfe, wie Menschen sie suchen sollen, in der Ordnung, die ihnen vorgeschrieben ist; wir fordern sie auf wunderbarem Wege; — dann aber werden wir es bald zu spät bereuen, daß wir das verachteten, was uns retten konnte, und was uns vielleicht so nahe lag, hätten wir es nur sehen und annehmen wollen, und sind in Gefahr, hilflos unterzugehen. Und welche Maßregeln werden wir ergreifen, um unser Sehnen zu stillen! Welchen Gaukeleien der erhitzten Einbildung, welchen trügerischen Spielen, welchen finstern Werken geheimer Künste werden wir uns Preis geben, um, wie wir glauben, uns mit unbekannten Mächten in eine innigere Verbindung zu bringen, um selbst, wie der Aberglaube vorgiebt, Geister aus einer andern Welt, zu beschwören, und uns den Zugang zu öffnen zu einem Lichte, das, wie wir wöhnen, nur den Eingeweihten leuchtet; um uns Rath und Hilfe zu verschaffen, wie sie dem nur zu Theil werden können, der die Grenzen des Irdischen durchbrochen hat. Alle Greuel der Zauberei, wovon der Aberglaube fabelt, rufen wir zurück, allem Betruge der Gewinnsucht und der Bosheit, jedem Laster öffnen wir Thor und Thüre, und graben dem wahren Glauben und dem kindlich frommen Gottvertrauen ein tiefes Grab; wir setzen unser Heil in jeder Rücksicht der drohendsten Gefahr aus, wenn das Sehnen nach wunderbaren Beweisungen der waltenden

Gottheit uns überwältigt. Liegt euch daran, dieser Gefahr zu entgehen, und euren Frieden zu bewahren — so kämpfet muthig an gegen solche Verirrung! Bei dem Maße der Erkenntniß, die uns zu Theil werden kann, werden wir die Belehrungen finden, die uns nöthig sind. Laßt uns hören, was die Stimme der Vernunft und die Stimme geprüfter Freunde rathet; und die Stimme des Wortes der Wahrheit, und die Regungen des Gewissens laßt uns beachten, wenn wir in zweifelhaften Fällen nach Rath uns sehnen, und Gott lasset uns bitten um Weisheit und Gnade, und er wird unsern Fuß bewahren, daß er nicht gleite. Lasset uns mit Geduld in der Stunde der Sichtung und Züchtigung ausharren, und unter Haß und Verfolgung nach dem Muster des Herrn tragen, der ein solches Widersprechen von den Sündern erduldet hat, und annehmen, was die Vorsehung den Leidenden zum Troste und zur Rettung verliehen hat, und wir werden erfahren, daß Gott nicht versuchen lasse über Vermögen; daß ihm unendliche Mittel zu unserm Heile zu Gebote stehen; daß es ihm nicht schwer sey, durch viel oder wenig helfen; daß, wenn wir nur treu sind, er unsere Zuversicht bleibe in jeder Noth, und überschwänglich thue über alles, was wir bitten oder verstehn.

Doch bei allem Tadel, welchen das Sehnen nach wunderbaren Beweisungen der waltenden Gottheit verdient, können wir nicht umhin, noch an die Hoffnungen zu erinnern, die ihm zum Grunde liegen, und die es unterstützt. Es ist Verirrung, es ist Schwäche und strafbare Trägheit, in der Gestalt, in welcher wir es jetzt betrachtet haben, das ist nicht zu leugnen. So verunstaltet es der Mensch in seinem Wahne und in seiner Schuld. Und dennoch — wäre diese Verirrung nicht möglich ohne die Ueberzeugung von dem Daseyn einer höhern, unsichtbaren Welt, mit welcher wir in Verbindung stehen, ohne das lebendige Bewußtseyn, es gebe eine Vorsehung, die für alle wacht und sorgt; es gebe eine Annäherung an das, was Jenseits ist; sie wäre nicht möglich, ohne den Wunsch, mit jener höhern Welt in Verbindung zu stehen, nicht ohne das lebendige Gefühl, daß wir ihr angehören und heimisch nur in ihr sind. Selbst in dieser traurigen Verirrung spricht sich noch die Hoffnung aus, daß dies Leben nicht die äußerste Grenze unseres Daseyns ist, daß uns neue Aufschlüsse über Gottes Rath und neue, größere Erfahrungen über seine Wunder erwarten, ein Anschauen seiner Herrlichkeit, die sich dem Sterblichen jetzt nur in dunkeln Ahnungen ankündigt. Jenes Sehnen ist Unterpfand eines Zustandes, wo der Mensch, umgeben von einem höhern Lichte, sicherere Tritte thut, wo ihn der Zweifel nicht mehr quält, wo ihn in den Wohnungen des Friedens keine Qual mehr anrühren wird. O, m. Br., von ungefähr kommt das Sehnen nicht, von dem wir reden. Was da sich in der Brust regt — hütet euch, daß es euch nicht zum Irrthum führe — aber verkennt auch nicht, was wahr in ihm ist. Es erinnert euch, daß ihr mehr seyd, als Staub; daß ihr euch hingezogen fühlt zu dem Urquell aller Dinge, und zu einer Welt, die einst euer Sehnen stillen wird; es hebt euren Blick empor zu einer Gemeinschaft mit dem, was Unvergänglich ist, wenn einst die Erscheinungen der Erde auf immer entschwunden sind.

Diese Hoffnung, die seligste unter allen, möge es in uns lebendig erhalten, wenn es sich regen will, und wenn wir auf dem wogenden Meere der unruhigen Gegenwart rufen: Herr hilf uns! Möge es uns dann freundlich emporrichten, in Geduld und Glauben, zu dem neuen Himmel und zu der neuen Erde, die wir erwarten. Amen.

8.

An die Macht des Bösen sehen wir uns durch den Abschnitt der Schrift, der unserer Betrachtung heute zum Grunde gelegt werden soll, erinnert. Der Herr spricht in einem Gleichnisse, wie er es so häufig zu thun pflegte; aber, was er andeuten wollte, konnte seinen Zeitgenossen so wenig als uns, zweifelhaft seyn. Ein guter Saame wird ausgestreut; er geht auf; die Hoffnung auf reife Frucht ist gewiß. Da zeigt sich das Unkraut; auch das wächst und wuchert, und hindert das Gedeihen der edlen Saat. Die Knechte bemerken das, und treten zu ihrem Gebieter mit der Frage: Herr, hast du nicht guten Saamen auf deinen Acker gesäet? Woher hat er denn das Unkraut? — „Das hat der Feind gethan“ ist die Antwort. Willst du, daß wir hingehen, und es ausgäten? fahren jene fort. „Nein, erwiedert dieser, auf daß ihr nicht zugleich den Weizen mit ausraufet, so ihr das Unkraut ausgätet." Welch ein treffendes Bild des sittlichen Zustandes, der Menschen, wie er sich in der Erfahrung zeigt. Ueberall, wo die fromme Tugend sich mühet, daß es besser werde, da ist auch das Laster geschäftigt, und unter seinem Pesthauche wird vergiftet und ertödtet, was jene gepflanzt und gepflegt hat. Da fehlt's dann nicht an Menschen, die hier eingreifen wollen; sie eifern, aber sie eifern mit Unverstand. Nicht wollen sie Ernst mit Schonung verbinden; mit Einem Schlage wollen sie Alles ändern — ausgäten — ausreißen wollen sie das Unkraut, wollen das Böse mit Gewalt vertilgen; dies ist ihr erster und einziger Gedanke, keine Maßregel ist zu strenge, keine Strafe ist zu hart, die sie nicht billigen, um, wie sie meinen, das Böse von der Erde zu vertilgen. — Fasset den Sinn der Gleichnißrede Jesu Christi auf, und ihr trefft in ihr eine Weisung, welche für so übereilte und rasche Wünsche von der äußersten Wichtigkeit ist. Möge sie Gehör bei uns allen finden! Mögen die Spuren der göttlichen Weisheit uns auch in der schonenden Langmuth gegen das Böse sichtbar werden, und uns mit Preis und Dank gegen ihn erfüllen, dessen Werke unsträflich sind; der recht behält in seinen Worten und rein bleibt, wenn er gerichtet wird.

Matth. 13, 24—30.

Schon haben wir erinnert, daß uns bei diesen Worten der Gedanke an

„das Vertilgen der Bösen"

sehr nahe liege, ein Gedanke, dem sich der Mensch leicht hingiebt, wenn er die Macht des Lasters wachsen, wenn er die Unschuld unterdrückt, die Tugend leiden sieht, und wenn er es bei oberflächlichen Urtheilen über diese Erscheinungen in der sittlichen Welt bewenden läßt. Laßt uns zunächst die Gründe anführen, aus welchen der Wunsch, der das Vertilgen der Bösen begehrt, abgewiesen werden muß. Wir werden nachher noch einige Bemerkungen beifügen, auf welche unsere Betrachtung über diesen Gegenstand von selbst führt.

Das Vertilgen der Bösen ist ein Wunsch, der das sittlich Unmögliche verlangt, denn seine Erfüllung wäre, wo nicht Aufhebung — doch Hemmung der menschlichen Freiheit; der das

Thörige verlangt; denn würde ihm genügt, so wäre der Untergang auch des Guten im Menschen unvermeidlich; der das Schädliche verlangt; denn könnte ihm Gewährung werden, so wären die stärksten Hebel der Tugendkraft gebrochen, und das Gedeihen und Fortschreiten sittlicher Bildung würde zu einem leeren Traume; der das Unchristliche verlangt; denn im Reiche Jesu waltet die Liebe, die zu tragen und zu hoffen versteht. Was also wollt ihr, die ihr behauptet, ausgegätet müsse das Unkraut — d. h., mit Gewalt vertilgt müssen die Bösen werden? Wir wollen, sagt ihr, das Höchste und Beste, wir wollen die Zwecke der Weltregierung unter uns erreicht sehen; wir wollen einen Zustand, wo der Wille Gottes auf Erden geschieht, wie im Himmel, wo es allen sichtbar wird, daß sein Reich zu uns gekommen sey; wo das Elend geendigt ist, welches die Sündenliebe, das herrschende, freche Laster, jeden Tag neu gebährt, und wo das Herzeleid aufhört, womit das übermüthige, schamlose Verbrechen seine Opfer geißelt. Gut, wenn ihr das wollt — ihr wollt freilich das Höchste und Beste; ihr wollt das, was eurem Verstande und eurem Herzen Ehre macht, was jeder will, der aus Gott geboren ist. Aber wollt ihr denn euren Zweck auf eine Art erreichen, die ihm entspricht? Könnt ihr ihn denn erreichen, so bald ihr überall mit Gewalt eingreift und die Bösen vertilgt? Die Tugend ist eine freie Achtung des heiligen Gebotes, das uns in's Herz geschrieben ward. Wo der Mensch sich selbst nach ihm bestimmt, wo er selbst die Unverletzlichkeit desselben anerkennt, und sich vor ihm beugt — da findet ihr sie. Nur auf dem Boden der Freiheit kann sie gedeihen. Sie bedarf der Belehrung für den Verstand, der Anregung für den Willen, der Ermahnung für das Herz; doch entwickeln muß sie sich aus dem Innern des Menschen, dem ihr wohl, in eurem Unterrichte, vorlegen könnt Fluch und Segen, Leben und Tod, aber den ihr nicht um seine freie Selbstbestimmung durch die Schrecknisse einer Gewalt bringen dürft, die, wäre sie auch noch so allgemein und noch so furchtbar, dennoch ihres Zwecks verfehlen müßte. Ihr wollet, wärs möglich, Strafgerichte über ein sündiges Geschlecht führen; ihr wollt, daß der Böse auf der Stelle seinen Untergang finde; daß den Frevler, der die Dunkelheit der Nacht benutzt, das Werk der Finsterniß zu vollenden, die Morgensonne nicht wieder bescheine, und die Abendsonne über den Todtenhügel des Elenden niedergehe, der den Morgen mit Entwürfen der Bosheit entweiht hat. Nehmt an, so wäre es wirklich — wir wollen zugeben, von Furcht ergriffen und gelähmt würden die Sünder das Entsetzliche schauen; sie würden die Hand zurückziehen von dem Unwürdigen, was sie so eben vollenden wollten; sie würden sich ihr Schicksal weissagen und zittern. Aber, was habt ihr gewonnen? Eine Reue über die Schuld, die schon gehäuft ist? Ein zerknirschtes und zerschlagenes Herz, wie es Gott gefällt? Eine neue Belebung tiefer, ungeheuchelter Ehrfurcht vor seinen Willen? Einen festen Entschluß, Allem, was keusch, was gerecht, was lieblich ist, was wohllautet nachzustreben? Nichts von dem Allen! Ein Reich niedriger Sclavenseelen habt ihr gegründet, die vor dem Untergange erbeben; einen Geist der Furcht habt ihr ausgegossen, der vor der Uebergewalt einer strafenden Gerechtigkeit wohl verstummen, aber nicht in dem Regenten der Welt den Vater lieben wird; eine äußere Gesetzmäßigkeit habt ihr erzwungen, aber keine Tugend und keine Frömmigkeit des Herzens erzielt; ihr hättet das äußere, freie Handeln beschränkt, und dennoch das sittliche Freiwerden durch innere Heiligung nicht herbeiführt; ihr würdet eben dies, also die Hauptsache bei dem knechtischen Sinne verhindern, der nun herrschen müßte. Furcht ist nicht in der Liebe; jene würde bleiben — diese entfliehen, und mit ihr das edelste Kleinod des vernünftigen Menschen, denn sie ist des Gesetzes Erfüllung. Eben darum, weil sittliche Veredlung der höchste Zweck alles Seyns und Werdens ist, eben darum erscheint uns das Vertilgen der Bösen auch sittlich unmöglich. Gott würde der Erreichung desselben unübersteigliche Hindernisse entgegen setzen, wäre seine Regierung nicht mehr Zucht und Erziehung vernünftiger Geschöpfe, sondern eine Zwangsanstalt, die nur durch Furcht einen werthlosen Gehorsam erpreßt.

Wer das Vertilgen der Bösen verlangt, fordert auch Thöriges; denn der Untergang des Guten im Menschen wäre unvermeidlich. Darum gab ja der Hausherr, welchen Jesus in seiner Gleichnißrede einführt, das Ausgäten des Unkrautes nicht zu, damit nicht zugleich auch der Waizen ausgerauft würde. Er bedachte es sehr wohl, daß die Wurzeln des letztern mit denen des erstern oft so verwachsen sind, daß eine Trennung beider, ohne die gute Pflanze zu verderben, nicht möglich ist. Das bedachte er! —

Möchten wir es auch thun! Welche Weisheit spricht aus diesen Worten! Es liegen herrliche Kräfte in jedem Menschen, Anlagen, bei denen jeder groß und edel seyn kann; das Schlummernde darf nur geweckt werden, das falsch Geleitete eine bessere Richtung bekommen, und, wo ihr alle Mühe verloren und alle Hoffnung aufgabet, wird eine reiche Ernte sich zeigen, und kostbare Frucht für die Ewigkeit reifen. Ihr gebet zu, Alles, auch das Beste im Menschen trage das Gepräge des Unvollkommenen an sich; der Weiseste kann irren, der Vorsichtigste kann fehlen, der Geübteste kann straucheln. Eben so gewiß ist es aber auch, daß in keinem, auch in dem nicht, den ihr für den Versunkensten unter allen haltet, welche euch je vor Augen kamen, alles Gute, bis auf die letzte Spur, vertilgt sey. Dann wäre er nicht mehr Mensch, und gehörte eurem Geschlechte nicht mehr an. Wir alle haben eine sittliche Natur, welche die Fähigkeit zur Verbesserung nie verliert. Unverbesserlichkeit ist ein Hirngespinnst; sie annehmen ist Lästerung des Schöpfers; und nur der Unglaube, in seiner äußersten Verirrung, und die Trägheit, die nicht Lust hat, an dem Baue des Reiches Gottes zu arbeiten, wagen es, sie zu behaupten. Kommt es doch oft nur darauf an, den Menschen in das rechte Verhältniß und in die Stellung zu bringen, die seiner sittlichen Entwicklung günstig ist; die Hindernisse seiner Besserung wegzuräumen, ihm die Schwierigkeiten seiner Tugend zu erleichtern, seine Irrthümer zu zerstreuen, das Gute in ihm aufzurufen und zu beleben, und welche Veränderung werden wir an ihm wahrnehmen; welch einen Ehrenplatz wird er einnehmen unter den Guten seiner Zeit! — Denkt an Saul, den Christenverfolger und an Paulus den großen Apostel, ein auserwähltes Rüstzeug des Herrn! Auch da ist's, wie in der äußern Welt. Ihr findet eine Giftpflanze; sie ist gefährlich, sagt ihr, und schädlich. Aber für wen denn? Giebt es nicht Geschöpfe, die sich von ihr nähern, an ihr erquicken und stärken? Kann sie nicht selbst für euch ein Heilmittel werden, wenn ihr sie nur auf die rechte Art braucht? Die Kraft an sich ist gut; nur ihr Mißbrauch und ihre falsche Anwendung wird Unheil und vielleicht den Tod bringen; ihr würdet Thöriges beginnen, wolltet ihr darum aus der Natur etwas vertilgen, weil es schaden kann; ihr werdet weise zu Werke gehn, wenn ihr's zweckmäßig ordnet und nutzt, um es zu einem Segen zu machen. — Mit Widerwillen bemerkst du den Eigennutz, der für nichts Sinn hat, als für eigenen Vortheil, und die gemeinsten Mittel nicht zu niedrig findet, um sich zu bereichern: dennoch siehst du dich genöthigt, die ungemeine Thätigkeit anzuerkennen, die er beweißt, und wodurch das gemeine Beste unwidersprechlich gewinnt. Mit Ekel bemerkst du die Trägheit, der ein anderer sich überläßt; dennoch mußt du zugeben, daß in diesem Trägen noch immer ein wohlthätiges, leicht zu rührendes Herz schlage, und daß seine Freigebigkeit schon vielen geholfen habe, die ohne ihn im Elende verschmachtet wären. Mit Bedauern siehst du den Ehrgeiz sich blähen, doch die unpartheiische Gerechtigkeitsliebe, die er beweißt, mußt du bewundern. Mit Abscheu erfüllt dich der Haß, und der tiefe, eingewurzelte Groll, den dein Feind gegen dich nährt; doch aber gestehst du ihm eine Keuschheit zu, welche da, wo Sittsamkeit und Zucht fast verschollen sind, wie ein heller Stern glänzt, und wenn du vor dem Frevel des Bösewichts erschrickst, so bemerkst du doch Entschlossenheit, Gegenwart des Geistes, Besonnenheit, einen festen, ungebrochnen Muth bei ihm und beklagst nur, daß alle diese Anlagen und alle diese Kräfte im unwürdigen Dienste des Lasters, stehen. Willst du die Bösen vertilgen — würdest du nicht, in ihrer Vertilgung, auch alles das Gute und Treffliche untergehen lassen, was sich noch in ihnen fand? Und wie — kann denn, wird denn nicht früher oder später der bessere, noch übrige Boden angebaut, und an das Gute in ihm anderes Gute, und immer mehr Gutes angereiht — wird das Gemüth des Sünders nie für das Wahre und Edle offen und seine Seele gerettet werden? Können wir die Stunde wissen, wo er in sich schlagen, wo er aufstehen wird vom Falle, wo er eine neue Creatur seyn wird? Wo das, was fehlerhaft in ihm ist, bei einer bessern Richtung des Geistes und Herzens, sich zu einer Quelle frommer Gesinnungen veredelt? Welche unersetzliche Verluste hätte unser Geschlecht erlitten; wie unzählbar viel Gutes wäre nicht zur Reife gekommen; wie viele Tugenden hätten sich nie entwickelt, die, obgleich erst spät, dennoch das Beispiel der Mitwelt und die Bewunderung der Nachwelt geworden sind, wäre Vertilgen der Bösen die Regel der Weltordnung gewesen!

Wer das verlangt, verlangt auch das offenbar Schädliche; denn die stärksten Hebel der Tugendkraft würden gebrochen, und die sittliche Bildung in ihren Fortschritten aufgehalten werden, wenn die Erfüllung eines solchen Wunsches möglich wäre. Schaut noch einmal die Natur um euch her mit aufmerksamem Blicke an! Wie manche Pflanze wäre verkrüppelt; aber gerade der Widerstand, den sie am nahe stehenden Unkraute fand, gab ihr die gerade, rechte Richtung, und sie wächst schlank und schön heran. Wie manches, nützliche Gewächs, das unter den brennenden Strahlen der Sonne verdorren würde, fand, selbst unter dem Schatten des Unkrauts, Schutz und Schirm, da konnte es erstarken, bis es kräftig genug war, die Hitze des Mittags zu ertragen. O, glaubt nur, würden die Bösen ausgetilgt, das Gute würde seiner wichtigsten Anregungen entbehren. Gerade, weil ihm das Böse entgegen steht, so hat es desto mehr Gelegenheit, sich vielseitig zu üben und sich in der Uebung zu bewähren; weil es vom Bösen bedroht wird, so wird es Wachsamkeit beweisen, — weil es vom Bösen gehindert wird, so kann es im Widerstande erstarken; — weil es vom Bösen gedrückt wird, so kann es sich läutern und veredeln. Es giebt Tugenden, die, so wie sie erscheinen, nicht einmal möglich wären, wenn das Böse sie nicht hervorriefe. Ihr könnet euch lieben, wo keiner haßt; ihr könnet euch unter einander dienen, wo keiner euch beneidet; aber Großmuth in der Liebe könnet ihr da nur beweisen, da nur feurige Kohlen auf des Feindes Haupt sammeln, da nur eine rettende Hand reichen, wo ihr nicht hoffen könnt, wieder zu nehmen, weil man euch mit neidischem Auge betrachtet, da nur, wo Feindschaft und Neid, wo das Böse euch begegnet. Ihr könnet in Gefahren, welche die Natur selbst, welche das Toben empörter Elemente euch bereiten, muthig seyn; aber Muth und Entschlossenheit gegen die Bosheit der Menschen, festen Sinn bei den Drohungen der Ungerechtigkeit und der Tirannei, Wahrheit und Treue unter Umständen, wo das kühne Laster euch Treue und Wahrheit zum Verbrechen machen, könnet ihr nicht beweisen, wenn das Böse nicht da ist! Und, wo es sich zeigt, welche Wachsamkeit wird da nöthig! Sehet ihr euch überall umgeben von Feinden eurer Wohlfahrt, von Menschen, die heute euer Besitzthum, morgen eure Ehre antasten; die euch Gruben graben, ehe ihr's merken könnt; die in Schaafskleidern kommen, und freundlich mit euch reden, um euch desto sicherer zu fällen; seht ihr, daß das Böse sich überall regt, wie die Pestilenz, die im Finstern schleicht, und wie die Seuche, die am Mittag verderbt: o, welche Thätigkeit werdet ihr beweisen, mit welcher Behutsamkeit zu Werke gehen. wie werdet ihr euch hüten vor der Sicherheit, die euch einschläfern will, und die euch zuraunt: es ist Friede! es hat keine Gefahr! — So allein kommen wir zu der Uebung, die uns vor allen Dingen nöthig ist. Alle Kräfte, m. Br., in der ganzen Natur, in der äußern und innern Welt, erstarken nur durch Uebung, und nur durch Kampf und Mühe werden sie gestählt und fest. Fehlt es daran, so verweichlichen sie sich, und gehen früh genug ein. An Treibhauspflanzen, die keinen Luftzug ertragen, an verzärtelte Kinder und ihr Siegthum, an junge, unerfahrne Menschen, die ohne irgend einen Begriff von Selbstüberwindung, gleich bei ihrem ersten Auftreten in der größern Welt, ein Spielball der List und des geübten Lasters werden; an Unwissende, die in Allem zurückblieben, weil ihnen jede Anstrengung zuwider war, dürfen wir nur erinnern und ihr seht, daß wir die Erfahrung für uns haben. Wo ihr daher auf Menschen trefft, bei welchen ihr geübte Kraft erkennt, da könnet ihr darauf rechnen, durch manche Uebung sind sie gegangen, und Kämpfe jeder Art haben sie bestanden. Und fanden sie diese nicht ganz vorzüglich in dem Widerstande, den sie gegen Böse zu leisten hatten? Hat sich ihre Redlichkeit nicht damals, als der Betrug sie lockte, hat sich ihre Keuschheit nicht damals, als die Wollust ihnen Schlingen legte, hat sich ihre Schonung nicht damals, als man sie verkleinerte, hat sich ihre Tragsamkeit nicht damals gestärkt, als die Launen des Gewaltigen sich an ihnen ausließen? Was Geduld, was Kraft, was Muth, was feste, unbestechliche Tugend sey, haben sie es nicht in diesem Kampfe gelernt und erprobt? So lange wir dort noch keine Siege errungen, so lange wir es da noch nicht bewiesen haben, daß wir die Entschlossenheit besitzen, die uns mit dem Apostel fragen läßt: Wer will uns scheiden von der Liebe Gottes? Trübsal oder Angst oder Verfolgung, oder Hunger, oder Blöße, oder Fährlichkeit oder Schwert? so lange bleibt das Urtheil über uns sehr ungewiß, wir kennen die Gefahr der Sünde noch nicht, und stehen vielleicht als Schwächlinge da, und fliehen als Feige, wenn der Versucher zu uns tritt und wenn wir Widerstand thun und es zeigen sollen, daß wir gelernt haben das Feld zu behalten. — Wenn das Böse uns in Kämpfe zieht und unsere sittliche Kraft stärkt, so wird es auch unsere Tugend reinigen und läutern. Wem euer Herz gehört, ob Gott oder der Welt, ob ihr der Pflicht oder euren Vortheilen dient — das werdet ihr unter den Hindernissen, die euch das Böse bereitet, und unter den Leiden, die es über euch führt, verstehen lernen. Es ist ja wohl leicht, im Rechtthun zu verharren, wenn man euch bewundernd und lobend entgegen kommt; wenn man euch jeden Schritt erleichtert, jedes Unternehmen begünstigt, jede Mühe vergilt, jede Aufopferung ersetzt, wie leicht ward es euch da gut zu handeln — doch wie leicht konnte es auch geschehen, daß die eigennützigen Antriebe sich verstärkten, und einen Sinn entwickelten, der alles auf Gewinn zu berechnen anfing und sich immer zuerst bei der Frage verweilte: Was wird uns dafür? Aber, als man euch verkannte, als man in eurer Bescheidenheit, versteckten Stolz, in eurem Ernste, unbiegsame Härte, in eurer Wohlthätigkeit, prahlerische Großsprecherei, wohl gar Gleißnerei suchte; als man euch drohte und verfolgte, wo ihr das Rechte wolltet, als man euch verleumdete, wo ihr die Wahrheit sprachet und ihr heiliges Recht in Schutz nahmt, als man euch mit Undank lohnte, und euch Kränkung und Schmach bereitete, und als ihr euch nicht irren und nicht ermüden ließet, da läuterte sich das Gute in euch von allen Schlacken unreiner Absichten, die ihm noch beigemischt waren; da trat hervor, was Achtung vor dem Gesetze, was Liebe zu Gott und den Menschen geboren hatten; ihr fandet, gerade in der Verbindung mit den Bösen die Gelegenheit, euch selbst es zu beweisen, daß euch nichts mehr am Herzen liege, als das eine nur, einen guten Kampf zu kämpfen, und zu ergreifen das ewige Leben. — Daß ihr endlich auch Unchristliches verlangt, wenn ihr die Vertilgung der Bösen fordert, das liegt am Tage. Denn kann etwas dem Geiste des Evangeliums mehr widerstreben, als eine solche Forderung? — Als die Jünger unsers Herrn unwillig auf Menschen wurden, die ihm eine Herberge versagten, und sich mit der Frage an ihn wandten: Herr, willst du, so wollen wir sagen, daß Feuer vom Himmel falle, und verzehre sie. Da wandte sich der Herr um, bedräuete sie und sprach: Wisset ihr nicht, weß Geistes Kinder ihr seyd? Des Menschen Sohn ist nicht kommen, der Menschen Seelen zu verderben, sondern zu erhalten! Nun in der That, der Geist Jesu ruht nicht auf euch, wenn ihr jene Forderung macht. Stellte er nicht selbst das Gericht dem anheim, der da recht richtet? In seinem Reiche ist Alles auf den heiligen Zweck der Besserung berechnet; da offenbart sich noch im strafenden Ernste die Liebe, die zum ewigen Leben erhalten will, die darum auch so viel tragen, so viel dulden, so viel hoffen kann; da verstummt das Wort des Fluches; denn die Seinen wollen nur segnen, und vergessen nie, daß auch sie zum Segen berufen, daß auch sie mit Langmuth getragen sind, und daß sie sich unter einander auch tragen, und sich bauen und dafür sorgen sollen, daß sie hinanwachsen, an dem, der das Haupt ist. Sie werden nimmermehr dem Ewigen in das Gericht greifen wollen, der ihnen verkündigt hat: Die Rache ist mein! Ich will vergelten, spricht der Herr! Hinweg dann mit dem Verlangen, das die Bösen vertilgt sehen will; es ist ein Wunsch der das fordert, was in einem Reiche freier, vernünftigsinnlicher Wesen, wie wir sind, nicht möglich ist, was wir für thörig, was wir für schädlich und unchristlich erklären müssen, sobald wir es näher beleuchten.

Billigen aber, von Herzen billigen, laßt uns die Einrichtung, nach welcher das Böse zwar nicht gewaltsam vertilgt, aber seinem endlichen Schicksale auch nicht entgehen wird, und nie laßt uns der Zeit vergessen, wo der Vergelter geben wird, jedem, wie er gehandelt hat bei Leibes Leben. Sehet hier die Bemerkungen auf welche wir noch aufmerksam machen wollten.

Alles dringt uns, die Ordnung zu billigen, wie sie ist. Gerade sie macht es euch, die ihr euch längst für das Gute entschieden habt, möglich, daß eure Freiheit bewahrt werde, daß ihr das Bessere in euch entfalten, daß ihr in steter Wachsamkeit bleiben, daß ihr eure sittliche Kraft stärken, daß ihr lernen und euch üben könnt, aus den reinsten Quellen das Gute zu thun; und ihr wolltet euch dieser Ordnung nicht freuen? Gerade sie macht es möglich, daß das Gute mit dem Bösen nicht untergehe, daß es Zeit zu seinem Wachsthume gewinne, und ihr wolltet ihm diese Zeit nicht gönnen, und euch jener Ordnung nicht freuen? Gerade sie war es, bei welcher so mancher Irrende noch erleuchtet, so mancher Gefallene noch aufgerichtet, so manches Herz noch, wie ein Brand aus dem Feuer, gerettet ward. „Was hindert er das Land,“ dieser unfruchtbare Baum? fragt der Unverstand; „Laß ihn noch dieses Jahr“ antwortet die Langmuth und Weisheit. Ach, und wenn nun wieder um ihn gegraben wird, und wenn er sich veredelt — wenn nun der Sünder sich bekehrt von seinem bösen Wege und Buße thut und Freude ist über ihn im Himmel und vor den Engeln Gottes — wie unendlich viel ist dann gewonnen! Als er noch böse und den bessern Menschen fürchterlich war: da fanden diese Stärkung und Uebung ihrer Kraft und Läuterung ihrer Gesinnungen in seiner Nähe — und er fand unter ihnen, was ihn beschämen, erinnern, warnen konnte, und als er sich beschämen, erinnern und warnen ließ, fand er unter den bessern Zeitgenossen auch das, was ihn ermuthigen und fördern konnte, im Werke der Heiligung. Was Unordnung schien — dies Zusammenstehen des Weizens und des Unkrauts — es lös't sich in Ordnung und Einklang auf, es muß endlich dennoch zu dem Zwecke führen, der von dem Heiligen allen gesetzt ist; zu der Vollendung muß es führen, zu der alles hinauf streben soll, was nach seinem Bilde gemacht ist; wir sehen da, wie er aus der Finsterniß das Licht hervorgehen läßt; wir beten an: Wie wunderbar, Gott sind deine Wege! Wie unerforschlich deine Gerichte! Wer hat deinen Sinn erkannt? Wer ist dein Rathgeber gewesen? Dir sey Ehre in Ewigkeit! Aber er ist

auch gerecht in allen seinen Werken. Daran sey der Leichtsinnige, daran der Frevel erinnert, der nun meinen will, es habe nichts zu sagen mit der Sünde; der, weil eine ewige Weltordnung waltet, und weil sie ihren heiligen Zweck nicht aufgeben kann, sich überredet, es sey einerlei, ob das Böse herrsche oder das Gute, und der sich erkühnt, mit Spöttern der Vorzeit zu sprechen: Lasset uns Uebels thun, auf daß Gutes daraus komme! Eben weil sie waltet, jene heilige Ordnung, so giebt es auch eine gerechte Vergeltung. In den innersten Tiefen eures Gemüths kündigt sie sich an; in unabweislichen Ahnungen wird sie empfunden, in den Gedanken, die sich in euch entschuldigen und verklagen, in eurem Gewissen hat sie ihren Zeugen, in der Schrift, ihre Bestätigung: Lasset beides, Weizen und Unkraut, sprach der Hausvater zu seinen Knechten, miteinander wachsen bis zur Ernte; und um der Ernte Zeit will ich zu den Schnittern sagen: Sammlet zuvor das Unkraut und bindet es in Bündlein, daß man es verbrenne; aber den Weizen sammlet mir in meine Scheuren. So harren wir dann der Entscheidung entgegen mit heilsamer Furcht und mit ermunternder Freude. Mag es seyn, daß wir die Zukunft noch nicht begriffen haben, und noch nicht wissen, was wir seyn werden; aber das wissen wir, es giebt einen großen Erntetag, und er kommt für uns alle! Es muß offenbar werden, daß das Unkraut wohl eine Zeitlang geduldet werden, — aber, wenn es als Unkraut fortwucherte, nimmermehr seinem Untergange entrinnen konnte. Traurig, wenn wir uns sagen müssen, nur geduldet seyen wir noch. Möchte, was wir im Leben einrissen, schöner wieder aufgebaut werden, und aus dem bösen Tagewerke sich endlich Heil und Segen entwickeln, das sich, unter Gottes leitender Führung, über ganze Geschlechter nach uns verbreitet — sind wir Unkraut unter den Weizen, so ist schon unsere Stunde uns gesetzt. Hat die Knechtschaft zur Freiheit geführt; hat der Verräther erfahren, daß zu einem Segen ward, was er Böses wollte und that; hat der Freund der Finsterniß, die Zeit schneller herbeigeführt, wo die Ketten des Gewissenszwangs gesprengt und die Nebel des Wahns und Aberglaubens zerstreut wurden; dennoch trug der Zwingherr die Geißel seiner Zeit, der Verräther und der Verfinsterer seine Schuld, und hat seinen Richter; das Gute, was aus der Unthat hervorging, ist nicht sein Verdienst, aber das Böse ist seine Schuld. Nein, es soll uns Nichts sicher machen — Nichts! Mag der Uebermuth lange trotzen, mag der Unglaube lange spotten, mag der Betrug sich Paläste bauen, mag die Ueppigkeit sich verwildern, mag die Verläumdung ihr Werk ungescheut fortsetzen — es kommt ein Erntetag, und mit welchem Schrecken wird er dem Bösen aufgehen — und in welcher Herrlichkeit, euch, ihr die ihr aus Gott geboren seyd! Noch umgiebt euch das Böse; aber frei steht ihr da auf dem Kampfplatze, auf den es euch fordert; ihr fühlt eure Bestimmung, und haltet sie fest; ihr verzagt nicht an den Menschen, denn ihr erkennt selbst in dem Verirrten noch ein Geschöpf, das des Guten viel hat, und laßt kein Mittel unversucht, den Sünder zu bekehren von dem Irrthume seines Weges und zu bedecken die Menge der Sünden; ihr werdet nur desto wachsamer seyn über euch selbst; ihr werdet eure Kräfte stärken und üben im Widerstande, ihr werdet gedrückt und verfolgt, zu einer Tugend, zu einer Gottes- und Menschenliebe euch gewöhnen, die rein und lauter in ihren Quellen und wohlgefällig vor Gott ist. Der Tag der Entscheidung wird kommen — und euer Lohn mit ihm! Dahin laßt uns schauen, mit Hoffnung und Freude wenn's uns schwer werden will in einer Welt, die des Bösen so viel hat. Es ist alles Uebung, was uns begegnet; laßt uns treu seyn; die Krone der Ueberwindung schimmert am Ziele, und die Palme des Friedens ist unser! Wenn schon jetzt der Geist Zeugniß giebt eurem Geiste, daß ihr Gottes Kinder seyd, daß ihr, unter allen Reibungen und Uebungen immer mehr vollbereitet, gestärkt, gekräftigt, gegründet wurdet, wie werdet ihr einst die Tage der Anstrengung segnen, wie euch der Siege freuen, die ihr errungen habt, als das Böse euch noch feindlich entgegenstand! Möge so hehr und herrlich euch allen dieser Tag der Ernte aufgehen, geliebteste Brüder! Möge er euch finden als fruchtbare Saaten, die Gottes Boten sammeln in die Scheuern! Möge er euch hinüberretten in die ewigen Hütten! Amen!

9.

Nur eines flüchtigen Blicks auf die Gemüthswelt bedarf es, um uns von der ungemeinen Verschiedenheit menschlicher Ansichten und Gefühle, Neigungen und Bestrebungen zu überzeugen. Was dieser billigt, mißbilligt der andere, was den einen anzieht, das stößt den andern zurück, was diesen erfreut, kann jenen betrüben, was dieser erstrebt, das flieht jener, und würde in dem Besitze und Genuße eines Gutes klagen, welches den erstern hochbeglückt. Bei dieser Verschiedenheit nehmen wir aber die Spuren einer Gottesweisheit und einer Gottesliebe wahr, die uns mit dankbarer Bewunderung erfüllt. Denn so verbreitet sich Wohlseyn und Lebensglück nach allen Richtungen hin; so wird der mannichfaltigste Gebrauch der Gaben Gottes und die regste Thätigkeit überall vermittelt, wohin wir sehen; jede Wissenschaft, jede Kunst, jedes Gewerbe findet Freunde; es entsteht ein Zusammenwirken der Kräfte, die sich gegenseitig unterstützen; die Erde wird der Uebungsplatz für alle, — da, wo sie unter Schnee und Eis erstarrt, und da, wo die Glut der Sonne sengt; da, wo die armselige Hütte den Bewohner schirmt, der bei kärglicher Nahrung sein Leben fristet, und da, wo eine milde Luft über den ergiebigen Boden weht, der seine Gaben in üppiger Fülle spendet. Wenn sich nun der Mensch bei diesen verschiedenen Ansichten und Neigungen und Wünschen und Bestrebungen von den Regeln wahrer Weisheit leiten ließe, welch ein Glück, würde ihm bereitet, wie rein würden seine Genüsse, wie ungetrübt würden seine Freuden seyn! Aber verblendet über das, was zu seinem Frieden dient, sucht er sein Glück, wo er es nicht finden kann, sucht er Genüsse, die ihn mit Nachreue geißeln, strebt er nach Zwecken, die er bald nicht erreichen kann, bald nicht erstreben soll, und in seiner innern, traurigen Verdüsterung ruft er uns zu: „Hier ist gut seyn" — ach, wohl in dem Augenblicke, wo das Verderben, das ihm auf dem Fuße nachschlich, schon hervorbrechen will, und wo die Stunde schon herbeigekommen ist, die ihn aus seinen Träumen fürchterlich wekken wird. Es dürfte nicht ohne Nutzen seyn, einige jener häufig eintretenden Zustände zu beherzigen, in welchen der Mensch sich nur darum glücklich preißt, weil er seine wahre Lage verkennt. Wir werden alsdann den Werth der Verfassung um so höher schätzen, in welcher alles menschliche Wünschen und Streben eine Richtung nimmt, bei der es uns wahrhaftig wohl seyn kann. Mag dann die Sinnlichkeit, mag das Laster, mag die Irreligiosität uns ihr Glück anpreisen — wir werden die Ueberzeugung befestigen, nur der fromme Glaube könne einen Zustand sichern, in welchem sich rühmen läßt: Hier ist gut seyn! Hier wollen wir Hütten bauen!

Matth. 17, 1 — 9.

Hingerissen durch das Außerordentliche der Erscheinung, die er erblickte, und der Begebenheit, die neu und überraschend, wie sie war, ihm ein überwältigendes Gefühl der Verwunderung und des Erstaunens abnöthigte, wollte Petrus da weilen und Hütten bauen, wo die Herrlichkeit des Herrn vor ihm vorübergieng. Wohl leitete sein Gefühl ihn richtig; denn wo konnte es besser seyn, als da, wo so Großes und Erhabenes vor seiner Seele stand? Allein wie hätte ein solches Bleiben möglich seyn, wie hätte es sich mit den Zwecken Jesu und der Apostel einen lassen? War es nicht offenbar die Sprache des überströmenden, alles nach dem Augenblicke und seinen ersten Eindrücken messenden Gefühls, welche der Apostel sprach? Die Sprache, die wir so oft noch mit ihm reden, sobald auch unser Gefühl rege wird? Wir urtheilen dann immer noch, wie er, wir geben uns unbedingt an die erste Aufwallung hin, und wollen, wäre es möglich, auf immer festhalten, was doch nicht auf immer befriedigen kann! Wollte Gott, es könne dann der aufsteigende Wunsch nur auch immer noch aus so reiner Quelle, wie die war, aus welcher des Apostels Rede floß! Doch das ist es, was wir so oft vermissen!

„Hier ist gut seyn! Hier wollen wir Hütten bauen!"
so spricht die Sinnlichkeit, so auch das Laster, so die Irreligiosität, so spricht aber auch der fromme Christenglaube.

Menschen, die von Sinnlichkeit beherrscht sind — welche berauscht von der Lust des Augenblicks und taumelnd in ihren Genüssen, sich nicht erheben zu dem Höhern, und im Staube kriechen, und nichts vernommen haben von dem Geiste Gottes, sie sagen, wenn sie auf ihren Zustand blicken: Hier ist gut seyn! Lasset uns bleiben, was wir sind, bleiben bei unsern Zwecken und bei unsern Freuden. — Betrachtet ihn nur einmal näher, diesen Zustand, den sie so hoch preisen, und den sie euch anrühmen; wie findet ihr ihn denn? Was nennen sie gut an ihm? Ist er etwas anderes, als niedrige Befriedigung thierischer Lust? Fällt euch nicht überall ein schwaches Hingeben an die stürmischen Forderungen des unbezähmten Herzens ins Auge? Ist ihr ganzes Leben nicht auf gemeine Genüsse berechnet, wobei ihnen keine andere Regel gilt, als die: Lasset uns essen und trinken, denn morgen sind wir todt? Ach, diese Armen am Geiste, die das Edlere nicht kennen, und sich dann nur glücklich preisen, wenn sie sich niedersetzen, zu essen und zu trinken und aufstehen, zu spielen, und wenn sie gegessen haben bis zur Völlerei, und getrunken haben bis zum Uebermaße und verspielt haben die kostbare fliehende Zeit, deren Werth sie nicht achten, bis in die Nacht hin und bis die Morgenröthe anbricht und vergeudet haben das Geld und Gut, das den Elenden gerettet hätte, welcher an ihrer Seite verschmachtet, und wenn sie sich legen, wo andere aufstehen, um das Werk des Berufs zu wirken, und sich auf dem weichen Polster der Trägheit mit dem Wahlspruche des Faulen wiegen: ja schlafe noch ein wenig, schlummere noch ein wenig, schlage die Hände in einander ein wenig, bis eine neue Lust sie aus ihrem

Schlummer reißt; wenn es ihnen gelingt, alles was Augenlust, Fleischeslust und hoffärtiges Wesen ihnen bieten können, sich zu verschaffen; wenn sie Vermögen genug haben, von einem lüsternen Genuße zum andern zu eilen, wenn ihre Thorheit keine beengende Schranke findet, und wenn kein Gebot sie leitet, als nur das Gebot der Willkühr und der Sinnlichkeit, die das Leben vertändelt, seine edlern Zwecke verfehlt und seine schönsten Gaben verschwelgt: dann sprechen sie: Hier ist gut seyn, hier laßt uns Hütten bauen!

Und dieser Lockstimme wollten wir folgen? Folgen wollten wir herzlosen Menschen, die ihre Armuth gar noch nicht fühlen, und, wenn sie sich bis zum Thiere herabwürdigen, uns noch versichern: wir sind reich und haben gar satt und bedürfen nichts? Ihr Weg kann nicht der rechte seyn; der Ort, wo sie Hütten bauen, ist eine entweihete Stätte. Hütet euch, hütet euch, ihnen zu folgen! Muß diesen Elenden der Sinn für das Ewige nicht immer mehr verkümmert werden? Müssen sie den Zweck ihres Lebens nicht immer mehr aus ihrem Gesichtskreise verlieren und sittlich verkrüppeln und Schaden nehmen an ihrer Seele? Hört ihr denn nicht, seht ihr denn nicht, wie sie verspotten, was heilig ist, verlachen, was sie mit Ehrfurcht nennen sollten? Wie sie — mehr oder minder schon die Bahn des erklärten Lasters betreten haben, das in seiner Verworfenheit, nur lauter nach und nach frecher, dieselbe Sprache führt? Denn:

Hier ist gut seyn — anders spricht auch das Laster von seinem Zustande nicht; und wenn es das Joch seines Elendes fühlt, so zwingt es sich, so zu sprechen, so bietet es alles auf, sich zu überreden, bei ihm lasse sich noch immer eine sichere Hütte bauen. So sinkt der Mensch! Sein Glück sucht er, wo der Gräuel sittlicher Verwüstung steht; wo er frei und edel, und sein Herz ein Tempel des Geistes Gottes seyn könnte, da bindet er sich selber mit Ketten der Finsterniß; löst den Bund mit Gott auf; schließt ein Bündniß mit der Hölle, verliert sich im Taumel der Unwürdigkeit und überredet sich, ihm sey wohl! Der Ehebrecher, der die geheiligten Bande der Treue und Wahrheit zerreißt, den Frieden aus seinem Hause verscheucht, das Glück des Familienlebens zertrümmert, die Opfer seiner Verführung dem Verderben in die Arme wirft, und wie ein Pesthauch tödtet, welcher über die junge, frische Blüthe zieht; der

Nachsichtige, der schonungslos den Bruder zu stürzen eilt; der Gewaltthätige, der List und Einfluß und Geld und Vermögen daran setzt, um, was unverletzt seyn soll, um das Recht zu verspotten; der allein gelten will und neben sich keinen aufkommen, keinen in Frieden sein Brod essen läßt — er meint, in seinem Zustande sei gut seyn, und der Geizige, der mit gieriger Hand seine Schätze aufhäuft, die er zu nichts anwenden mag, als um neue zu sammeln, und der nichts von seinen Gütern hat, als den Gedanken allein, daß er sie besitzt und daß er reich ist — selbst wenn er in seinem Ueberflusse darbt, und neben sich darben und hungern läßt, und sich verklagt sieht vor dem, der einst richten wird mit Gerechtigkeit, über alle, die nicht Barmherzigkeit gethan haben, — er spricht, umgeben von seinem todten, ungenutzten Mammon, und in all' seiner Angst, den glänzenden Staub zu verlieren, vor dem er sich in tiefer Entehrung beugt — er spricht: Hier ist gut seyn! Was das innerste Mark des sittlichen Lebens verzehrt, und wenn's gehegt und gepflegt wird, den Tod giebt — den ewigen Tod — das wählt der Böse zu der Hütte, die ihm Schatten und Schutz geben, wo ihm wohl seyn soll.

Bewahre uns Gott, daß wir solche Stimmen nicht hören! Nimmermehr kann es da gut seyn, wo man wandelt im Rathe der Gottlosen, wo man auf den Weg der Sünder tritt und sitzt, wo die Spötter sitzen! Muß da die Verschlimmerung nicht reißende Fortschritte machen? Muß es nicht dahin kommen, wo, wie die Schrift sagt, wo man Augen hat und nicht sieht, Ohren und nicht hört? Fehlt es etwan an Beispielen, die euch furchtbar mahnen an das Verderben, das den Menschen überfällt, sobald er sein Glück in dem Laster sucht? Fehlt es an Unkeuschen, die nicht keusch, an Hartherzigen, die nicht mildthätig, an Uebermüthigen, die nicht bescheiden, an Habsüchtigen, die nicht enthaltsam, an Geizigen, die nicht gemeinnützig, an Unmäßigen, die nicht mehr nüchtern werden wollen, und schon am Abgrunde des Verderbens stehen? An Elenden, die zuletzt im bittersten Schmerze der Reue jammern: so müssen wir inne werden, was es für Herzeleid bringt, den Herrn verlassen? An Lüstlingen, die vor aller Welt beschämt, an Wucherern, denen ihre Götzen entrissen, an Uebermüthigen die plötzlich gedemüthigt sind? Und wenn das, was sie ihr Glück nannten, diese Flitter, worunter die Sünde ihre Häßlichkeit verbirgt, zerstäubt, wenn es endlich, wo sie am Ziele sind, noch einmal Licht wird in ihrer finstern Seele, wenn sie sehen, es gebe nie und nirgends ein wahres Glück, als da allein, wo es die Tugend zur Grundlage hat; wenn der Tag kommt, wo der letzte, schwache Stab ihrer unwürdigen Hoffnungen zerbricht, und wo ihnen die Ewigkeit aufgeht — wie dann? Wie dann, wenn die Sichern, die in ihrer Sicherheit sprachen: Hier ist gut seyn, aufgeschreckt aus dem langen, entsetzlichen Schlafe, die Sprache verändern und rufen: ihr Berge fallet über uns und ihr Hügel decket uns! — Wie dann? Nein, bei ihnen ist nicht gut seyn, und auch

bei den Irreligiösen nicht! Daß wir solche um uns her finden, solche, welchen alle Religion überhaupt, und welchen das Christenthum in Sonderheit nichts gilt, daran darf ich nicht erst erinnern. Viele wandeln, von denen wir mit Weinen sagen, als Feinde des Kreuzes Christi. Sie sind der Kirche, die sie aufnahm, und die sie verkennen, und dem Evangelio, das ihnen angeboten ward, längst schon ungetreu geworden, und haben vom Christenthume nichts, als den Christennamen gerettet, und auch den würden sie leichten Preises hingeben, wenn's sonst nur darauf ankäme; sie sind lau, weder kalt noch warm. Mein Joch ist sanft und meine Last ist leicht, sagte der Herr; ihnen ist's eine beschwerliche, unerträgliche Last. Ich bin das Brod des Lebens; wer zu mir kommt, den wird nicht hungern, und wer an mich glaubt, den wird nimmermehr dursten, sagte der Herr; aber ihnen ist es Aergerniß und Thorheit aus dieser Quelle der Wahrheit zu schöpfen. Denn ist ihnen der religiöse Sinn überhaupt fremd, so muß es namentlich auch der christliche seyn. Die Reinheit der Tugend, die Begeisterung für das Heilige, der Aufschwung zum Ewigen und Unsichtbaren, wie ihn das Evangelium fordert, bleibt ihnen so unbekannt, wie der Friede, den es schenkt und die selige Hoffnung, die es nährt. Nur was sie mit Augen sehen, was sie mit Händen greifen, hat für sie einen Werth; die sicherste Führerinn, die Religion, den festesten Stützpunkt alles sittlichen Lebens, den Glauben, haben sie aus ihrem Herzen gerissen, und das morsche Gebäude ihrer oberflächlichen Ansichten, ihrer unreifen Urtheile, selbst ihrer unleugbarsten Verirrungen preisen sie sich als Werk einer hohen Weisheit an. Sagt ihnen ein Wort von Gott, Vorsehung und Unsterblichkeit; von dem, der uns gemacht ward zur Weisheit, Gerechtigkeit, Heiligung und Erlösung und der Weg, die Wahrheit und das Leben für Alle ist, die durch ihn zum Vater kommen wollen — welche Spöttereien werden sie über euch, über eure, nach ihrer Meinung, unverkennbare Befangenheit in Vorurtheilen und Wahn, über euren Mangel an Geistesstärke ausgießen; wie werden sie euch als gutmüthige Kinder bedauern, die man von allem bereden kann, die aber nicht selber zu prüfen und auf eignen Füssen zu stehen vermögen. Sie sind die größten Fremdlinge auf dem Felde religiöser Erfahrung, was ihnen gebricht, das wissen sie eben so wenig, als was die Religion überhaupt und namentlich das Evangelium leiste, wo es aufgenommen ist in ein reines und gutes Herz. Aber, wir bitten euch, seyd vorsichtig, wenn sie euch sagen, bei ihnen sei gut seyn! und wenn sie den Werth der Hoffnung verkennen, die in euch ist; — dann stehet im Glauben, seyd männlich und seyd stark, daß ihr euch nicht wägen und wiegen lasset von jeglichem Winde der Lehre; daß ihr haltet, was ihr habt, und Niemand eure Krone raube. Sie mögen manches leisten, was die Welt lobt — aber die Hoheit der Seele, den innern Adel, die Reinheit der Gesinnung die Kraft zum Besten und Edelsten, die der Glaube an das Evangelium schenkt, haben sie nicht! Sie mögen sich manche Quelle der Ruhe zu öffnen suchen — aber den Seelenfrieden, wie ihn der Christ fühlt, die Ruhe, die lebendige Hoffnung, wie sie im Christenherzen walten, den Glauben haben sie nicht, der die Welt überwindet. Wir können die Erfahrung langer Jahrhunderte nicht widerlegen; sie lehrt uns, wie das Evangelium sich immer gerechtfertigt habe als göttliche Kraft und göttliche Weisheit; wie es da, wo es rein und unverfälscht von menschlichen Zusätzen, angenommeu und genutzt ward, gewirkt habe, wie das höhere, geistige Leben nie reger war, und fröhlicher nie gedeihen konnte, als auf dem Boden, auf welchen der Saame seiner Wahrheit ausgestreut war. Hat sie Krieg gebracht, statt Frieden, hat sie die Gemüther entzweit, statt sie zu einen; hat es Zeiträume gegeben, wo man, unter dem Vorwande des Glaubens, das Blut der Brüder in Strömen vergoß, und im blinden Wahne rühmte, man thue Gott einen Dienst daran — so war das dein Werk nicht, nicht deine Schuld, Religion, nicht dein Werk, nicht deine Schuld, du Evangelium der Liebe und Gnade! Nicht, wo die Irreligiosität herrscht, nicht wo der Unglaube spottet, nicht wo die Anmaßung und die sittliche Trägheit sich gegen jede religiöse Belehrung und Mahnung entrüstet, nicht da ist gut seyn — da nur, wo die Wahrheit erkannt wird und wo sie frei macht. Und gerade da hört ihr denn dieselbe Rede, wie sie die Sinnlichkeit, das Laster und die Irreligiosität führen; auch

der fromme Christenglaube spricht: Hier, wo ich bin, wo ich in den Gemüthern lebe und wirke, hier ist gut seyn! Hier laßt uns Hütten bauen! Und ob der irdisch Gesinnte, im Rausche seiner Lüste diesen Ruf kaum zu hören scheint; ob der Lasterhafte ihn verlästert; ob der Irreligiöse ihn bemitleidet: der Christ weiß, an welchen er glaubt; in dem Lichte des Evangeliums, das ihn erleuchtet; in der Liebe, mit welcher es sein Herz erfüllt; in dem Troste, womit es ihn tröstet; in den Vorgefühlen der zukünftigen Welt, womit es ihn beseligt, ruft und preißt er: Hier ist gut seyn!

Und so ist es denn auch, m. Br.! Glücklich, glücklich, wenn ihr das schon lange aus eigener Erfahrung erkannt habt, und Ja und Amen dazu sprecht! Da ist gut seyn, da laßt unsere Hütte uns bauen, wo das Licht des Evangeliums scheint; wir werden nie im Finstern wandeln. Wer mag alle die Meinungen berechnen, die sich von je her über die heiligsten Gegenstände der Menschheit verbreitet haben; wer jeden Widerspruch nachweisen, den sie enthielten; wer mag es vergessen haben, wie unzureichend die Forschungen der Weisesten blieben, um den theuersten Bedürfnissen des Herzens zu genügen. Wie ist es anders und besser geworden, seitdem der Herr erschien! Was uns dient zum göttlichen Leben und Wandel; was unsere Pflicht in hoher, hehrer Klarheit uns vorhält; was das selige Verhältniß uns würdigen lehrt, in welchem wir mit Gott stehen, was uns in Noth und Tod erquickt und labt — nennt hier etwas Besseres, als was der Christenglaube giebt! Zu seiner Ehre haben tausende gestanden: Herr, wohin sollen wir gehen? Du hast Worte des ewigen Lebens! Hier ist gut seyn! Darum, Kindlein bleibet bei Jesu! — Bleibet in seiner Liebe! Alles durchdringt sie! Wie man da liebt, so herzlich, so aufrichtig, so treu, so ohne Falsch, so thätig und ausdauernd, so wird nirgends geliebt, und wer nicht lieb hat, der ist nicht von Gott! Darum ist dem Christen so wohl, wo diese Liebe waltet! Wenn er durch sie gedrungen die Thräne des Leidenden trocknet, und wenn der Bruder ihm seine Thräne vom Auge wischt; wenn er durch sie gedrungen den Schwachen trägt, und dem Fehlenden verzeiht, und wenn der Bruder auch ihn trägt und ihm vergiebt; wenn er durch sie gedrungen Gutes thut, ohne müde zu werden, und des Guten so viel genießt, was die Liebe der Brüder ihm bereitet hat; wenn er durch sie gedrungen Alles träget, Alles hoffet, Alles duldet, das Schwerste überwindet, und den Willen Gottes thut, und umher schaut und sieht, wie sie überall die Herzen reinigt von jeder Untugend, und wie sie überall segnet und heilt, fördert und bauet, und das Reich Gottes kommen läßt — dann preißt er sich selig, daß er ein Christ ist; hier, heißt es dann, hier ist gut seyn! Kindlein, bleibet bei Jesu, bleibet im Glauben an ihn! Wir bedürfen viel Trost und Kraft, wenn's uns wohl seyn soll. Ihr findet beides im Glauben des Christen. Einen Gott findet ihr, der alles leitet, der die Haare auf euren Häuptern zählt — und ihr fürchtet euch nicht mehr, ob auch das Meer wüthet und wallet, und von seinem Ungestüm die Berge einfielen; einen Heiland findet ihr, der euch gegeben ist, nicht, daß er die Welt richte, sondern daß die Welt durch ihn selig werde, und wenn ihr in dem Schmerze der Reue nach Gnade euch sehnt und Vertrauen fassen wollt zu Gott: wer hat euch freundlicher belehrt, wer euch milder getröstet, als dieser euer Freund, wer euch, so wie er, Muth gemacht, daß ihr mit Zuversicht zu dem Throne der Barmherzigkeit nahet? Wenn ihr nicht leugnen könnt, daß ihr den Schatz traget im irdischen Gefäße, daß diese Hülle, die euch umgiebt, bald zerbrechen werde, und euch grauen will vor der Zerstörung eures ältesten und treuesten Gefährten, — eures eignen Leibes: wenn das Grab euch anjähnt: ist es nicht das Evangelium, das euch zeigt, wie der Tod verschlungen sey in den Sieg? das euch hinweißt auf den, welcher die Auferstehung und das Leben ist, und euch voranging und eine Stätte euch bereitet hat in des Vaters Hause? Hier, wo solcher Glaube und solche Hoffnung ist, hier ist gut seyn; hier lassen sich Hütten bauen! Kindlein, bleibet bei Jesu! Denn wo er ist mit seinem Lichte, mit seiner Liebe, mit seinem Troste, da ist Vorschmack der ewigen Herrlichkeit; da fühlen wir, daß unser Bürgerrecht im Himmel sey, und das Zukünftige ist es, was wir suchen. Schon ist unsere Beilage gewiß; droben unser Schatz, droben unser Herz. Wie lichten sich vor den Blicken des Christen alle Räthsel der Gegenwart; in welchen Einklang bringt er alles bei dem Glauben an einen großen Zusammenhang zwischen beiden Welten; wie ordnet sich sein Urtheil über alle Erfahrungen des Lebens, und alle Sorgen und Mühen und Leiden der Erde, wie leicht wird ihm die Last der Pilgrimschaft, wie ist er so selig im Glauben, er kennt sein Ziel, seinen Weg, seinen Führer. Kann er anders sprechen, als: Hier ist gut seyn? Wollet ihr genießen, was der Christ genießen, und was die Welt ihm nicht geben kann, denn — Kindlein, bleibet bei Jesu! Wo sonst wolltet ihr suchen, was ihr hier finden, wo gewinnen, was ihr hier erwarten könnt? Wie ein armseliges Gaukelspiel betrachtet die Sinnlichkeit das Leben und vergeudet es; das Laster endet unter dem Fluche eines unbestechlichen Gerichts; die Verachtung der Religion stellt ihre Jünger zuletzt an Brunnen, die kein Wasser haben — um euch her ist Leben und unsterbliches Wesen;

Nur Sünder zittern vor dem Grabe,
Ich, der ich dich zum Freunde habe,
Kann auch des Grabes selbst mich freu'n,
Bald werd' ich ewig bei dir seyn!

so redet der Christ! Nein — wir fragen nicht mehr, wo es gut sey? Hinweg mit jeder Lockspeise eines falschen, trügerischen Glücks, das uns den Tod giebt fürs Leben! Es soll uns nichts scheiden von der Liebe Gottes, die in Christo Jesu ist! Wo wir an ihm bleiben, wie die Reben am Weinstock, da bringen wir viel Frucht; da tragen wir den Himmel in reiner Brust; da wird jede Kraft gespannt, jede Neigung veredelt; da wird für die Ewigkeit gelebt und Sterben wird zum Gewinn — da, m. Br., da ist gut seyn, da laßt uns Hütten bauen! Amen.

10.

Die unverkennbare Verschiedenheit menschlicher Schicksale zeigt sich unter andern auch theils in der ungemeinen Leichtigkeit, theils in der ungemeinen Schwierigkeit, mit welcher die Bahn durchs Leben geht. Klagen über Beschwerden des Lebens, über seine Lasten, über seine Leiden und Sorgen kennen viele Menschen nur vom Hören und Sagen, aber nicht aus eigner Erfahrung. Gesund, unter den Einflüssen einer geregelten und weisen Erziehung aufgewachsen, reich an Gütern der Zeit oder wenigstens in jenem Wohlstande, in welchem die Bedürfnisse ohne Mühe befriedigt werden; ausgestattet von der Natur mit herrlichen Anlagen des Geistes; in Verbindungen, die ihnen hundert Wege für ihr Fortkommen öffnen und ihnen das Glück ihrer Zukunft so oft ungesucht und ohne Mühe anbieten und nachtragen — unter unzähligen, begünstigenden Umständen beginnen sie ihre Lebensreise, setzen sie fort, endigen sie — Günstlinge des Glücks, für welche sich Alles in Thätigkeit zu setzen und zu vereinigen scheint. Ich mag jetzt nicht davon sprechen, daß eine solche Lage, welche für die meisten so große Reize hat, zugleich doch sehr reich an sittlichen Gefahren für das Herz sey, daß sie zu einer wichtigen und schwierigen Uebung der Pflichttreue führe, und daß sie große Wachsamkeit fordere, wollen wir dabei zunehmen an Weisheit und an Gnade bei Gott und den Menschen. Nur deßwegen erinnere ich daran, damit der Unterschied desto fühlbarer werde zwischen denen, welchen das Leben nur von seiner Lichtseite erscheint, und zwischen andern, die es, von dieser Seite, auch nur durch Hören und Sagen, aber nicht aus eigner Erfahrung kennen lernen, und die bei jedem Schritte immer neue Besorgnisse, Anstrengungen jeder Art, Mühe und Noth zu Begleiterinnen haben. So schwer, ja so unmöglich es ist, in eine genaue Berechnung des Verhältnisses der Menschenfreude zu dem Menschenelende einzugehen, so dürfte sich doch wohl mit Fug und Recht so viel behaupten lassen, daß seit dem Tage, wo es hieß: Im Schweiße deines Angesichts sollst du dein Brod essen — die Zahl derer, welchen das Leben so auffallend leicht ward, die bei weitem kleinste, und die bei weitem größte diejenige gewesen seyn dürfte, welche die Lasten des Lebens, schon am Morgen desselben, fühlten, und im Kampfe mit ihnen blieben bis zum Abend, wo ihre Sonne sank, und wo man sie, als müde Pilger, zu ihrer Ruhe trug. Mühseliger und schwerer mag dieser Kampf seyn bei dem einen, minder schwer bei dem andern: aber er ist da — und läßt sich annehmen, daß wir alle, die wir hier versammelt sind, ihn kennen: so mag er sich noch so verschieden bei jedem einzelnen gestalten, so mag er früher oder später uns ereilt, uns auf dieser oder auf jener Seite ergriffen haben — es wird, darauf dürfen wir rechnen, es wird uns nicht unlieb seyn, ihn einmal näher ins Auge zu fassen. Der Kampf mit den Umständen soll uns in gegenwärtiger Stunde beschäftigen.

Matth. 20, 1—16.

Sehet da ein Bild des leichten und schweren Fortkommens in der Welt! Wir können uns der Erinnerung daran kaum enthalten, wenn wir die eben vorgelesenen Worte des Herrn vernehmen, welche er einst, allerdings in anderer Beziehung, theils auf alle, theils insonderheit auf die Apostel sprach, und durch welche er den hohen Werth geübter Treue in das klarste Licht setzt. Nehmet ihr sie aber, diese Worte, wie sie sind — bleibt ihr bei dem Bilde stehen, so erscheint euch offenbar das menschliche Leben in seinen Kämpfen mit Umständen, die nicht immer in unserer Gewalt stehen. Einigen der Arbeiter gelang es schon am Morgen mit ihren Bemühungen; sie fanden Anstellung und Verdienst; länger dauerte es mit denen, welche erst um die dritte, ja erst um die sechste und neunte Stunde zum Ziele kommen; aber im offenbaren Kampfe mit Umständen, die ihnen in den Weg traten, findet ihr die, welche bis zur eilften Stunde warten mußten. Ach, sie hätten gern gearbeitet, es war nicht Müssiggang, den man ihnen zur Last legen konnte, — es waren ungünstige Umstände, die ihnen die Arbeit und den Lohn zu entziehen drohten — „es hatte sie Niemand gedingt.“ Das ist es, was wir meinen, wenn wir schon vorhin von den Schwierigkeiten des Lebens sprachen, wenn wir euch bemerklich machten, es gebe

„einen Kampf mit den Umständen,“

der sich zu oft wiederholt, als daß uns nicht daran gelegen seyn sollte, ihn gehörig kennen und würdigen zu lernen, eine Beschäftigung, deren Einfluß auf unsere Gesinnungen nicht anders, als wohlthätig seyn kann.

Es entsteht der Kampf mit den Umständen, wenn uns bei

dem, was wir unternehmen, bald die Gelegenheit, bald die Mittel entzogen werden, um es wirklich zu beginnen; bei dem aber, was wir schon unternommen haben, Ereignisse eintreten, die sich bald als hindernde, bald als zerstörende Kräfte zeigen. Die Gründe davon können theils innere, theils äußere seyn. Laßt die letzte Bemerkung jetzt vorangehen.

Schon in uns können Ursachen liegen, welche den Kampf mit den Umständen herbeiführen. Erinnert euch an die Verschiedenheit unserer geistigen Anlagen. Wie schwach ist oft gerade die Seelenkraft, deren wir bei unserm Vorhaben am meisten bedürfen! Wie schwer, um nur daran zu erinnern, wie schwer wird dem sein Geschäft und mit welchen Schwierigkeiten hat der zu kämpfen, welchem die Gedächtnißkraft ihre Dienste versagt! Wie sauer und mit welchen unsäglichen Anstrengungen ringt er einem andern nach, welcher alles, was er hört, was er sieht, was er lies't, zu seinem Eigenthume macht, weil sein Gedächtniß ihm überall zu Hilfe kommt. Wie haben wir oft selbst mit den unschuldigsten Neigungen zu streiten, weil sie in uns — gerade in uns liegen, und uns nun die Lage verbittern, die ohne jene Neigungen, die angenehmste von der Welt seyn würde! Die Natur hat manches in dem Menschen vorgearbeitet; aber sie pflegt ihm auch manches zu versagen; ohne daß er es hindern kann, entwickeln sich aus seinen Neigungen Umstände, die ihm einen Kampf unausweichlich machen. — Deutlicher noch treten solche Umstände in äußern Erscheinungen hervor. Das Kind, das von Aeltern stammt, die in einem bösen Rufe standen, der Mensch, der eine Verunstaltung seines Leibes mit sich herumträgt, welche ihn ohne sein Verschulden traf, und an dem wir eine Gebrechlichkeit wahrnehmen, die ihn von Jugend auf begleitet hat, und die unheilbar ihn auf immer begleiten wird — welche ungünstige Erfahrung wird er machen! Die drückende Armuth, die ihn bei allen seinen Unternehmungen beengt; die niedrige Stellung im bürgerlichen Leben, die ihn zu einer Dunkelheit verbannt, in welcher ihn Niemand bemerkt, und bei der es ihm schwer, fast unmöglich fällt, seine Einsichten, seine Kräfte, seine Geschicklichkeit, seinen Eifer geltend zu machen; die unglückliche Verbindung, in welche er treten muß, wo ihm nichts, als unverschuldeter Verdacht, Verläumdung und falsche Beurtheilung bereitet, und die Mittel, sich zu rechtfertigen, arglistig entzogen werden; traurige

Zeitumstände, allgemeine Landesnoth, Nahrungslosigkeit, Verluste in dem eigenen Hauswesen, die menschliche Klugheit und Vorsicht nicht abzuwenden vermochten — sehet, dies sind äußere Umstände, die in Kämpfe verwickeln; und wer vermag die lange Reihe derselben zu übersehen; wer vermag jede Einzelnheit derselben zu bestimmen, wer kann jede Gestalt zeichnen, in welcher sie hervortreten? Solche Umstände nun können uns in Kämpfe verwickeln, schon da, wo wir erst im Begriffe stehen, ein Werk zu beginnen. Denn ist es nicht wahr, daß sie oft alle Gelegenheit zu entziehen scheinen, die nöthig ist, um nur erst einen Anfang zu machen? Wie viele Jünglinge edler Art, die voll hohen Geistes, das Gute, Schöne, Herrliche wollen — wohin sollen sie sich wenden? Sie haben weder Bekanntschaft noch Einfluß, ohne Unterstützung, ohne Forthilfe, ohne Theilnahme, verlassen und einsam stehen sie da unter der großen Menge; man übersieht und überhört sie, und die Gelegenheit, zu beginnen, was sie wollen, geht verloren! Wie viele suchen hier, wie viele suchen dort eine bleibende Stätte, um sich e i n e H ü t t e z u b a u e n, und sie sind thätig und kräftig genug und treu und gewissenhaft genug, um dem Vaterlande reiche Zinsen durch ihr Werk zu tragen: aber der Drang der Umstände stößt sie hinaus in die unbekannte Fremde; es scheinen sich feindselige Kräfte gegen alles zu verschwören, was sie beginnen. — Und zeigt sich auch Gelegenheit, die ihr Unternehmen begünstigen würde, so entziehen ihnen die Umstände die Mittel, deren sie bedürfen, um jene zu nutzen. Wie mancher wird als einfältig und albern verschrieen, weil er, wie man meint, die Gelegenheit übersahe und vorbeiließ, die sich ihm darbot; aber, wir würden mit ihm, d e m W e i n e n d e n, w e i n e n, sollten wir nur wissen, warum er sie nicht ergriff! Er sahe sie wohl, so gut, als ein anderer, der sich über ihn lustig macht, und eher vielleicht, und besser, als sein überkluger, vornehmthuender Spötter; er wußte recht gut, was jetzt zu thun sey, welche Maßregeln man ergreifen müsse, um zum Zwecke zu kommen; aber — er k o n n t e ja nicht, was er wollte, Umstände jeder Art hatten ihm die Mittel entzogen. Hätte er eure Gesundheit gehabt, ihr Gesunden, hätte er euer Geld besessen, ihr Reichen, genöße er euren Einfluß, ihr Mächtigen, stände er in euren Verbindungen, ihr Begünstigten, er hätte den Augenblick, der seinem Glücke, seinem Wirken, dem Vollenden seiner Arbeit so günstig war, nicht entfliehen lassen! Jetzt sieht er ihm, dem entflohenen, weinend und klagend nach! Wie schwer, m. Br., wie schwer ist der Kampf mit solchen Umständen! Und wie schwer auch da,

wo sie das, was wir schon begonnen haben, bald hindern und aufhalten, bald gänzlich zerstören! Hindern können sie den Fortgang unseres Tagewerks. O, es giebt überall geschäftige Hände, die uns entgegen arbeiten; eigensinnige Menschen, die nicht nachgeben, übermüthige, die in nichts eingehen, nichts unterstützen wollen, was von ihnen nicht ausgieng; erbitterte, die, sind sie nur einmal verletzt, sich nicht wieder erweichen lassen! Und überall — selbst in der Natur, wie viele Kräfte, die uns alles, selbst das, was so leicht schien, zu einer schweren, kaum fortzusetzenden Arbeit machen! Was vermag eine ungünstige Witterung, ein Hagelschlag, ein Ungewitter über unsere Unternehmungen! Wie viele Schweißtropfen sind umsonst vergossen, wie viele Arbeiten, die kaum vollendet sind, müssen aufs neue begonnen, wie viele Zeit, wie viele Kräfte müssen geopfert werden, wenn die Umstände hindernd eintreten, und wie glücklich müssen wir uns noch preisen, wenn sie nicht geradehin — zerstörend wirken! Denn auch das ist oft der Fall. Soll ich euch erinnern, wie manchmal der Feind kam, und Unkraut säete unter den Weizen, von dem wir herrliche Frucht erwarteten; wie die Bosheit des edlen Mannes edles Werk von Grund aus verdarb? Soll ich euch erinnern, wie mancher, der ja auch vorsichtiglich wandelte, dennoch seinen guten Namen, den er sorgfältig zu bewahren suchte, verlästert, und der, bei dem rastlosesten Fleiße, sein Hauswesen zu Grunde gehen sah? Wenn Kriege und bürgerliche Unordnungen wüthen — soll ich euch erst sagen, wie da so oft, vor aller Augen, das Nützlichste in Trümmer sinkt, an dessen Aufbau wir vielleicht ein halbes Menschenalter mit unermüdetem Fleiße gearbeitet hatten? Baue dein Haus, heute ist's vollendet, und morgen zündet's der Blitz an; begründe eine gute Sache; — und kaum hast du den ersten Tropfen der Freude über ihre Begründung gekostet, so kommt ein Unfall, an den du nicht dachtest, und alles löst sich auf; du hast endlich nach langen, schreckenden Stürmen, die über dein Haupt zogen, ein ruhiges Auskommen dir errungen, und, was du nicht ahntest, Krankheit und Verlust zerrütten dein Glück, oder der Treulose, der dein Brod aß, tritt dich mit Füßen, und du mußt den Kampf mit den Umständen noch einmal beginnen, wenn du dich retten willst! Welche Anstrengung kostet das, welch einen Aufwand von Kraft! Und dennoch führt er zu einer sehr lichten, erfreulichen Ansicht, sobald wir ihn gehörig würdigen. Denn er ist von Gott geordnet und steht unter Gottes Leitung — er hindert unsere wahre Bestimmung nicht, sondern fördert sie vielmehr — weise bestanden, muß er herrlich enden — und zu dem Lohne treu vollbrachter Arbeit führen.

Er ist von Gott geordnet und steht unter Gottes Leitung! — Schon das ist genügend zu einer freundlichen, erheiternden Ansicht, die wir von ihm fassen dürfen und fassen sollen. Untergraben unsere Thorheiten unser Glück; raubt uns unsere Trägheit unser Brod; hindert unsere Unwissenheit, die wir begünstigt, unsere Ungeschicklichkeit, die wir verschuldet haben, unser Fortkommen, hemmt die Krankheit, die unsere Unmäßigkeit bestraft, unser Werk und kann das lastende, schwache Alter nicht ersetzen, was die träge Jugend versäumt hat: so kennen wir den Grund unserer Uebel sehr wohl; wir klagen uns als freie Urheber derselben an, — und selbst mit dem Troste des Glaubens an eine alles wohlmachende, treue Vaterliebe, die auch den Verirrten, wenn er sich wiederfinden läßt, durch seine selbstverschuldete Uebel zum Frieden führt, verbindet sich dennoch das wehe Gefühl der eignen Schuld. Reden wir aber hier von einem Kampfe mit den Umständen, so denken wir an Ereignisse, die nicht in unserer Gewalt sind. Daß unsere Herkunft, daß die Schicksale unserer frühesten Kindheit, daß verheerende Kriege, daß ein feindseliger Geist der Zeit, daß gewaltige Kräfte der Natur sich gegen uns vereinigen — ist's unsere Schuld? Liegt es nicht in dem Gange des großen Ganzen? und dieses Ganze, und der Gang, den es nimmt, ist in ihm nicht Alles berechnet, wird in ihm nicht Alles geordnet von dem, der allein Weisheit hat? Wird unsere Ansicht von trüben Erfolgen der Gegenwart, nicht heiterer, eben darum, weil sie uns nun als Uebungen erscheinen, zu denen Gott uns verordnet hat? O, lasset uns stille seyn, wenn dann ein Kampf mit den Umständen beginnt! Ohne Zweck kann er uns nicht begegnen. Hat Gott ihn zugelassen, so steht er auch unter Gott, und diesen Gott — wir müßten ihn, müßten den Glauben an seine Weisheit, an seine Wahrheit, an seine Treue, an die Liebe verleugnen, mit welcher er sich aller seiner Werke erbarmt, wollten wir zagen; wollten wir die Hitze, so uns begegnet, uns befremden lassen, als widerführe uns etwas Seltsames; wollten wir unmuthig fragen: Warum thust du das? Bei dem Glauben an eine höhere Leitung lichtet sich unsere Ansicht; wir wissen, nur Gutes könne von oben kommen, von dem Vater des Lichts; nur heilige Zwecke könne er befördern wollen, und wo er waltet, da müsse aus dem Kampfe Sieg; aus der Zerstörung Ordnung; aus dem Verluste Gewinn; aus der Thränensaat ein Erntetag hervorgehen, wo die Schnitter reiche Garben bringen; den Abend lang währe das Weinen, aber des Morgens die Freude. Diese Ueberzeugung wird um so tröstlicher, wenn die Erfahrung hinzukommt, daß der Kampf mit den Umständen

unsere wahre Bestimmung nicht hindere, sondern sie vielmehr fördere. Nur zu leicht irren wir in unserm Urtheile über den höchsten Zweck unserer Bestrebungen; wir suchen ihn oft genug in der Ausführung dessen, was in der Erscheinung hervortritt; wir wähnen, wenn unser Werk zu der Zeit, unter den Verhältnissen, auf die Art, wie wir's gedacht hatten, vollendet ist; so sey jeder Absicht unserer Anstrengungen Genüge geschehen. Liegt denn aber unsere Bestimmung, die wahre, höchste, ewige — liegt sie denn nicht weit hinaus über jede Erscheinung der sichtbaren Welt? Kann, was hier geschieht, kann es etwa anders seyn, als ein Mittel, dieser höchsten Bestimmung näher zu kommen? und kann dieselbe jemals abhängen von irgend einer Form und Gestaltung des Wirkens, die doch nicht immer in unserer Gewalt steht, und die selbst, früher oder später, in dem Strome des Vergänglichen untergeht? Wir sollen thätig seyn, sollen uns üben, sollen Gutes thun, und nicht müde werden — das ist unsere Sache; — die Art der Uebung hängt oft von keinem weniger ab, als von uns selbst, und ihr Erfolg ist Sache Gottes. Gedenket der Arbeiter, die erst um die eilfte Stunde eine Anstellung am Weinberge fanden! Kommen wir dann auch nur langsam zum Ziele, eben darum, weil uns alles erschwert ward; müssen wir vieles von neuem beginnen, eben darum, weil die Umstände zerstörten, was wir schon angefangen hatten; sind wir genöthigt, unsern Bestrebungen eine ganz andere Richtung zu geben, weil uns die Mittel gebrechen, das auszuführen, was wir wollten: beweisen wir alsdann keine Thätigkeit? Ueben wir alsdann unsere Kraft nicht? Können wir nicht gerade dann, wo es uns so viel Selbstüberwindung kostet, am sichersten unsere Ausdauer, unsere fromme Treue, unsern festen beharrlichen Willen beweisen? Mag mancher Jüngling noch nicht Gelegenheit finden, seine Kenntnisse in einem Amte anzuwenden: ist's denn nichts, daß er sie sammelte, und daß er sie vermehrt? Mag mancher, wie es scheint, wenig ausrichten: ist's denn nichts, daß er den Willen hat, viel Nützliches zu schaffen, und daß er muthig die Hindernisse bekämpft, die ihm im Wege stehen? Magst du nicht durchdringen mit deinen Vorschlägen, mag dein guter Rath, unter hundert ungünstigen Umständen, nicht gehört und nicht befolgt werden: ist's denn nichts, daß du den lebendigen Eifer nährst für Alles, was nützlich, was recht, was gottgefällig ist? Ist's nicht dein edles Streben, ist's dein Wille nicht, was dich groß macht, und worauf der Herr sieht? Und wenn du, in allem Kampfe mit den Umständen, im Guten beharrst, wenn weder Gegenwärtiges noch Zukünftiges, weder Hohes noch Tiefes, weder Tod noch Leben dich scheiden können von der Liebe Gottes, von deiner Pflichttreue, von deinem gemeinnützigen Streben: wie? dann hättest du Ursache zu klagen, als sey deine Bestimmung nicht erreicht? Mußtest du ihr nicht um so gewisser nahe kommen, je kräftiger und vielseitiger deine Uebungen waren? Und bedenket noch,

daß der Kampf mit den Umständen, weise bestanden, auch herrlich enden muß. Mögen seine Früchte sich oft unserm Blicke entziehen; daß sie dennoch reifen; daß nichts Gutes und Wahres untergehe; daß eine heilige, treue Hand jedes Saamenkorn bewahre, welches die Liebe und die fromme Tugend ausgestreut hat: das lehrt uns der Glaube. Der Gewinn für unsern Geist und unser Herz und für die Vorübung auf das Künftige kann nie fehlen, und keine Macht der Erde kann ihn uns entziehen. Aber, wie oft, m. Br., wie oft sehen wir diese Früchte noch reifen! Wie oft wird es uns hier schon klar, warum jener Kampf eintreten mußte, und daß nur durch ihn gedeihen konnte, was wir wünschten und bezweckten! Wir werden in unzähligen Fällen um so nützlicher wirken, je länger und je schwerer wir uns vorüben mußten; wir werden künftig um so wohlthätiger unsern Platz ausfüllen, je länger wir vorher schon die Treue bewiesen haben, die weder zur Rechten noch zur Linken weicht. „Ich habe mehr gearbeitet“ schreibt ein großer Apostel, wo er sich mit seinen Mitaposteln, seine Thätigkeit mit der ihrigen vergleicht. Er trat später, als sie, auf den Schauplatz des öffentlichen Wirkens in seinem Berufe — und, was hat er ausgerichtet! Wie viel hat er vollendet! Welche Erfolge hat er herbeigeführt unter Kampf und Mühe! O, wir zagen nicht, wenn er auch für uns kommt, dieser Kampf mit den Umständen; nur weise dürfen wir ihn bestehen, und wir weissagen uns, unter Gottes Leitung, einen herrlichen Ausgang, und sehen voll Zuversicht dem Lohne treu vollbrachter Arbeit entgegen. Als der Abend kam, und die Arbeiter gerufen wurden, da empfing jeder seinen Lohn, weil jeder nach seiner Kraft gethan hatte, was ihm befohlen war. Denn, was macht der Belohnung fähig, die hier schon beginnt und die in höherm Maße euch jenseits zu Theil werden soll? Was macht euch empfänglich für das Heil einer neuen Welt, die der gnadenvolle Spruch des ewigen Richters euch öffnet: Kommet her, die ihr treu waret über das Wenige, ich will euch über Vieles setzen? — In der That, nicht das, was nicht in eurer Gewalt stand, nicht die Umstände, die ihr zu leiten nicht vermochtet, sondern das, was ihr brauchen, was ihr anwenden, was ihr leisten konntet; was in eure Hände gegeben war — der gute Wille, die geübte Kraft. Nicht die günstigen Umstände, die schon früh dich erhoben zu Reichthum, Stand und Würde, sondern die Art und Weise, wie du dich ihrer bedient hast, sieht der Herr an; nicht die Länge der Zeit, in welcher du wirktest, entscheidet — unsere Zeit stehet in Gottes Hand! — aber die gewissenhafte Anwendung, die du von jedem Abschnitte der Zeit machtest, sieht der Herr an; nicht sowohl das, was vollbracht ist, sondern, was vollbracht werden konnte — das ist es, wornach gefragt werden wird, wenn der Feierabend kommt. Glücklich, glücklich, wenn mit ihm das Zeugniß von dem Wahrhaftigen kommt: Ich weiß deine Werke und deine Liebe und deinen Dienst und deinen Glauben und deine Geduld, und daß du, je länger, je mehr thust!

Kaum bedarf es noch der Bemerkung, wie nahe uns die Anwendung von dem allen liege. Ohne Murren erwarteten die Arbeiter die lange zögernde Stunde, wo der Hausvater rief;

ohne den Muth verloren zu haben, ergreifen sie die Zeit, die zum Wirken noch geboten wird, und ihres Lohns sind sie gewiß. Gerade dies aber ist die würdige Fassung, zu der es auch bei uns kommen soll, und möchte heute als Frucht aus unserer bisherigen Betrachtung hervorgehen, die auf unsere Gottergebenheit, auf unsern Muth, auf unsere Hoffnung den entscheidendsten Einfluß haben kann.

Unsere Gottergebenheit soll Nahrung aus diesen Betrachtungen ziehen. Ausweichen, das sehet ihr, ausweichen läßt sich dem Kampfe mit den Umständen nicht; und welche Thorheit würde sich verrathen, welche sinnlose Empörung gegen Gott würde uns entehren, wollten wir über einen Gang der Dinge murren, den keine menschliche Klugheit und keine Macht der Sterblichen zu ändern vermag! Lasset uns denn stille seyn, nicht weil wir müssen, sondern weil wir die Fügung ehren, die zu solchem Kampfe uns verordnet. Ob auch die Umstände euch die Mittel entziehen, um euren Zweck zu erreichen; könnet ihr denn wissen, ob ihr nicht auf anderm Wege zum Ziele kommen sollt? könnet ihr wissen, ob dieser Zweck, ob diese Art, auf welche, ob diese Zeit, zu welcher ihr ihn zu erreichen wünscht, in die Ordnung der Weltregierung paßt, vor der ihr euch in Demuth beugen sollt? Ob auch die Umstände hier hindernd und aufhaltend, dort zerstörend euch begegnen: könnet ihr nicht dennoch Arbeiter seyn, die würdig ihren Platz ausfüllen? Habt ihr's nicht mit dem zu thun, der euer Inneres kennt, der euren Willen für die That nimmt, wenn die That selbst euch nicht möglich war? Habt ihr nicht das Höchste, habt ihr nicht Alles gewonnen, wenn ihr ihm in dem Bewußtseyn eurer Treue sagen könnt: Herr, du weißest alle Dinge, du weißt, daß wir dich lieb haben! Kann es euch dann noch schwer werden, könnet ihr nur einen Augenblick noch anstehen, eure Seele in Geduld zu fassen, und euch bei dem Rathe dessen zu beruhigen, dessen Gedanken höher, als die eurigen sind? Um so leichter werdet ihr dann

auch den Muth beweisen, den ihr bei dem Kampfe mit den Umständen nöthig habt. Wenn sie wie eine Last auf euren Schultern liegen, die ihr nicht abwerfen könnt; wenn sie überall euch beengen, wenn sie zernichten, was ihr unter Mühe und Schweiß, mit Sorgen und Kummer zu Stande gebracht hattet: wie bald würde der Muth fehlen, das Werk wieder zu be ginnen und wieder fortzusetzen, und immer wieder aufzuheben die lässigen Hände und die müden Knie, müßten wir die rastlose Bemühung für unnütz erklären, und fürchten, das, was wir gewollt und geleistet haben, sey auf immer, und bis auf die letzte Spur verschwunden, und lasse keinen Gewinn zurück. Aber ist dem nicht so, können die Umstände uns wohl in Kämpfe verwickeln, aber können sie unsere Anstrengungen nicht fruchtlos machen, so lange unsere eigne Untreue uns nicht um die Frucht betrügt: so entmuthigen sie uns nicht. Mögen andere mit Leichtigkeit das Ziel erreichen, das wir unter Schwierigkeiten erringen; gelingt es ihnen früh, und uns erst spät, mögen sie die Frucht von dem Baume essen, den sie gepflanzt und gewartet haben; unterdessen wir immer noch auf Hoffnung säen: wir sind unverzagt, und gerade darum unverzagt, weil wir

zur Hoffnung, zu einer großen Hoffnung berechtigt und in derselben fröhlich sind. Welche Gewalt dürfte sie uns entreißen? Welche Umstände sich auch gegen uns verschwören, sie stehen alle unter der Leitung des Allmächtigen und Weisen, der zu dem Meere spricht: Bis hieher sollst du kommen und nicht weiter! Hier sollen sich legen deine stolzen Wellen! Sie können, das haben wir gesehen, sie können viele Wünsche vereiteln, und die wehmüthige Klage erpressen: Herr, wie so lange? — aber sie können uns nicht um den Gewinn bringen, der von keinem Wechsel der Zeit abhängt, nicht um die Uebungen sittlicher Kräfte, nicht um die Läuterung des Herzens, nicht um die Richtung des Geistes auf das Ewige, worauf sie führen sollen. Mögen sie uns verdunkeln vor den Augen der Menge, unterdessen ein anderer sich hebt und seinen Namen gefeiert sieht von einer bewundernden Mitwelt: unser Name ist, bleiben wir nur treu, aufgezeichnet in dem Buche des Lebens! Welch eine Hoffnung, theure Brüder, welch eine Aussicht! Welch eine Summe edler Gesinnungen, hoher Entschließungen, gemeinnütziger Bestrebungen, welch eine Summe herrlicher Entwürfe und Wünsche, die hier nicht zur Ausführung kommen konnten, wird da zur Sprache gebracht werden, wo die Schaar sich sammelt, die im Kampfe mit den Umständen siegreich bestand! Mögen auch wir dann ihr angehören, dieser seligen Schaar! Möge diese Summe des Guten dann groß seyn bei uns! Wie friedlich wird unsere Sonne hier niedergehen; wie herrlich wird sie jenseits aufgehen! Wie wird unser Herz, das hier traurig war in mancherlei Anfechtung, sich freuen in unaussprechlicher Freude vor dem, der überschwänglich thun kann, über Alles, was wir bitten oder verstehen! Amen.

11.

Wenn wir die Summe zerstörender Kräfte überrechnen, m. Br., welche täglich auf unser Leben einwirken und unsern Wohlstand bedrohen, so ergreift uns ein wahres Erstaunen bei dem Gedanken, daß es uns dennoch möglich sey, dies Leben oft zu einer bedeutenden Zahl von Jahren fortzuführen, unsern Wohlstand gesichert zu sehen, und ihn in Friede zu genießen. Unser Erstaunen wird noch größer, wenn wir bemerken, daß wir die Gefahren, welche uns bedrohen und ihre Quellen nicht einmal alle kennen; daß tausend verborgene Ursachen wirksam seyen, um unsere Ruhe zu untergraben, unsere Gesundheit zu erschüttern, unsere Tage zu verkürzen, um das Werk zu zertrümmern, an dessen Begründung wir gearbeitet haben. Dann fühlen wir uns gedrungen, den Schutz zu erkennen, der über uns waltet, und dankbar den Gott zu verehren, der unsern Odem bewahrt; gedrungen aber auch zu der Wachsamkeit und zu der geschärften Aufmerksamkeit, welche Noth thut, wollen wir nicht sorglos die Gefahr vermehren, und sie durch eigene Schuld herbeiführen, und uns des Schutzes unwerth machen, unter welchem wir sicher trauen. Wie innig muß nun dieser Dank gegen Gott, wie geschäftig aber auch unsere Aufmerksamkeit, wie unermüdet unsere Wachsamkeit erst dann werden, wenn wir uns erinnern, es gebe noch weit größere Gefahren, als die, welche das äußere Leben und die äußere Wohlfahrt umringen; es gebe Gefahren für das innere Leben, für den Geist also und sein wahres Heil, die sich eben so wenig, und noch weit weniger berechnen lassen; die Sünde mit ihren Lockungen, die Leidenschaft mit ihren Antrieben, habe überall Schlupfwinkel, die der spähende Blick nicht immer entdeckt; es gebe keinen Ort, keine Lage, keine Beschäftigung, kein Alter, wo das fromme Herz nicht von Feinden angegriffen werde, und oft gerade von einer Seite her, von welcher wir den Angriff nicht ahnten und nicht fürchteten? Muß uns alles daran liegen, daß wir in jeder Anfechtung bestehen, daß wir überwinden und das Feld behalten und unsere Seele retten: wie werden wir dann zu dem fliehen, der allein uns ausrüsten kann mit Kraft aus der Höhe! Wie werden wir ihn preisen, wenn unter so großen Gefahren des Irrthums und der Sünde, es uns gelingt, unsern Weg unsträflich zu gehen! Sorgsam dafür, daß wir halten, was wir haben, mißtrauisch gegen Alles, was uns das Kleinod entreißen könnte, werden wir unsern Blick schärfen und erweitern, um nicht blos die Gefahr der Sünde zu beachten, die sich deutlich genug ankündigt, sondern auch die kennen zu lernen, die sich listig verbirgt, um uns desto leichter zu beschleichen; wir werden oft unsere Gedanken auf das Unerkannte in den Gefahren des Herzens richten, um auch gegen diese gewaffnet zu seyn, als die guten Streiter Christi. Wir benutzen, uns dazu gemeinschaftlich zu ermuntern, die Stunde unserer Andacht, und bitten Gott um seinen Segen.

Luc. 8, 4 — 15.

Unter den Ursachen, aus welchen die seligen Wirkungen des Evangeliums verhindert werden, führt der Herr eine auf, welche unsere Aufmerksamkeit besonders in Anspruch nimmt. Die am Wege, sagt er, bedeute solche Menschen, welche das Wort der Wahrheit zwar hören; dann aber käme der Teufel, nehme das Wort von ihnen, und dann glaubten sie nicht, würden nicht durch Festhalten an der Wahrheit und durch Befolgung derselben glücklich. So viel sehet ihr sogleich, er wollte damit auf eine Ursache des sittlichen Verderbens hinweisen, die nicht in der Reihe äußerer Erscheinungen liegt; eine Ursache, die sich aus dem Reiche der Geister her geschäftig zeigt, wollte er bemerklich machen; er wollte offenbar in dem Zusammenhange seiner Rede, den Gedanken darstellen, daß sich aus der innern, wie aus der äußern, aus der unsichtbaren, wie aus der sichtbaren Welt, Gefahren für den Geist entwickeln. Wir können und dürfen es uns daher, bei unserer Kurzsichtigkeit, nicht verschweigen, viel zu groß und zu weit sey das Feld, das den Hindernissen des sittlich Guten offen steht, als daß wir es ganz zu übersehen, und jene Hindernisse in allen ihren einzelnen Beziehungen und Einflüssen auf uns zu erfassen im Stande wären. Ganz geeignet ist diese Bemerkung, unsere Aufmerksamkeit auf

„Das Unbekannte in den Gefahren des Herzens“ hinzurichten. Was wollen wir damit sagen, wenn wir von dem Unerkannten in den Gefahren des Herzens sprechen? und wozu soll die Betrachtung darüber uns dienen? Das sind die Fragen, in deren Erörterung wir eingehen werden.

Das Unbekannte in den Gefahren des Herzens ist uns nun theils alles das, was für uns gar nicht Gegenstand einer deutlichen Erkenntniß werden kann, theils aber auch alles, was darum verborgen bleibt, weil es sich, bei unserer Kurzsichtigkeit, oder bei unserer Unachtsamkeit, unserm Blicke leicht entzieht.

Es giebt Einflüsse auf uns, die zu geheim, in ihren Anfängen zu entfernt, in den Wegen, die sie sich zum Herzen bahnen, zu versteckt sind, als daß wir im Stande wären, sie nachzuweisen. Wenn ihr bedenkt, daß Alles, also auch jeder einzelne Mensch im Zusammenhange mit dem großen Ganzen stehe, daß wir aber diesen Zusammenhang, daß wir die mannichfachen Verzweigungen unseres Seyns, Wirkens und Lebens mit dem unermessenen Leben der Natur nicht erforschen können: so lassen sich unberechenbare Ursachen, aus welchen Hindernisse unserer geistigen und sittlichen Bildung hervorgehen können, und Einflüsse auf das Herz, die ihm Gefahr drohen, nicht blos ahnen, sondern mit Bestimmtheit annehmen, aber unmöglich mit Bestimmtheit nachweisen und erkennen. Von dieser Seite dürften wir wohl den Unterricht Jesu in dem heutigen Evangelio, und an andern Stellen, wo er ihn wiederholt, auffassen. Wir wissen, daß Kräfte, die wir so wenig, als die Bedingungen ihrer Wirksamkeit hinlänglich kennen, dennoch diese Wirksamkeit äußern, und müssen uns daher früh schon des thörigen Uebermuths schämen lernen, der jeden Einfluß auf das Herz ableugnet, von welchem eine deutliche Vorstellung nicht möglich ist; wir vergessen nicht, daß in der geheimnißvollen Verbindung unseres Geistes mit der Außenwelt unzählbare Quellen sittlicher Gefahren liegen können, und Aufregungen zum Bösen, welche wir nicht ergründen, welche geschäftig waren, ehe es bei uns zum Selbstbewußtseyn kam, ehe wir das Licht erblickten, und ehe wir noch von der Aelternliebe freundlich willkommen geheißen wurden. Ihr verwechselt diese Bemerkungen nicht mit den Fabeln des Aberglaubens und mit den Mährchen, welche das Kindesalter unseres Geschlechts erdachte; und welche der Betrug genährt und gepflegt hat. Erweitern sollen sie nur den Blick auf die Gefahren für's Herz, die überall möglich sind, und die euch jeder Gedanke an euren Zusammenhang mit dem Ganzen und an die Kräfte desselben gewiß macht.

Nehmet nun hinzu, wie viel uns unbekannt bleibt, weil es sich dem betrachtenden Auge so leicht entzieht, und oft der strengsten Wachsamkeit entschlüpft — oder weil unsere Unachtsamkeit uns sicher macht, und ihr könnet an unbekannten Gefahren des Herzens nicht mehr zweifeln. Wie oft, gesteht es nur, wie oft habt ihr mit Demüthigung und Beschämung daran gedacht, daß ihr zu spät erst erkanntet, was euch Schlingen legte! Daß eine Neigung lange in euch geschlummert habe, die ihr, bei ihrem plötzlichen Erwachen, überrascht und erschrocken, zum ersten Male in ihrer wahren Gestalt entdecktet; daß ein Verhältniß euch verführerisch sey, welches ihr für das schuldloseste hieltet; daß ein Geschäft euch verhärten oder verweichlichen, unmäßig oder habsüchtig, neidisch oder träge machen könne, worin ihr nie einen Anlaß der Sünde wahrnahmt; daß der Mann, dem ihr euch arglos und offen vertraut habt, wie ein Wolf im Schafskleide zu euch getreten sey; daß ein Gewinn oder ein Verlust, eine Freude oder eine Trauer, ein Lebenswechsel, dem ihr bei eurer Erfahrung und Bildung, bei eurer Uebung, auf eurem Standpunkte, kaum die Möglichkeit einer Umstimmung eurer Gesinnungen und Gefühle zugetraut habt, euch so gewaltig erschüttern, euch so gefahrvoll für euer inneres Leben werden könne: das erkanntet ihr vielleicht erst damals, als die Gefahr in ihrer ganzen Größe sich zeigte, als euer Glaube wanken, eure Liebe erkalten, eure Hoffnung brechen wollte. Sind wir dann vollends unachtsam, geben wir uns an eine traurige Sicherheit hin, und meinen wir, es sey überall Friede und habe keine Gefahr — bleiben wir durch eigene Schuld unbekannt mit dem, was das Herz bedroht: wie muß dann die Summe der Einflüsse wachsen, die früher oder später unser Inneres verderben. Und wir wollen es nicht leugnen, wurden wir so oft in Schlingen des Irrthums, der Lüsternheit, der Sünde verstrickt; strauchelten, irrten, fielen wir: ach, wir hätten das vermeiden können, wir hätten aus dieser traurigen

Unbekanntschaft mit unsern sittlichen Feinden uns retten, wir hätten sie entwaffnen und unschädlich machen können, hätten wir nur sehen, nur aufmerken wollen! Waren wir nicht oft genug gewarnt? Hatten nicht Worte, hatten nicht Beispiele an unser Herz gesprochen? Aber wir hatten Ohren und hörten nicht, wir hatten Augen und sahen nicht! So verlor die Jungfrau ihre Unschuld; so verwilderte der Jüngling; so fiel der Mann in schimpfliche Bande der Sünde; so sank der Greis mit Schuld belastet in's Grab. Sie wurden von Gefahren ereilt, die ihnen unbekannt geblieben waren; aber sie hätten sie wahrnehmen, hätten sie in ihrer ganzen Stärke beurtheilen, hätten sie vermeiden können, wären sie achtsam gewesen.

Fruchtlos dürfen diese Bemerkungen nicht bleiben. Es muß uns darauf vor allem ankommen, sie für unser Denken und Leben zu benutzen, und wollen wir das, so soll uns das Unbekannte in den Gefahren des Herzens zunächst

die Größe dieser Gefahren darstellen. Und wie muß ich wünschen, daß sie uns allen einleuchte! Denn wie wenig, m. Br., wie wenig wird sie beherzigt! Wir reden wohl viel von äußerer Gefahr für unser irdisches Wohl, wir reden von den Anzeigen künftiger Erfolge, wir beschäftigen uns aufmerksam mit den Mitteln, welche zu ergreifen, mit den Wegen, welche einzuschlagen sind, um sie unschädlich für uns zu machen. Der Landwirth schließt aus Erscheinungen in der Natur auf Begebnisse, die seine Früchte gefährten; der Arzt aus Veränderungen der Krankheit, die er behandelt, auf ein trauriges Ende seiner Anstrengungen; der Geschäftsmann aus dem Stande der Dinge, die seine Thätigkeit in Anspruch nehmen, auf das mögliche Mißlingen seiner Entwürfe — und alle treffen Veranstaltungen, um das abzuwenden, womit die Gefahr bedroht. Aber wie viel, wie groß, wie mächtig das sey, was unserm Herzen Gefahr bringt; wie mannichfach und wichtig die Ursachen seyen, aus welchen bald der Verstand mit Irrthümern geblendet, bald das Herz mit unreinen Neigungen befleckt, bald die Herrschaft der auflodernden Begierde verstärkt, bald der Glaube erschüttert, und Zweifel und Hoffnungslosigkeit genährt werden können — wie selten bringen wir das zur Sprache! Gerade von dem Hauptpunkte wenden wir das Auge ab. Möge das Unerkannte in den Gefahren des Herzens uns aufmerksam machen; möge es uns erinnern, wie schlüpfrig der Weg sey, den wir zu gehen haben! Giebt es Gefahren, deren Quellen wir nicht einmal kennen; Gefahren, die uns bei unserer Eingeschränktheit nur zu leicht entschlüpfen, und sich vor unserm Blicke verbergen, kommt unsere Unachtsamkeit hinzu und schläfert sie uns einmal über das andere ein, daß auch das uns unbekannt bleibt, was wir wohl zu entdecken vermochten: so liegt es am Tage, wie viel wir zu fürchten haben; jeder andere Beweis wäre überflüssig. Darum aber laßt uns auch

unsere Aufmerksamkeit und Wachsamkeit geflissentlich schärfen. Wehe uns, wenn wir dazu nicht entschlossen sind! Dann werden schon diejenigen Gefahren sich mehren, und Kraft und Gewalt gewinnen, die klar vor unsern Augen liegen, und die selbst der höchste Leichtsinn nicht abzuleugnen wagt, und wie nahe, wie unvermeidlich wird der Fall seyn, wenn dann auch diejenigen noch hinzu kommen, die nur dem spähenden, forschenden Blicke des aufmerksamen Beobachters offenbar werden! Ach, diese Sorglosigkeit hat Tausende an den Rand des Verderbens gerissen; hat die Früchte einer sorgfältigen Erziehung vernichtet; hat die Hoffnungen grauer Aeltern und treuer Lehrer betrogen, hat zu Lastern den Pfad gebahnt, an die wir mit Widerwillen und Abscheu denken. Darum wird das Wort der Wahrheit nicht müde, uns mit der Mahnung zu begegnen: Wachet und betet; seyd männlich und stark, und stehet im Glauben, und wenn ihr stehet, sehet wohl zu, daß ihr nicht fallet. Mag es uns vorkommen, als hätten wir nichts zu fürchten; mögen viele Reizungen uns nicht berühren, denen andere ausgesetzt sind, umgeben, von allen Seiten umgeben, sind wir von Gefahren des Herzens. Lasset uns wacker seyn allezeit, daß wir entfliehen diesem Allem, und daß wir würdig werden, einst zu stehen vor des Menschen Sohn! Welche Entdeckungen werden wir bei einer solchen Sorgfalt machen! Wie bedeutend werden uns die Kräfte erscheinen, gegen die wir uns zu waffnen haben! Wie lebendig wird alsdann aber auch

das Gefühl von dem Werthe eines göttlichen Beistands zur Weisheit und Tugend werden! Wie innig die Sehnsucht nach ihm! Und in der That, auch die Anregung dieses Gefühls zählen wir mit Recht zu den wichtigsten Folgen, welche das Betrachten unbekannter Gefahren für das Herz haben kann. Daß der Mensch zu seinem Heile und zu seiner sittlichen Vollendung nichts, als sich selbst bedürfe, daß er jeder Gefahr gewachsen, daß er, ohne Gott, die Welt und die Sünde überwinden könne, daß alles unmittelbar von ihm nur abhange, daß es Thorheit, daß es Mißtrauen in das eigene Vermögen, daß es Schwäche und Frömmelei sey, wenn er bei diesem Geschäfte sich auf Gott richtet, wenn er seinen Beistand sucht, wenn er betet: Schaffe du in mir ein neues Herz und gieb mir einen neuen, gewissen Geist; daß er dadurch das Werk seiner Besserung aller sittlichen Würde beraube — das mag die Meinung vieler seyn; sie sprechen sie ja oft bestimmt und laut genug aus. Sie wollen sich selbst allein alles verdanken; nur dem wollen sie nichts schuldig seyn, in welchem und durch welchen alle Dinge sind. Allein, m. Br., mag ihnen wohl je die Größe der sittlichen Gefahr und die Schwäche des menschlichen Herzens klar geworden seyn? Wir werden, denke ich, anders urtheilen, ist uns nur einmal erst ein Licht über das Unerkannte in jenen Gefahren aufgegangen. Wie? dann sollten wir den Kampf wagen wollen, blos uns stützend auf eigne Kraft? Dann sollten wir unsere Ohnmacht nicht beachten? Dann sollten wir es nicht einsehen, es gehöre zu den größten Verdiensten, welche sich das Evangelium um uns erwarb, und zu den höchsten Wohlthaten, womit es uns segnete, daß es uns einen höhern Beistand zum Guten verhieß? Daß es uns versicherte, er, der wohl weiß, was für ein Gemächte wir sind, und der wohl daran denkt, daß wir Staub sind, wolle nach seinem Wohlgefallen in uns wirken beide das Wollen und Vollbringen? Dann sollten wir die Rede des Herrn nicht verstehen, sie nicht zu würdigen wissen! „Ohne mich könnet ihr nichts thun?“ Preisen wir uns doch sonst so glücklich, daß wir auf Gottes Beistand rechnen dürfen bei den Angelegenheiten des irdischen Lebens; daß wir in Schmach und Elend, in Noth und Tod auf ihn sehen, daß wir uns zurufen können: Wir haben einen Gott, der da hilft, und den Herrn Herrn, der vom Tode errettet! — und wie? nicht dankbar anerkennen sollten wir es, wenn uns seine Hilfe verkündigt wird, wo sie am meisten Noth thut? Wenn wir hören, zu unserm sittlichen Heile sey er unaufhörlich geschäftig, und unterstütze uns, damit die Rettung unserer Seele gelinge? Ist die Summe des Unbekannten in den Gefahren des Herzens so groß, so wird uns, tröstlicher, als Alles, der Glaube an einen

Gott werden, der seinen Geist giebt denen, welche ihn bitten, und der unendliche Wege hat, uns zu führen, uns, wenn der Irrthum droht, zu erleuchten, wenn die Sünde reizt, uns gegen sie zu stärken, wenn der Unglaube uns berücken will, uns zu ermuthigen, daß wir das Feld behalten und den Sieg davon bringen. So werden wir uns denn auch getrieben fühlen,

diesen Beistand weise und in der Ordnung zu suchen, in welcher er uns zu Theil werden soll. Wir selbst werden also thun, was uns obliegt; wir werden uns an seinen Einfluß hingeben, wir werden uns von Gott leiten lassen, und daher die Mittel ergreifen, durch welche er uns zu Hilfe kommen will. Er will uns erleuchten und belehren: aber hat er uns nicht Quellen der Erkenntniß geöffnet, aus welchen wir schöpfen sollen; hat er sein Wort uns nicht gegeben, das einen hellen Schein in unsere Herzen bringt, hat er uns auf den nicht gewiesen, der der Weg, die Wahrheit und das Leben ist, und müssen wir nicht seine Stimme hören, seine Belehrungen gelten lassen, wenn er auch für uns das Licht werden soll, das die Welt erleuchtet? Gott will uns stärken und ermuntern, wenn wächtige Neigungen erwachen, wenn wir in Gefahr sind, zu straucheln, wenn der Fall uns droht. Darum spricht er ernste Worte der Warnung, darum erschüttert er uns, darum entdeckt er uns das Ende des Sünders, darum zeigt er uns die Herrlichkeit einer zukünftigen Welt und den Preis der geprüften und überwindenden Treue; darum führt er durch einen mannichfachen Wechsel des Schicksals, und übt und läutert uns. Aber müssen wir uns nicht sammeln zu frommer Ueberlegung, müssen wir seinen Rath nicht beherzigen, müssen wir die Uebungen, die er für uns bestimmt, nicht benutzen, wenn uns Beistand zu Theil werden soll? Was sind die Reden, die ihr in euren Tempeln hört, was die Gesänge, die ihr gemeinschaftlich anstimmt, was ist die Feier der Sakramente, was ist der Tag des Segens, der euch freundlich aufgeht, was ist die Nacht der Trübsal, die euch befällt, was anders, als Mittel, die ihr brauchen sollt, damit der Beistand Gottes euch stark mache zum Kampfe und Siege? Und seine Tröstungen — erquicken sie nicht darum so oft euer Herz, wird euch nicht darum seine Liebe in Christo gepriesen und euer Blick darum weit über die Erde und über alle Spuren ihrer Vergänglichkeit zum Ewigen emporgehoben, damit ihr in eurem Laufe nicht nachlasset und unermüdet dem Ziele entgegen eilt, welches die himmlische Berufung euch vorhält? O, lasset uns thun, was wir vermögen, lasset Alles uns ergreifen, was Mittel der Stärkung und der Besserung für uns werden kann! Der Gefahren für's Herz sind viele; aber wie möchten sie unsern Muth brechen, wie möchten wir behaupten, der Feind sey zu stark und der Kampf zu schwer, wenn Gott mit uns ist? Wir werden alles vermögen durch den, der uns mächtig macht! Ist er für uns, wer mag wider uns seyn? Welche Gewalt im Himmel und auf Erden mag uns dem entreißen, der uns geschaffen und der uns erlöst hat zum ewigen Leben, wenn wir mit ihm das Werk beginnen, mit ihm es vollenden? Und welch ein Gericht müßte für uns anbrechen, wie müßte jede Entschuldigung für uns verstummen, wollten wir jetzt noch wähnen, es sey uns nicht möglich, gegen die Gefahr zu bestehen, die uns umgiebt! Nein, nimmermehr zu groß, und für keinen unüberwindlich ist sie, m. Br., rechtfertigen kann sie unsere Schuld nicht; aber begleiten wird sie uns freilich, so lange wir hier noch wallen; und wenn das ist, wenn wir sie überall, selbst da treffen, wo sie uns so leicht unbekannt bleibt, wie sollte nicht gerade dieser Umstand noch

das frohe Harren auf eine höhere Laufbahn unterhalten, die wir jenseits betreten werden? Es ist noch nicht erschienen, was wir seyn werden, aber das wissen wir, der Kampf, wie er jetzt ist, wird enden; ein neues Licht wird uns aufgehen, eine neue Kraft wird uns stählen; zu einem freiern Aufstreben nach dem Vollkommenen werden wir erwachen, wenn das Auge sich im Tode geschlossen hat. Heiliger, seliger Glaube der Weisen und Frommen, der Jünger dessen, der die Auferstehung und das Leben ist, sey uns gegrüßt im Lande des mühevollen Kampfes, hier, wo selbst das Unbekannte uns gefährden und um das Kleinod bringen will! Wie wird es uns dann seyn, wenn die Macht der Täuschung und der Sünde gebrochen ist, wenn Sinnlichkeit und Weltliebe uns nicht mehr berücken! Bald ist das Ziel errungen! „Siehe ich komme bald, spricht der Herr, und mein Lohn mit mir.“ Wohlan, so lasset uns wachen und nicht müde werden, und wenn es uns sauer werden will, dann komme Vorschmack der Unsterblichkeit in unser Herz, und labe und erquicke, und ermuthige und stärke, damit nur keiner vor uns dahinten bleibe, und keiner von uns versäume, einzukommen zu seiner Ruhe! Amen.

12.

Stille, meine Brüder, recht stille soll es jetzt bei uns werden! Ihr kennt die große Bedeutung dieser Zeit; ihr wißt, wie sie uns in die letzten Leidenstage des Herrn einführen; wie sie uns mahnen soll, ihn auf die Bahn voll Schmach und Schmerz zu begleiten, die er betrat, bis hin in die Angststunde, wo seine Seele betrübt ward bis in den Tod, und bis zu der Marterstunde, wo er sein Haupt neigte und starb. Bei solchen Erinnerungen muß es uns willkommen seyn, wenn's auch außer uns stille ist, und wenn die rauschende Freude schweigt, damit wir ungestört bei dem Heiligen Gottes verweilen, der den Tod geschmeckt hat für alle. Zwar wissen wir recht gut, daß dies leere Worte und deutungslose Floskeln sind für viele, die wohl seinen Namen tragen, aber seinen Geist nicht haben, es dünkt ihnen thöricht und überspannt, sie können sich auf dem Felde frommer Betrachtungen über Jesum und seine Leiden nicht zurecht finden, und begegnet ihnen dennoch sein theures Bild; werden sie in einer kirchlichen Versammlung auf ihn gewiesen, führen sie dunkle Erinnerungen noch einmal, wie sonst wohl, nach Gethsemane und nach Golgatha, Erinnerungen aus den Tagen her, wo ihr kindliches Gemüth in dem Anschauen des Welterlösers noch fromme Nahrung fand, wo sie den Freund der Seele noch lieb hatten, der sie erworben hat und gewonnen, nicht mit Gold oder Silber, sondern mit seinem eignen Blute, so eilen sie davon, sie mögen ihn nicht sehen in seinem Schmerze und in seinem Todeskampfe; sie reißen sich los von jeder bessern, innern Regung; für sie sind die Töne andächtiger Gesänge längst verklungen, die ihnen einst, wie ein Nachhall seiner Seufzer, ans Herz schlugen; das Bild des Geopferten, das ihre Väter und Mütter in treuer Seele bewahrten, sie verwischen es in ihren Alltagssorgen und Alltagsfreuden bis auf den letzten Zug, und in einer Umgebung, die, träte der Herr in sie ein, noch heute von seinem treuen, liebenden Johannes treffend mit den Worten bezeichnet würde: er kam in sein

Eigenthum, und die Seinen nahmen ihn nicht auf. — Wenn sie, die ihn verlassen und die eine Ehre darin suchen, seiner zu vergessen — wenn sie ausgehen von euch, weil sie nicht zu euch gehören, so bleibts doch wahr, es ist jetzt recht stille bei euch, ihr Christusverehrer, und wäret ihr auch im Geräusche der Welt, es ist doch stille in euch. Ihr richtet euch, eure Kinder, eure Hausgenossen auf ihn hin, und wie wohl euch auch jeder Gedanke an ihn thut, und wie tröstlich er euch ist — einen ernsten Anstrich wird jede Betrachtung über ihn gewinnen, auf welche ihr in diesen Tagen eingeht. Es mahnt euch ja Alles an den Gang zum Tode, den er geht, und den ihr, in Gedanken, mit ihm geht. Aber auf einem solchen Gange ist es ernst und stille in der Christenseele. Nehmt ihr dann vollends hinzu, daß ja auch unsere Tage nichts anderes seyen, als ein Gang zum Tode; überlegt ihr, daß es uns so noth thue, vom Herrn zu lernen, wie man einen solchen Gang weise gehen solle, damit er ein Gang zur Herrlichkeit werde: wie gesammelt und gespannt wird dann eure Aufmerksamkeit seyn! Wie werdet ihr dann von Jesu lernen, an ihm euch erbauen, durch ihn euch trösten, damit es euch möglich werde, ihm auf eurem Todesgange zu gleichen, und am Ziele zu überwinden, wie er überwunden hat. Laßt uns fortfahren in dieser ernsten Betrachtung, die der stillen, ernsten Zeit, in welche wir eintreten, so ganz entspricht. Der kurze Abschnitt der evangelischen Geschichte, über welchen wir zu reden haben, wird uns zu Bemerkungen veranlassen, die für unsern Zweck nicht passender seyn können.

Luc. 18, 31 — 43.

Nach Jerusalem geht der Herr. Und warum? — Um in der Hauptstadt des Reichs Zwecke des äußern Lebens zu erreichen? Um dort Glänzendes und Herrliches zu sehen? Um Bedeutsamkeit und Einfluß zu gewinnen? Ach, von dem Allen kommt hier nichts zur Sprache. Ihr habt gehört, wie sich Jesus über den Zweck und Erfolg desselben erklärt: Sehet, wir gehen hinauf gen Jerusalem, und es wird vollendet werden, was geschrieben ist durch die Propheten von des Menschen Sohn. Denn er wird überantwortet werden den Heiden, und er wird verspottet und geschmähet und verspeiet werden, und sie werden ihn geißeln und tödten und am dritten Tage wird er wieder auferstehen. — Also der Gang zu seinem Tode ist es, auf welchem wir ihn diesmal erblicken. Welch ein ernster Gang — ein Gang, auf dem auch wir begriffen sind. Von der Wiege an ist jeder Tag, der uns aufgeht, jeder Athemzug, den wir thun, ein Schritt zum Tode. Je wichtiger uns dieser Gedanke seyn muß, desto dringender wird die Forderung, von ihm, der den Geist empfangen hatte, nicht nach dem Maas, von Jesu zu lernen, diesen Gang zu einem recht würdigen, seligen und ehrenvollen zu machen. Gern ergreifen wir daher auch die Belehruugen, welche in dieser Hinsicht der kurze Abschnitt aus der evangelischen Geschichte darbietet, dessen Inhalt wir so eben vernommen haben. Da lernen wir nemlich,

„der Gang zum Tode"

sey begleitet von ernsten Betrachtungen über den Tod,
erheitert durch selige Hoffnung;
bezeichnet durch nützliche Thätigkeit,
ehrenvoll durch dankbare Zeugnisse derer, die durch uns veredelt und beglückt sind.

Auf ihn hin begleiten uns ernste Betrachtungen über den Tod. Beschäftigt mit ihnen sehet ihr den Herrn. Nichts, kein Geräusch der Menge, die ihn umgab, keine Zerstreuung der Reise konnte seinen Blick ablenken von dem nahen Ende seiner Laufbahn. Dieser Erfolg stand ihm klar vor den Augen, und nicht nur in allgemeinen, dunkeln Umrissen zeichnet er ihn; auch die besondern Umstände seines Todes beachtet er, er geht in das Einzelne ein; er schaut ihn an in der ganzen furchtbaren Gestalt, in welcher er seiner zu Jerusalem wartete. Wie, m. Br., wollen wir nicht zu Betrachtungen bereit stehen, die keinem nöthiger seyn können, als uns? Ist unser Gang zum Tode etwan so lang, daß wir sie aufschieben könnten? Jeder Augenblick reißt näher zum Ende fort; schon seitdem wir hier versammelt sind, sind wir ihm näher, und wenn wir dies Haus der Anbetung verlassen, sind wir ihm näher, und wenn wir über die Schwelle unserer Wohnung treten, sind wir ihm wieder näher, viel näher gekommen. Es leben viele, die sich sorgfältig hüten, diesen Gedanken aufzufassen; vor Allem verstopfen sie ihr Ohr; vor Allem verschließen sie ihr Auge; was an den Tod erinnert, das, meinen sie, störe nur den Lebensgenuß, das mache das Gemüth nur traurig und scheuche die Freude weg, das lähme die Thätigkeit, das möge, wenn's hoch kommt, ein Geschäft für müde, lebenssatte Greise seyn, aber für den Jüngling, für die Jungfrau, für den kräftigen Mann, für die glückliche Gattin, sey, daran zu denken, keine Zeit. Sie gehen noch weiter, sie wollen in dem Verdrängen dieses Gedankens ein Zeichen der Stärke des Geistes finden; der Tod, sagen sie uns, sey ein Gesetz der Natur, das man anerkennen muß, weil man ihm nicht ausweichen kann, thöricht aber sey es, sich mit dem Unausweichlichen zu beschäftigen, ehe der Augenblick eintritt, wo es uns zur Unterwerfung nöthigt. Wes Geistes Kinder Menschen dieser Art sind, das bedarf keines Beweises. Ich mag kein Wort davon sagen, daß sie Jesu Sinn nicht haben. Zu grell sticht ihr Leichtsinn von seinem Ernst, ihre Gedankenlosigkeit von seiner Sammlung, ihr absichtliches Vergessen des wichtigsten, folgereichsten Auftritts im Leben von seiner absichtlich auf den Tod gerichteten Aufmerksamkeit ab, als daß dies noch einer Bemerkung nöthig hätte. Welch eine Thorheit! Sie, die auf ihrem Gange zu dem alltäglichsten Geschäfte, dessen ganze Wirkung vielleicht nur auf den Augenblick berechnet ist, zu einem Genusse, der vielleicht nur wenige Stunden befriedigt, mit ganzer Seele auf das gerichtet sind, was jetzt gethan und jetzt genossen werden soll, sie verdrängen die Vorstellung von dem Erfolge, dessen Wirkungen sich in die Ewigkeit erstrecken! Was sie in jeder andern Hinsicht für groben Fehler erklären würden, das soll hier als Lebensweisheit gelten. Wie es doch so ganz anders ist bei dem, der von Christo lernt, den Gang zum Tode weise zu gehen!

Er tritt im Geist zum Grabe hin,
Siehet sein Gebein versenken;
Spricht: Herr, daß ich Erde bin,
Lehre du mich selbst bedenken!
Lehre du mich's jeden Tag,
Daß ich weiser werden mag.

Mit diesem Sinne kommt er aus der Schule seines Herrn und Meisters — und wer von uns sich seinen Schüler nennt, anders soll er nicht gesinnt seyn, anders nicht handeln, als so! Wir wissen nicht, wenn der Tod kommt — desto öfter wollen wir sein Bild betrachten und früh schon Bekanntschaft mit ihm machen. Wir wissen nicht, wo er uns ereilt — desto mehr wollen wir uns gewöhnen, uns an jeder Stätte, wo wir weilen, in dieser Bekanntschaft zu erhalten. Wir wissen nicht, in welcher Gestalt er uns erscheinen wird, — ob er uns einschlummern läßt, wie der müde Pilger am Abend einschlummert, sanft und ohne Schmerz, oder ob er die Hülle von Staub brechen läßt unter Schmerz und Angst; — ob er sich langsam nahen oder ob er schnell uns überfallen werde; — desto wachsamer wollen wir seyn! — Was uns im Leben begegnet, m. Br., die Wechsel in der Außenwelt, was wir sehen — die Freude, wenn ihre Kränze verwelken, die Abendsonne, wenn sie niedergeht und die feiernde Natur begräbt in die Schatten der Nacht; den vertrocknenden Halm auf dem Felde, den erstorbenen Baum am Wege, das fallende Laub, womit der Herbstwind spielt, wenn wir die Grabgesänge vor dem Trauerhause hören, und wenn der Sarg, an dem wir vorübergehen, der Todtenacker, mit seinen Hügeln, mit seinen Steinen und Kreuzen uns das Wort predigt: Es ist dem Menschen gesetzt einmal zu sterben, nachher aber das Gericht — so wollen wir aufmerken; Alles diene unserer ernsten Sammlung; Alles wirke mit, daß wir uns auf unserm Gange zum Tode den Betrachtungen über ihn nicht entfremden.

Und nimmermehr laßt uns in die Rede des Leichtsinns und der verweichlichten Sinnlichkeit einstimmen, deren wir schon gedachten, nicht einstimmen, wenn man uns sagt, so werde das Leben um jede Freude betrogen, und zu einem Daseyn gestempelt, das blos für Kopfhänger paßt, die nur zu seufzen, nicht zu handeln wissen. Das Beispiel des Herrn widerlegt sie auf der Stelle. Welche selige Hoffnung, welche heitere, auch die Todesnacht erleuchtende Aussicht knüpfte sich an die Betrachtung, die ihn bei seinem nahen Ende festhielt! Es waren nicht blos die grausen Bilder eines an Qualen des Geistes und Leibes so überreichen Tages, die ihn umschwebten; mit ihnen vereint waren die Bilder einer lichtern Zukunft, die hell und hehr den finstern Stunden folgen würde, die sich nahten — „am dritten Tage auferstehen“ — das war der Lichtpunkt in dem schauerlichen Gemälde, welches er selbst von seinem Schicksale entwarf. O, m. Br., werde des Todes nur so von uns gedacht, wie der Herr seiner gedachte — wie wird er uns dann erscheinen! Welche Aussichten werden sich öffnen, welche Hoffnungen werden das

Herz erquicken! Haben wir nicht aufgehört, Fremdlinge auf dem heiligen Boden des Evangeliums zu seyn, so wissen wir, wie sich die Schauer des Todes in der Hoffnung seliger Unsterblichkeit verlieren; wie dort sich der hohe Sinn entwickelt, dem Sterben als Gewinn erscheint, und die feste, lebendige Ueberzeugung, die mit dem Apostel spricht: Ich habe Lust abzuscheiden, und bei Christo zu seyn. Auf dem Gange zum Tode denken wir freilich an die Gewalt, mit der er herrscht, an die Zerstörung, die er anrichtet, an das Wort, das er bekräftigt: Du bist Erde, und sollst zur Erde werden, aber, ermuthigend ruft der Glaube, es wird gesäet verweslich und wird auferstehen unverweslich; es wird gesäet in Schwachheit und wird auferstehen in Kraft; es wird gesäet in Unehre und wird auferstehen in Herrlichkeit; es wird gesäet ein natürlicher Leib und wird auferstehen ein geistiger Leib. Auf dem Gange zum Tode denken wir an das Scheiden von Allem, was unsere Hand gepflanzt, gebaut, gepflegt, gewartet hat; von unserer Arbeit, die wir lieb gewonnen; von unserm Berufe, an dem wir uns gewöhnt haben; aber die gläubige Hoffnung erinnert uns: in des Vaters Hause sind viele Wohnungen; mag diese zurückbleiben, die hier uns aufgenommen hat, in der unser erstes Tagewerk vollbracht ist — jenseits nimmt eine neue uns auf, in der eine neue Stätte zum neuen größern Wirken für uns bereitet ist. Auf dem Gange zum Tode denken wir des Abschieds von euch, an welche die Bande zarter Liebe uns knüpften, und an das letzte Lebewohl: aber die Hoffnung erinnert uns: wir werden uns wiedersehen und unser Herz wird sich freuen, und unsere Freude wird Niemand von uns nehmen. — Auf dem Gange zum Tode denken wir an die Gewalt, welche die Vergänglichkeit übt, wie ihr Keim liege in aller Menschen Werke, wie auch das unsrige untergehen wird mit unserm Namen, wie eine Zeit kommen werde, wo nicht Eine Spur unseres Daseyns und Wirkens übrig seyn wird, aber für uns — fürchten wir nichts, die gläubige Hoffnung erinnert uns, Vernichtung sey ein Gedanke ohne Sinn; sie sagt uns: wenn das irdische Haus zerbrochen werde, so haben wir ein Haus, von Gott erbaut, das ewig ist im Himmel; so gehen wir über in das neue Jerusalem, wo Gerechtigkeit wohnt; so werden wir bei dem

Herrn seyn allezeit. Auf dem Gange zum Tode denken wir mit Wehmuth an das Unvollkommene unseres Wissens, das, bei aller Anstrengung, ein Stückwerk blieb, an das Mangelhafte unseres Thuns, das, bei allem Fleiße, nur unter den Spuren unserer Gebrechlichkeit zu Stande kam, an das Unzureichende aller Genüsse, die bei allem ihren Werthe uns so oft unbefriedigt ließen, aber die Hoffnung erinnert uns, wenn das Vollkommene kommt, werde das Stückwerk aufhören; hier sehen wir, wie durch einen Spiegel in einem dunkeln Wort, dort von Angesicht zu Angesicht, und der Gerechten Seelen seyen in Gottes Hand und keine Qual rühre sie an. Auf dem Gange zum Tode denken wir der Vergeltung, die ein gerechter Richter geben wird, aber eine gläubige Hoffnung verknüpft sich mit den ernsten Ahnungen einer großen Entscheidung, und erinnert uns: selig sind die Todten, die in dem Herrn sterben; sie ruhen von ihrer Arbeit und ihre Werke folgen ihnen nach. So müssen wir denn freilich auch hier auf uns selbst, und auf den Eifer zurückweisen, mit welchem wir schaffen sollen selig zu werden, soll diese Hoffnung in uns und unsere treueste Begleiterin auf dem Gange zum Tode seyn. Wer nicht reich in Gott ist, der ist arm an Hoffnung, und in seinen Augen wird der Tod eine furchtbare, grause Erscheinung, die mit Entsetzen erfüllt. Lasset uns in Christo seyn und würdig wandeln dem Evangelio, zu dem wir berufen sind — und diese Gestalt des Todes ändert sich auf einmal. Er mag ein Feind seyn für die sinnliche Natur, aber wer aus Gott geboren ist, der hat ihn überwunden im Glauben und Hoffen, und in dem Todestage begrüßt er den Geburtstag zur ewigen Heimath, nach der er sich sehnen lernte, und wohin ihm vorausgieng, was er Gutes gedacht, gewollt, erstrebt hat, und was ihm vor dem Throne der Barmherzigkeit als Zeuge seiner Treue entgegenkommt. Denn anders als

bezeichnet durch nützliche Thätigkeit, kann unser Gang zum Tode nicht seyn, haben wir von Christo gelernt, ihn würdig zu gehen. Umhergezogen war der Herr lange schon, und hatte wohlgethan und gesund gemacht. Auch die äußerste Nähe seiner eignen, letzten Leiden konnte dies wohlthätige Wirken nicht unterbrechen, und ihn nicht, zurückgezogen in sich, und blos beschäftigt mit sich, von den Bedürfnissen anderer abwenden und theilnahmlos gegen fremde Noth machen. Ein schwer Geprüfter begegnet ihm; ein Blinder — blind in bitterer Armuth! Ach, in bitterer Armuth, wäre er auch kein Bettler gewesen! — Ein blinder Mann, ein armer Mann! sagt ihr — ja wohl, ja wohl! Legt ihr doch schon so hohen Werth auf gesunde Glieder überhaupt; und mit Recht!

Zähle deine Finger her,
Und der andern Glieder Zahl;
Keins ist, das dir unwerth wär',
Liebst und ehrst sie allzumal!
Keines gäbst du weg um Gold,
Wenn man dir's abnehmen wollt';

und nun — das Auge! — Wenn wir das Licht nicht mehr sehen, nicht die Herrlichkeit der Natur, nicht die Werke der Kunst, nicht das Angesicht unserer Lieben mehr schauen; wenn unser gewohntes Geschäft ruhen muß, wenn unsere freie Bewegung gehemmt ist, wenn die schönsten Genüsse, die uns die Erde bieten kann, für uns nicht mehr da sind — dann sind wir wohl arm — recht arm! — Gold und Silber ist nichts, und Prunk und eitler Glanz ist nichts gegen gesunde Augen. Habt ihr die — so sprecht: wir sind reiche Leute, damit ihr euch nicht versündigt an dem, der euch so viel gegeben hat. In dem drückenden Gefühle seiner Entbehrungen hörte der Mann, von dem der Evangelist erzählt, wer in seine Nähe gekommen sey, hörte, daß der Retter der Leidenden vorübergehe; er schöpft Hoffnung; noch einmal wird die Stimme laut, die so oft in den Tagen sich hören ließ, wo der Herr auf Erden wandelte: Jesu, du Sohn Davids, erbarme dich meiner; — und der Freund der Menschen erbarmt sich; Bitte und Hilfe, Wort und That sind Eins: Was willst du, daß ich dir thun soll? — Herr, daß ich sehen möge! — Sey sehend, dein Glaube hat dir geholfen! Möge er unser Muster und unser Vorbild seyn auf unserm Gange zum Tode! Möge sein Beispiel uns erleuchten und uns recht führen unter allen Einflüsterungen des Eigennutzes, der Bequemlichkeit und der Härte! Arme, sagte er einst, habt ihr immer um euch; und so ist es! Arme an Gelde, die um eure Almosen bitten und auf die Brosamen warten, die von des Reichen Tische fallen; Kranke, die, ohne eure Pflege, verderben; Verlassene, denen ihr ein Unterkommen nachweisen sollt; Verwahrloste, für die ihr sorgen sollt, daß sie nicht in ihren Sünden untergehen, und daß ihre Seele gerettet werde — sie sind euch überall nahe an eurem Wege; wer kann die Gelegenheiten zur Hilfe, die Anforderungen an unsere Kraft, wer die Verhältnisse, die Erfahrungen und Lagen berechnen, die von allen Seiten her uns mahnen, uns durch Rath und Verwendung, durch Lehre und Trost, durch Wort und That um die verdient zu machen, die mit uns auf Einem Gange, auf dem Gange zum Tode begriffen sind? Sorget, daß sie nicht einst aus unsern Begleitern auf dem Todesgange unsere Ankläger vor Gott werden, und daß des Richters Spruch uns nicht treffe: ich sage euch, was ihr ihnen nicht gethan habt, habt ihr mir nicht gethan; ich kenne euch nicht, wo ihr her seyd! Doch euch trifft er nicht, dieser Spruch, die ihr von Christo lerntet, euren Gang zum Tode zu gehen. Bezeichnet ist er dann mit Spuren des gemeinnützigen Wirkens. Da wird nicht gefragt nach Ersatz, nach Gegendienst, nach Dank und Ruhm bei der Welt; da waltet nur die Liebe, die nimmer aufhört; da spornt sie zu einer Thätigkeit, die nicht rastet; da ergreift ihr jede Gelegenheit, die sich euch darbietet, die Werke zu vollenden, die in Gott gethan sind, und das thut ihr ohne Weile und ohne Zaudern; der Gang, den ihr geht, führt euch dem Tode entgegen — daher ist es die Regel, der Jesus Christus folgte, die ihr zu der eurigen macht: wir müssen wirken, so lange es Tag ist, ehe die Nacht kommt, da Niemand wirken kann. — Aber sucht ihr auch den Dank der Welt nicht, für die ihr lebt und arbeitet, wir dürfen dennoch behaupten, ihr werdet schon hier die Ernte eurer Aussaat nicht leicht vermissen: denn, lernt ihr von Christo euren Gang zum Tode gehen, so wird er auch

ehrenvoll durch das Zeugniß von euch beglückter Menschen werden. Werft noch einen Blick auf die Erzählung, die uns bisher geleitet hat. Der gerettete Blinde schließt sich an die Schaar der Begleiter Jesu an; sein volles Herz ergießt sich in Lobpreisungen Gottes; er will nun seinem Retter ganz angehören. Ja, der Eindruck der erzeigten Wohlthat war allgemein; er hatte sich allen Augenzeugen mitgetheilt, er hatte die Gemüther zu Gott erhoben und zu feurigen Dankgebeten gestimmt; ein geistiger Segen war aus der leiblichen Wohlthat hervorgegangen — „alles

Volk, das solches sahe, lobete Gott." Bezeichnen wir, wie Jesus, den Gang zum Tode, durch frommes, gemeinnütziges Wirken, so wird er auch für uns ein Ehrengang werden. Hie und dort mag's einen Judas Ischariot geben, der unser Brod ißt und dann uns mit Füßen tritt; aber es werden auch Zeugen für uns aufstehen, die sich durch die Zunge der Lästerung nicht beschwichtigen lassen; die es anerkennen, was wir ihnen waren und sind, und die Gott preisen, daß er uns gesendet hat, sie zu trösten und zu erquicken. Die Macht des Beispiels ist groß, und der Zeugen unseres Handelns sind viele! Hic und dort kann einer seyn, von dem ihr fürchten müßt, daß ihr ihn nicht gewonnen habt für's Bessere; o, es werden andere sich finden, die, wenn sie eure guten Werke sehen, ergriffen werden vom Geiste der Wahrheit, daß sie euch nacheifern, und Gott preisen, indem sie von euch lernen, ein Segen für ihre Zeit zu seyn. Dann ist es euer Werk und eure Ehre, wenn sie, ermuntert durch euch, eilen, um Brüder den Brüdern, Lehrer den Unwissenden, Führer den Verirrten, Tröster den Traurigen, Schutzengel allen zu seyn, denen sie es werden können. Euer Werk wirds seyn und eure Ehre, wenn die, welche schon zweifeln wollten an Menschentugend und Menschenliebe, wieder Vertrauen fassen zu dem Menschenherzen, weil sie sahen, wie gut ihr seyd. — Habt ihr's dahin gebracht, so ist euer Gang zum Tode der ehrenvollste geworden, den ihr wünschen könnt. Ihr werdet sterben, aber ihr werdet lange noch in dankbarer Erinnerung unter den Zeitgenossen fortleben, für die ihr gearbeitet habt; euer Bild wird sie umschweben, euer Beispiel sie noch lange begeistern, der Segen eurer frommen Tugend wird auf die Nachwelt übergehen. Trägt man euch zum Grabe — so ist ihre Liebe die ehrenvollste Leichenbegleitung, die Thräne ihrer Wehmuth die schönste Grabrede. Wenn kein Denkmal eure einsame Gruft bedeckt, kein Marmor eure Namen auf die Nachwelt trägt, und die Zeit früh schon kommt, wo man eure Stätte nicht mehr kennt: ihr habt ein Denkmal, das im Sturme der Tage nicht verwittert — denn hier grub die Liebe eure Namen ins Herz, dort stehen sie angeschrieben im Buche des Lebens; vergißt euch die Welt, so kennt euch der, von dem ihr gelernt habt, den Gang zum Tode würdig zu gehen, der auch den Trunk kalten Wassers nicht vergißt, welchen ihr gereicht habt in seinem Namen, und der euch an den Pforten der Ewigkeit mit dem Zeugnisse empfängt: Ich weiß eure Werke und euren Dienst, und eure Liebe und eure Geduld, und daß ihr, je länger, je mehr thatet.

So sey unser Gang zum Tode, geliebteste Brüder! Begleitet von ernster Betrachtung über das nahende Ende, erheitert durch selige Hoffnung, bezeichnet durch nützliche Thätigkeit, geehrt durch das Zeugniß von uns beglückter und veredelter Menschen! Mag dann der äußere Mensch verwesen, der innere wird von Tage zu Tage verneuert; war Christus unser Leben, so ist Sterben unser Gewinn! Amen.

13.

Es bedarf nur einiger Aufmerksamkeit auf uns selbst, um gewahr zu werden, daß unser sittlicher Zustand fortwährenden Veränderungen unterworfen sey. Nie bleibt er sich vollkommen gleich, und nie stehen wir auf einem und demselben Punkte der Sittlichkeit still. Ganz verschieden aber kann die Veränderung seyn, welche er erfährt; sie kann uns zu den freudigsten Hoffnungen berechtigen, oder bedenklich machen und betrüben; sie kann uns zur Ehre gereichen oder zur Schmach. Wenn wir fortschreiten in dem schon begonnenen Guten; wenn wir in edlen Gesinnungen fester, in dem Streben nach gemeinnützigen, wohlthätigen, heiligen Zwecken entschlossener, muthiger und standhafter, in dem Trachten nach dem Ewigen und Unvergänglichen, nach dem Reiche Gottes und seiner Gerechtigkeit treuer und ausdauernder werden: so sind wir nach Tagen und Jahren offenbar viel weiter und unserer wahren Bestimmung viel näher gekommen. Dann hat sich aber auch vieles bei uns geändert, und diese Veränderung ist eine ehrenvolle gewesen; wir freuen uns ihrer vor Gott und unserm Gewissen. Wenn wir die schon betretene, gute Bahn verlassen; wenn, was Schwachheit war — böser Wille; was Fehler war — herrschende Neigung; was Irrthum war — grause Verfinsterung wird; wenn wir uns unter dem Joche der Sünde beugen, gegen die wir einst siegreich gekämpft hatten: wie vieles, wie vieles hat sich dann auch nach Tagen und Jahren bei uns geändert. Aber diese Veränderung — ist sie nicht die schimpflichste und verderblichste unter allen? Saget nicht, th. Br., davon könne bei euch keine Rede mehr seyn; ihr stehet zu lange schon im Glauben, ihr seyet längst schon männlich und stark geworden, und Veränderungen der letzten Art, entschiedene Rückschritte also, seyen nicht zu fürchten. Die Möglichkeit derselben könnet ihr nicht leugnen; sie liegt in der Natur eures Wesens; sie hat sich zu jeder Zeit, an Beispielen, die nur zu häufig waren, furchtbar bewährt. Auch für die Besten unter uns kommen Stunden, wo sie gesichtet werden, wie der Weizen; wo Bedenklichkeiten sie beunruhigen, wo Zweifel sie stören; wo sinnliche Reizungen die gefährlichsten Versuche auf ihr Herz wagen, wo sie es lebhaft genug fühlen, daß alle geprießene, menschliche Tugend dennoch die Spuren ihrer eigenen Schwäche nie verleugnen könne. Und waren es nicht so oft gerade die Besten, welche sich in die sauersten, sittlichen Kämpfe verflochten sahen, und welche unverholen klagten über die Anfechtung, die ihnen begegne? Hütet euch, solche Klagen, ohne Unterschied für Thorheit und Schwäche zu erklären, und sie unbedingt als Frucht eines frömmelnden Trübsinns zu belächeln. Sie sind da, diese Anfechtungen, sie kündigen sich nur zu bestimmt an, und wir freveln mit unserm eigenen Heile, wenn wir sie nicht mit der Aufmerksamkeit beachten, die sie verdienen, um ihnen mit dem Ernste und mit dem Nachdrucke zu begegnen, den sie fordern, sollen sie nicht die traurigste Veränderung in unserm sittlichen Zustande hervorbringen, sondern dagegen uns den Weg zu neuen und ehrenvollen Siegen über uns und über die Welt bahnen.

Matth. 4, 1 — 11.

Mag auch die Begebenheit, von welcher der Evangelist in den vorgelesenen Worten redet, mehr, als Eine Ansicht zulassen, und auf mehr, als Eine Art beurtheilt und erklärt werden können: so viel bleibt gewiß, daß sie einen Versuch des Bösen auf das Gute, des Unheiligen auf das Heilige schildert, und daß sie uns eine ganz nahe Veranlassung giebt, zu euch

„über die Anfechtungen"

zu sprechen. Wir werden uns

zuerst über die Beschaffenheit und über die Ursachen derselben erklären; um dann nachher noch einige Bemerkungen zu machen, auf welche jene Betrachtung von selbst führen wird.

Vor allem müssen wir uns darüber verständigen, was wir mit dem Ausdrucke bezeichnen wollen, der den Gegenstand unserer Untersuchung feststellt; was wir sagen wollen, wenn wir von Anfechtungen reden? Fürchtet nicht, daß es hier einem Begriffe gelte, der den Spielereien einer Schwärmerei anheimfällt, welche in ihrer Dunkelheit und Verworrenheit sich selbst nicht mehr versteht, und daß wir euch auf das zwar weite, aber traurige Gebiet des Aberglaubens und einer falschen Frömmigkeit führen wollen, welche unerschöpflich ist in ihren Erzählungen von Kämpfen gegen unbekannte Mächte, und welche diese Kämpfe mit dem Namen der Anfechtungen zu bezeichnen pflegt, ohne genau anzugeben, worin sie eigentlich bestehen. Wir wollen unbedenklich zugeben, daß man jenen Begriff häufig auf Erscheinungen angewendet habe, auf welche er nicht paßte, aber wir behaupten nichts desto weniger, daß er einen Einfluß auf die Seele, daß er eine innere, geistige Erfahruug bezeichnen solle, deren wir uns deutlich bewußt sind, und über welche wir Auskunft zu geben wissen. Wenn wir von Anfechtung sprechen, so denken wir zunächst dabei an das Bestreiten irgend einer Behauptung oder eines Besitzes. Widersprechen wir jener, greifen wir diesen an; suchen wir jene durch Gründe zu widerlegen, oder die Unrechtmäßigkeit des letztern nachzuweisen — so fechten wir sie beide an. Bald genug trug man diesen Ausdruck auf innere sittliche Erscheinungen über. Alles also, was im Stande ist, unsere Ueberzeugungen von Wahrheiten der Religion wankend zu machen und alles, was uns den Besitz des höchsten und heiligsten Gutes, der Tugend und eines reinen Gewissens gefährden kann, ward nun eine Anfechtung genannt. In der Schrift haben die Leiden, welche um des Evangeliums willen ertragen wurden, sehr oft dieselbe Benennung. Waren doch gerade sie, diese Leiden, war doch der Verlust der Freiheit und des Eigenthums, Verbannung, schmachvoller Tod, und alles das Elend, welches der Eigennutz und die Herrschsucht und das starre Festhalten an eingewurzelten Vorurtheilen über die aufblühende Kirche Jesu gebracht hat, ganz geeignet, ihre Mitglieder anzufechten — sie zu entmuthigen, und sie dem Glauben an das Evangelium wieder zu entfremden. Unter so schwierigen, äußern Verhältnissen, konnten sie sich versucht fühlen, ihr Glück und Leben durch Verleugnung der Wahrheit zu retten. Wenn dann aber der bessere Geist sie mahnte, treu bis an den Tod zu seyn, so konnte der Kampf entstehen, in welchem Tausende Gelegenheit fanden, ihre Gesinnungen zu bewähren und die Festigkeit des Entschlusses zu bethätigen, daß sie bereit seyen, den Kelch zu trinken, den ihr Herr und Meister vor ihnen getrunken hatte. So kam es denn, daß man späterhin unter den Anfechtungen auch alle die Seelenkämpfe begriff, und die aufsteigenden Zweifel und die Gefühle der Bangigkeit, wie sie da gewöhnlich sind, wo eine Anreizung zum Abfall von der Wahrheit und Pflicht übermächtig zu werden scheint. Da die Ursachen dieses Zustandes nicht sowohl in dem Menschen, als vielmehr außer ihm gesucht werden, und da sie nicht immer sich klar genug ankündigen, um sie auf der Stelle richtig zu erkennen: so kann es nicht befremden, wenn man sie oft genug in den Einflüssen unsichtbarer Mächte auf den menschlichen Geist gesucht hat, und sie aus einem wunderbaren Zusammenhange mit der Geisterwelt erklären wollte. Wir kennen diesen Zusammenhang viel zu wenig, m. Br., als daß wir uns in Untersuchungen einlassen sollten, in welchen wir nicht fortkommen; wir halten unerschütterlich an der Ueberzeugung, daß keine Gewalt, komme sie her, woher sie wolle, vermögend sey, uns der Sünde Preis zu geben, wenn wir nicht selbst ihr das Herz öffnen, wir vergessen nicht, daß der Sohn Gottes erschienen sey, um uns zum Siege über jedes Böse zu führen, und daß wir alles vermögen durch den, der uns mächtig macht. Laßt uns dagegen in dem Bereiche dessen, was für uns erkennbar ist, umherschauen, und wir werden, sind wir nur aufmerksam, nicht umsonst nach den Quellen forschen, aus welchen die Anfechtung hervorging; wir werden sie bald in der Beschaffenheit unsers Körpers, bald in der Eigenthümlichkeit unserer Lage und unserer Verhältnisse, bald in Fehlern des Herzens auffinden, und das Ueberraschende und Seltsame, was sie auf den ersten Blick zu haben schienen, wird sich zerstreuen.

Es ist unleugbar und durch unzählige Thatsachen bewährt, daß sie in vielen Fällen nichts als die Wirkungen eines angegriffenen, kränkelnden Körpers seyen. Er kann eine Herrschaft über den Geist üben, die, wo wir sie in kräftiger, freier Thätigkeit nicht brechen, nur zu leicht in eine furchtbare Tyrannei übergeht. Aus der Zerrüttung des Körpers entwickelt sich bald genung eine fehlerhafte Richtung der Seele und eine Zerrüttung in der Gemüthswelt, die uns mit Wehmuth erfüllt; aus ihr gehen Neizungen zur Sünde hervor, die in den Tagen ungestörter Körperkraft und fester Gesundheit nie bemerkt wurden; es hat Frevel gegeben und Verbrechen, an welche wir mit Entsetzen und Schauder denken, und dort fanden sie ihren Grund; dort auch keimte oft zuerst die verzagende Angst auf, die sich nicht mochte trösten lassen, die dem Glauben an Gott und an seine Erbarmung Hohn sprach, die seine Wahrheit verlästert, die in dumpfer Verzweiflung geendet hat. Wo der Gesunde hofft, wird oft genug der Kranke fürchten; wo jener den Feind muthig bekämpft, wird dieser vor dem geringsten Widerstande erschrecken, wo jener sich freut, kann dieser in ein Meer von Jammer versinken. Die Kraft des Geistes ist gelähmt; die Wahrheit verdunkelt sich vor ihm; ein Heer von Zweifeln erfüllt ihn mit Grauen; der Trost der Erlösung und der Gnade entschwindet, Tod und Verdammniß allein stehen vor dem starren Blicke; mit den verlornen Gefühlen des freudigen Glaubens und Hoffens geht auch der Muth zur Pflichterfüllung verloren, und die Gewalt der Sünde erstarkt. Das ist seine Stunde und die Macht der Finsterniß!

Hierzu kommt, daß unsere gesammte, äußere Lage und unsere Verhältnisse zuweilen ganz eigenthümliche Quellen schwerer Anfechtungen öffnen. Welch einen Einfluß übt die erste Erziehung, die wir empfingen, auf das ganze Leben! Der Leichtsinn, zu dem wir gewöhnt wurden, die Unterdrückung des jugendlichen Frohsinns, die uns zum Trübsinne stimmte, vielleicht bis zur Menschenflucht trieb; die Pflichtverletzungen, von welchen wir früh genug Augenzeugen wurden, die knechtische Furcht vor Gott, die man uns einflößte, und die jedes freudige Aufsehen auf ihn verhinderte — zu welchen Anfechtungen werden sie späterhin führen! Welch einen Einfluß hat unsere Lebensart, der Beruf, in welchem wir stehen, der Umgang, welchen wir haben, auf unsere Vorstellungen, Gefühle, Bestrebungen! Achtet darauf, und ihr werdet in jedem Verhältnisse die Keime einer Anfechtung finden, in dem Geräusche der Welt, in der Zerstreuung des Geschäftslebens, in der Zurückgezogenheit und in der Stille der Einsamkeit. Und gerade in dieser, wo ihr sie am wenigsten fürchtet, seyd ihr oft den Gefahren der Anfechtung am meisten ausgesetzt. Bei den stürmischen Begierden, welche die Einsamkeit nährt, bei den gaukelnden Bildern der Phantasie, welche sie weckt, bei den beängstigenden Zweifeln, welche sie verstärkt, bei der Verzagtheit und Muthlosigkeit, welche sie vermehrt, bahnt sich die Anfechtung ihren Weg, und kann euch daher in jedem Wechsel des Schicksals, in den Zeiten des Wohlstandes und des Glücks, das Tausende bethörte, und dann auch ereilen, wenn böse Wege kommen und die Jahre herzutreten, von denen es heißt, sie gefallen uns nicht. Wenn Verlust, wenn Mangel, wenn Dürftigkeit, wenn unerwartete Störungen einer langen, sichern Ruhe, wenn Vereitlung eurer Hoffnungen und Wünsche sich drängen, und euch mit Befürchtungen über die Zukunft und mit Zweifeln an Gott und Vorsehung quälen — sehet ihr nicht, wie reich solche Zeiten an Anfechtungen jeder Art sind? — Dann darf sich mit solchen Erfahrungen nur noch eine eigenthümliche Stimmung des Geistes verbinden, euer Temperament darf ihren Einflüssen nur einigermaßen günstig seyn; euer rasches Blut darf euch noch zu rascher, unüberlegter That treiben, eure Schwermuth darf in dem äußern Gange eures Lebens nur einen einzigen Stützpunkt finden, eure ängstliche Gewissenhaftigkeit, die sich mit Vorwürfen und Scrupeln plagt, und die sich anschuldigt ohne Ursache, und euch um den Frieden mit Gott bringt — sie darf nur angeregt werden: und die Anfechtung wird euch von allen Seiten umgeben! Dies um so mehr, wenn wirkliche Fehler des Herzens hinzukommen. Wir haben freilich erinnert, daß man die Gründe der Anfechtung weit mehr außer dem Menschen, als in ihm zu suchen gewohnt sey. Dabei aber laßt uns nicht verkennen, daß der Einfluß aller äußern Dinge sich immer nach der jedesmaligen Stellung unseres Herzens richte, und was außer uns geschieht, die Lust und das Leid, das Glück und das Unglück, es kann uns Heilmittel werden oder Verderben bringen, je nachdem die Gesinnung in uns edel oder unedel, gut oder böse ist. Wie bald, wie bald werden wir ein trauriges Spiel äußerer Erscheinungen seyn, wie wird alles uns schlechter machen, selbst das, was so leicht uns dienen konnte zur Züchtigung in der Gerechtigkeit, giebts in uns kein gutes Land, wohin der Saame der Warnung, der Ermahnung, der Wahrheit fallen kann! Es wird uns nicht an Gründen der Beruhigung und des Trostes fehlen, und nicht an Kraft, auszulöschen alle feurige Pfeile des Bösewichts, wenn wir Gott kennen, und ehren, und lieben, und vertrauen. Aber nehmet an, uns sey nichts geringfügiger, als diese Erkenntniß, wir dulden träge an uns die gröbste Unwissenheit über göttliche Dinge; wir entfremden uns dem, von welchem, zu welchen, in welchem alle Dinge sind: wie bald wird die Anfechtung uns nahen! Wenn unser Stolz die Wahrheit nicht hören mag; wenn unsere Zweifelsucht keinen Grund der Beruhigung und des Glaubens gelten läßt; wenn unser Ehrgeiz uns lange die Ehre vor Gott und dem Gewissen verkennen ließ, wenn unsere Ungeduld keine Zucht ertragen mag, wenn unsere Lüsternheit uns zu jedem Treuebruche, zu den niedrigsten Maßregeln, zu jedem Gewaltstreiche geneigt machen — wie werden wir uns wägen und wiegen lassen von jeglichem Winde der Lehre; wie wird die Trostlosigkeit und der Unglaube bei uns einziehen; wie wird die sittliche Kraft gebrochen und der Thorheit und der Sünde und dem Frevel die Thüre geöffnet werden! — Zur Zeit der Anfechtung fallen wir ab!

So kann uns aber auch nichts ernstlicher beschäftigen, als die Sorge, ihre jedesmalige Quellen zu erforschen, und zweckmäßige Mittel zu wählen, um ihr zu begegnen, wobei wir um so thätiger seyn werden, wenn wir nicht vergessen, daß jede siegreich bestandene Anfechtung eine heilsame Uebung unserer Kraft und eine segensvolle Förderung des Lebens sey, das aus Gott ist. Hiermit haben wir die Bemerkungen ausgesprochen, welche wir unserer bisherigen Betrachtung noch beifügen wollten. Vor allen muß uns daran gelegen seyn,

die Quellen kennen zu lernen, aus welchen die Anfechtung hervorgieng, soll der Kampf, zu welchem sie führt, nicht ungewiß und mißlich werden. Mag sie sich noch so überraschend und noch so wunderbar ankündigen: wir haben gezeigt, daß sich Gründe genug nachweisen lassen, um ihre Erscheinung zu erklären. Darum lasset uns redlich forschen, was es sey, wodurch unser Herz bedroht werde. Lasset uns untersuchen, ob die Gebrechlichkeit des Körpers, ob ein langes, lästiges Siechthum unsern Geist verstimmt, unsere Fehler begünstigt, unsere Freudigkeit trübt? Lasset uns untersuchen, welche Eindrücke, die uns nachtheilig werden, wir aus der frühern Jugend in das spätere Alter hinübernahmen, zu welchen sittlichen Gefahren unser Gewerbe, unser Beruf, unser

Umgang, unsere Genüsse, unsere äußern Verhältnisse führen? Lasset uns untersuchen, welche Beschaffenheit unsere Gemüthswelt habe, welches die schwache Seite sey, von der ein Feind unserer Tugend und unserer Gewissensruhe uns am leichtesten beikommt; wohin unsere Neigungen uns ziehen; worauf unsere Bestrebungen gehen; welche Anfechtung unsere Schwäche und unser Hingeben an die Reize sinnlicher Lust am meisten begünstige? Nur bei dieser Kenntniß kann es gelingen,

Mittel gegen sie zu ergreifen, damit sie uns nicht übermanne, wir meinen, zweckmäßige und sichere Mittel, und ausreichend, um das Feld zu behalten und zu stehen im Glauben und männlich und stark zu bleiben. Aus herrschender, selbst aus vorübergehender Krankheit kann die Anfechtung hervorgehen. Es ist von selbst klar, was hier zu thun uns obliege, und wir erwähnen davon nichts weiter. Ehre den Arzt, sagt ein Weiser der Vorzeit, daß du ihn habest zur Noth; denn der Herr hat ihn geschaffen, und die Arznei kommt von dem Höchsten; der Herr läßt die Arznei aus der Erde wachsen, und ein Vernünftiger verachtet sie nicht. Mit der Rückkehr der Gesundheit werden tausend Bedenklichkeiten sich zerstreuen, tausend Zweifel sich in tröstende Hoffnung auflösen, tausend bleiche Gestalten des Kummers und der Sorge sich in freundliche Engel schuldloser Freude verwandeln; tausend Reizungen zur Sünde werden von selbst entfliehen, und der Kampf der Tugend wird sich erleichtern! — Aus der Eigenthümlichkeit unserer Lage und unserer Verhältnisse kann die Anfechtung hervorgehen. Lasset uns nichts versäumen, nichts müsse unbeachtet und unbenutzt bleiben, was schädliche Einflüsse auf uns schwächen und ihre Angriffe auf uns vernichten kann! Ein Geist der Schwermuth hat sich eurer bemächtigt, und er findet Nahrung in eurer Lage. Aber wie viel werdet ihr ausrichten, wenn ihr desto absichtlicher und fleißiger euch mit dem Walten Gottes beschäftigt, der sich aller seiner Werke erbarmt; wenn ihr euch alle Proben seiner Huld vergegenwärtigt, die er euch schon gegeben hat; wenn ihr euch, bei dem Anblicke seiner Werke und in Betrachtung der Herrlichkeit der Natur erheben lernt zu den Bergen, von welchen uns Hilfe kommt; wenn ihr anhaltet am Gebet, das so viel vermag, sobald es ernstlich ist. Euer Geschäftsleben zieht euch unaufhörlich in den Kreis des Gemeinen und Alltäglichen oder euer Wohlstand giebt euch eine

Menge von Mitteln, jede Neigung zu befriedigen, und euch in den Strudel sinnlicher Genüsse zu stürzen. Wie werdet ihr euch waffnen gegen die Anfechtung, wenn ihr desto ernstlicher daran denkt, euch von Zeit zu Zeit zu sammeln und euch auf das Eine zu richten, was Noth ist! Eure Einsamkeit droht euch mit Gefahren, die oft nur zu spät bemerkt und gewürdigt werden, wie sie es verdienen. Wie werdet ihr ihnen glücklich begegnen, wenn ihr euch nur kräftig ermannt, und die Freuden der Geselligkeit nicht verschmäht, die das bürgerliche Leben, und das Wohlwollen und die Freundschaft für euch bereiten! Die Noth kann euch ereilen und die Anfechtung kann mit ihr nahen. Aber wie glücklich werdet ihr sie bekämpfen, wenn ihr Vertrauen zu dem Gotte bewahrt, der alle Haare gezählt hat auf euren Häuptern, wenn ihr nicht vergesset, über Vermögen werde keiner versucht und alle Versuchung müsse ein Ende gewinnen, daß wir es ertragen können, und alle Züchtigung, die, wenn sie da ist, uns nicht Freude, sondern Traurigkeit zu seyn dünkt, endlich doch eine friedsame Frucht der Gerechtigkeit geben, wenn wir durch sie geübt sind! — Aus Fehlern des Herzens kann die Anfechtung hervorgehen. Sind sie schon hartnäckig, haben sie schon verderbliche Früchte getragen; haben sie unser Gewissen verletzt: so wird die Anfechtung nicht ausbleiben. Der Reiz zum Bösen ist da, und es ist ja das eben der entsetzliche Fluch, der auf der Sünde ruht, daß sie Sünde gebiert, und mit jeder neuen Sünde auch neue Schuld und neues Verderben. Ist dies unser Fall — dann lasset uns eilen, und unsere Seele erretten! Oeffnet euch der Reue — nicht der falschen, die uns entrüstet nur über die Strafe, welche uns um der Sünde willen trifft, nur über die Unklugheit, die sich nicht vorsah, um wo möglich, ungestraft zu freveln, oder über Gott selbst, der dem Bösen ein Vergelter ist, die selbst unsere Schuld noch häuft und die den Tod wirkt; öffnet euch der Reue — der wahren und ächten, die euch zwar beugt unter den Gedanken, welche sich in eurem Innren verklagen, aber die euch auch mächtig treibt zu dem Entschlusse: wir wollen uns aufmachen, und wieder zu unserm Vater gehen, und sagen: Vater, wir haben gesündigt vor dir, und die euch den Glauben ergreifen lehrt, daß Gott keinen Gefallen habe am Tode des Sünders, und die auf die

Gnade dessen euch hinweist, welcher keinen hinausstößt, der zu ihm kommt. Kann die Anfechtung da am ersten entstehen, und da am mächtigsten werden, wo ein verletztes Gewissen ihr die Bahn ebnet; so wird sie da am sichersten überwunden, wo ein neuer, heiliger Wille regiert. Es mag die Erziehung euch eine fehlerhafte Richtung gegeben haben; aber wie glücklich werdet ihr sie verbessern, sobald ihr wollt; Irrthum und Unwissenheit mag euch gefährlich seyn — aber wie viel werdet ihr ausrichten, wenn ihr nachzuholen sucht, was früher versäumt ward, und wenn ihr euch nicht abhalten laßt, aus den Quellen der Erkenntniß zu schöpfen, die vor euch geöffnet sind; Thorheiten und Fehler jeder Art haben euch bisher der Anfechtung ausgesetzt; aber was hindert euch denn, an dem Werke eurer Verbesserung zu arbeiten und eure Heiligung mit täglichem Ernste zu schaffen? Furcht und Zweifel haben euch gequält und euer Friede ist in traurigen Gedanken untergegangen; aber wenn ihr euch zu Gott haltet, wenn ihr eins seyd mit ihm, wenn der Geist nun Zeugniß giebt eurem Geiste, daß ihr Gottes Kinder seyd; wie werdet ihr euch erheben, wie werdet ihr die Finsterniß in eurem Innern zerstreuen, wie werdet ihr getrosten Muthes der Anfechtung entgegentreten und sagen:

Weicht, nichtige Gedanken, hin,
Wo ihr habt euren Lauf!
Ich baue jetzt in meinem Sinn
Gott einen Tempel auf.

Werden solche Siege über sie erkämpft, so kann es nicht fehlen, sie ist uns dann zu einer heilsamen Uebung und zu einer segensvollen Förderung des Lebens geworden, welches aus Gott ist. Das ist die Lichtseite, die sie uns zeigen kann. Aufhören können die Anfechtungen nie ganz und unbedingt; sie sind dem gegenwärtigen Zustande der Prüfung und Vorbereitung zu nahe verwandt. Wir werden bei der Beschränktheit unseres Geistes oft um so eher auf Zweifel stoßen, je ernstlicher wir nach der Wahrheit forschen; wir werden die Regungen der Sinnlichkeit fühlen, die uns einmal über das andere zu bethören sucht; wir werden unter dem Wechsel äußerer Verhältnisse, in dunkle, trübe Stunden der Furcht und banger Ahnungen kommen, und nicht immer im vollen Gefühle des freudigen Geistes seyn, der die Unschuld begleitet. Darum ist Niemand unter den Guten, der nicht, wie wir gleich anfänglich bemerkten, über Anfechtungen geklagt, und der sie nicht kennen gelernt hätte, und fast möchten wir bedenklich fragen, ob es dem mit Wahrheit, Tugend und Religion, mit einem lebendigen Glauben, mit redlicher Sorge für ein unvergängliches Heil ein wahrer Ernst sey, der gar nichts von einer Anfechtung weiß, und sie nur in das Gebiet des Aberglaubens und der frommen Schwärmerei verweist. Aber thun wir nur alles, was wir vermögen, und nutzen wir die Mittel des Heils, die uns zu Gebote stehen — welche Uebungen, m. Br., welche Uebungen werden wir dann in der Anfechtung finden! Kann etwas mehr, als sie, euch zu Wachsamkeit ermuntern, und stärker euch warnen, daß, wenn ihr stehet, ihr wohl zusehen möget, nicht zu fallen? Kann etwas mehr, als sie, euch bestimmen, die Mittel, welche das öffentliche und häusliche Leben, welche die Kirche, welche die Vernunft und das Evangelium Jesu euch bieten, zu eurer Heiligung zu benutzen, und so in einem fortwährenden, muthigen Kampfe gerüstet zu bleiben gegen Alles, was den Verstand verfinstern, was das Herz berücken, was euren Bestrebungen eine falsche Richtung geben, was euch Gott und dem Himmel entziehen kann? Und je siegreicher solche Kämpfe bestanden werden, desto mehr müssen eure Kräfte erstarken. Nur in der Uebung und durch die Uebung ist dies möglich. Je öfter sie erfolgt, desto geläufiger wird uns jedes Bemühen, den Sieg zu erringen, und je öfter er errungen wird, desto gewissere Schritte thun wir, desto mehr erhöhet sich der Muth, und auch in dieser Hinsicht bringt die Erfahrung uns Hoffnung. Je öfter wir die Zweifel an der Wahrheit überwinden — desto gewisser wird uns diese; je öfter wir den unheimlichen Geist der Schwermuth und der Verzagtheit bannen — desto ungetrübter wird der innere Friede, je öfter wir die Lockungen der Sünde abweisen — desto reiner wird die Ehrfurcht vor einem heiligen Gesetze, desto inniger unsere Liebe zu Gott hervortreten, desto kindlicher ist unser Vertrauen zu ihm; desto vorgeübter werden wir zu der neuen Laufbahn seyn, die jenseits geöffnet wird!

„Da verließ ihn der Teufel, sagt der Evangelist, und die Engel traten zu ihm und dieneten ihm.“ Mögen die Geister einer andern Welt uns nicht sichtbar umgeben, wenn die Anfechtung besiegt ist: aber das wissen wir, es sind die Engel der Wahrheit und des Friedens, der Liebe und der Hoffnung, die dann uns dienen und trösten; das wissen wir, daß Freude im Himmel ist über jeden glücklichen Kampf, den wir bestanden; das wissen wir, daß jeder Sieg über uns und über die Welt uns vorangehe in die Ewigkeit, und daß die Hand einer gnadenreichen Vergeltung ihn, als ein neues Blatt, einflechte in den Kranz der Unsterblichkeit, der einst auf unser Haupt gesetzt werden soll. Selig ist der Mann, der die Anfechtung erduldet; denn nachdem er bewährt ist, wird er die Krone des Lebens empfangen, welche Gott verheißen hat denen, die ihn lieb haben! Amen.

14.

Das ist der Außenwelt eigen, daß sie uns gewaltig anzieht und den Geist zum Nachdenken weckt. Eine rege Theilnahme an ihren Gestalten und an ihren Veränderungen weiß sie jedem abzunöthigen, bald durch den Liebreiz, womit sie sich schmückt, und durch die Fülle ihrer Gaben, und durch den Segen, welchen sie über Berge und Thäler und Auen und Fluren verbreitet, bald durch die mannichfaltigste Befriedigung, die sie unsren Bedürfnissen bietet, durch die Bequemlichkeiten und Freuden des Lebens, die sie verschafft, bald durch furchtbare Erschütterungen und durch das Hervorbrechen zerstörender Kräfte; bald durch die rege, rastlose Thätigkeit des Menschen, der nie ermüdet, seinen Blick an dem geheimen Walten der Natur zu schärfen, seinen Kunstfleiß an ihren Gaben zu üben, und sie in immer erneueten Formen zu benutzen. Ueberall führt sie uns so Vieles, so Nützliches, so Bewundrungswürdiges vor, daß das bunte, glänzende Farbenspiel ihrer Schöpfungen, daß der Reiz der Mannichfaltigkeit in ihren Veränderungen, daß der vielfache Genuß, den sie gewährt, die Sinnlichkeit immerfort anregt, und — achten wir nicht sorgfältig auf die Einflüsse, die sie auf das Herz hat, so wird es nur zu leicht für das Aeußere allein und ausschließlich gewonnen; der Zug zu ihm geht am Ende in eine unersättliche Genußsucht, in ein ungeregeltes Streben nach den Gütern der Erde und in eine tobende Gewalt der Begierden über. Daß es aber dahin nicht komme, daß die Außenwelt uns nicht beherrsche, dafür sorgt das Bewußtseyn des Edlern in uns, das Gefühl, es gebe Kräfte und Anlagen im Geiste, bei denen er uns weit erhebt über jeden lockenden Genuß, über jede schreckende Erscheinung der Außenwelt; das Gefühl, daß alles Sichtbare an das Gesetz der Nothwendigkeit gebunden sey, daß wir aber einem andern Gesetze, dem Gesetze der sittlichen Freiheit folgen, daß wir aus uns selbst Herrliches hervorbringen, daß wir das ergreifen können, was der Vergänglichkeit nicht anheim fällt. Je mehr sich die Fülle und der Reichthum unserer innern Welt vor uns aufthut, und je glücklicher die Entwicklung geistiger Anlagen und Kräfte fortschreitet, desto mehr werden wir nun auch von dieser Seite her in Anspruch genommen. Was uns dann am meisten fesselt, das liegt in dem unsichtbaren Reiche der Wahrheit, in den Früchten des Denkens und Forschens; in den Bestrebungen, die sich auf das erhabene Ziel sittlicher Vollendung richten. Daher der große Reiz, welchen die Kunst und die Wissenschaft für den Menschen gewinnen; daher der unermüdete Fleiß, mit welchem er den letzten Gründen des Wahren nachzuspüren und jedes Feld des menschlichen Wissens anzubauen sucht. Zu welchen Anstrengungen es hier gekommen, was geleistet sey, wie man alles aufgeboten habe, um dem Geiste, der sich jeder beengenden Fessel zu entwinden strebt, freie Bahn zu machen: das hat die Geschichte gelehrt. Und je mehr es damit gelang, und je mehr wahre Bildung fortschritt, desto klarer mußte ihm seine Bestimmung zur Sittlichkeit werden, desto tiefer ward er von dem seligen Gefühle einer wachsenden Vollendung und einer seligen Vereinigung mit Gott ergriffen, und das, was er seyn, und was er werden soll, stand in erhabener Würde und in seiner Schönheit und in einer überschwänglichen Glorie vor seiner Seele. Was Wunder, wenn sich nun, bei den mannichfachen äußern Hemmungen seiner geistigen und sittlichen Entwicklung, die Sehnsucht nach einem Zustande regte, wo seine Fortschritte leichter und sicherer seyn, und wo sich mit ihnen Genüsse einer Seligkeit verbinden werden, die diese Welt nicht faßt? Er fing daher an, den Blick auf ein besseres Jenseits, auf die Ewigkeit zu richten; in ihrem Schooße, das fühlte er, liege das Beste und Höchste, was ihm zu Theil werden, und was ihm die Erde nicht gewähren könne; er fühlte sich unbefriedigt in ihren engen Schranken; das Gefühl des Fremdseyns auf ihrem Boden ward um so stärker, je stärker ihn die Ahnung des Heimathlichen und eines seligen Zuhauseseyns von jenseit her anweht, wohin das Sterbliche, als solches, nicht kommt, und dessen Schwellen nur das Unsterbliche berühren kann. So wird denn der Zug nach der Außenwelt schwächer — lebendiger aber der Zug nach der Ewigkeit. Doch, diese Bemerkungen reichen nicht hin, um ihn genau genug kennen und würdigen zu lernen. Wie kann auch er sich verirren! Wie unlauter können die Quellen werden, aus welchen er Nahrung zieht! Wie leicht können wir uns zu dem Ewigen gezogen fühlen und uns zugleich an dem Zeitlichen versündigen! Lasset uns diese Augenblicke dazu anwenden, noch etwas tiefer in den Gegenstand einzugehen, auf welchen unsere Aufmerksamkeit schon gerichtet ist.

2. Cor. 5, 7. 8.

So schrieb der Mann, der nach Arbeit und Mühe, nach Drangsal und Gefahr, bei einem tröstenden Rückblicke auf eine Laufbahn, die seine Treue bewährt hatte, und bei den freudigsten Hoffnungen auf eine Zukunft, die ihm seine Krone bewahrte, sich nach der Ruhe sehnte, die dem Volke Gottes vorhanden ist. Das war nicht Muthlosigkeit, nicht Ueberdruß und Ungeduld! — Wie fern davon war dieser Apostel, der zu den größten Anstrengungen im Dienste Jesu bereit stand; es war eine Sehnsucht, wie sie sich in dem Gemüthe des Edlen entrüstet, der für den Himmel gereift ist. Mit ihm haben Tausende diese Sehnsucht getheilt, und

„den Zug nach der Ewigkeit“

gefühlt, dessen wir schon Erwähnung gethan haben, aber oft genug aus Gründen, die wir unmöglich billigen können. Wir machen es uns daher zur Aufgabe, die gewöhnlichsten Quellen desselben näher zu beleuchten. Er kann nämlich aus launenhafter Unzufriedenheit, aus schmerzlichen Erfahrungen, aus Verlangen nach dem, was uns die Ewigkeit genommen hat, aus Schwärmerei, aus Sehnsucht nach Vollendung hervorgehen. Ueber jeden dieser Punkte werden wir einige Erläuterungen beibringen.

Aus launenhafter Unzufriedenheit kann er hervorgehen, jener Zug nach der Ewigkeit. Unmöglich aber können wir eine solche Unzufriedenheit rechtfertigen, wenn sie — nicht etwan blos natürliches Mißbehagen an Verhältnissen ist, die uns drücken, und unsern übrigens reinen und schuldlosen Wünschen zuwider sind, — sondern als herrschende Gesinnung hervortritt, welche alles tadelt und verwirft, was sich in unsern Schicksalen gestaltet; welche sich gegen Gott empört, und undankbar den Werth seiner Gaben verkennt, die nur immer begehrt und immer unbefriedigt murrt. Freilich kann sie oft veranlassende Umstände anführen, welche sie beschönigen, aber sie werden uns bei näherer Prüfung unsittlich und verwerflich erscheinen; wir werden wahrnehmen, eine fehlerhafte Richtung habe das Herz genommen, das nirgends zufrieden zu stellen ist. Und wie launenhaft wird sie, diese Unzufriedenheit, sobald sie die Herrschaft über das Gemüth gewinnt! Wie fängt sie an, sich über alles zu beschweren, über jede Einrichtung der bürgerlichen Verfassung, über jede Lage des häuslichen Lebens, über jede Eigenheit des Menschen, mit welchem der Gang der Dinge näher oder entfernter zusammenführt; sie artet in ein finsteres Schmollen mit der Welt aus, ohne selbst klar zu wissen, was sie will. Wie? ihr solltet nicht Menschen dieser Art gefunden haben, Menschen, denen ihr alles bieten könnt, was das Leben versüßt, denen ihr jeden Wunsch aus ihren Augen zu lesen sucht, um ihn freudig zu erfüllen; für deren Glück sich alles zu vereinigen scheint, und denen dennoch die ganze, weite Erde zu enge ist, und die nirgends einen Platz finden, auf welchem ihnen wohl ist? Mag dieser Zustand aus einem zerrütteten Körper, oder aus frühern, schmerzlichen Täuschungen, die man nicht verwinden mag, oder aus einem verletzten Gewissen, oder aus unersättlichen Begierden der Habsucht und des Ehrgeizes hervorgehen; genug, er findet sich und mit ihm oft genug — ein Zug nach der Ewigkeit. Geht zu Menschen der Art, und sie werden euch sagen, wie herzlich sie sich nach dem sehnen, was jenseits ist; wie sie den Augenblick segnen würden, wo sie der Last des Lebens überhoben, die Ruhe im Grabe finden würden, die sie hier umsonst suchen; wie ihnen keine Botschaft erwünschter kommen könne, als die: Bestelle dein Haus, denn du wirst sterben!

Fühlt ihr einen solchen Zug, m. Br., o, so bitten wir euch, untersuchet, woher er kommt. Wir müssen euch bedauern, wenn Leiden eines zerrütteten Körpers euch der Erde entfremden und euch euer Daseyn auf ihr überlästig machen wollen; aber wir vertrauen mit euch dem, der nicht über Vermögen versuchen läßt; der die Arznei geschaffen hat, der auch eure Leiden erleichtern, der eure Bemühungen um Hilfe und Genesung segnen kann. Untersuchet euer Herz, ob aus sittlichen Fehlern sich eure Sehnsucht nach dem Künftigen entwickelt; und euch dreist macht, den Gott zu tadeln, der ewig die Liebe ist, und der sich an Keinem unbezeugt gelassen hat. Ihr entweihet den hohen, hehren Zug nach der Ewigkeit, wenn ihr den Tod blos als leidige Abhilfe eures Mißbehagens an der Gegenwart anseht, weil sie eure ungeregelte Neigung nicht begünstigt. Die Zerrüttung eures Inneren muß groß seyn, wenn euch, umgeben von unzählbaren Spuren der segnenden Gotteshand, nichts mehr ansprechen kann. Ihr werdet euch einer traurigen Uebersättigung, für welche jeder Reiz zu schwach ward, und die nur Ekel an jedem frühern Genusse findet, einer Entnervung, die für jede Freude unempfänglich ward; einer Veränderlichkeit, die an keinem Punkte festgehalten werden kann, einer Anmaßung, die ihrer Begehrlichkeit nirgends eine Grenze steckt, eines Neides bewußt werden, der keinen neben sich dulden mag und aufkommen läßt. Wird irgend eine Stätte in der großen Schöpfung Gottes euch Ruhe geben, wenn es so mit euch steht, und wenn ihr nichts seyn wollt, als Kinder einer unverständigen Laune, die ihr Spiel mit euch treibt, die euch mit allem unzufrieden, gegen alles mürrisch macht? Können wir euch zu irgend etwas mehr und herzlicher und dringender ermahnen, als dazu, daß ihr acht habet auf euch selbst? daß ihr doch endlich einmal euch sammelt und aufmerksam umherschaut, und schmecken und fühlen lernt, wie gütig der Herr sey, und wie reich er euch gemacht habe, und wie ihr aus seiner Fülle hinnehmen könnt Gnade um Gnade? Können wir aufhören, euch zu ermahnen, daß ihr euch einer Stimmung entreißt, die euer Sehnen nach dem Tode euch zur Sünde und Schuld, die es zum Verräther eurer Thorheit und eurer Verirrungen macht? Daß ihr bedenken lernt, es sey ein großer, es sey der größte Gewinn, wenn ihr gottselig seyd und euch genügen laßt, und wenn ihr alles mit Danksagung empfanget?

Aber freilich, nicht blos die unfreundliche, mürrische Laune, die selbst nicht weiß, was sie will, auch schmerzliche Erfahrungen, die wir gar wohl nachweisen können, führen oft genug den Zug nach der Ewigkeit herbei. Hier ist dann von keiner Einbildung, von keiner, aus körperlichen oder sittlichen Fehkern entsprungenen, düstern und falschen Ansicht der Dinge die Rede; es sind unleugbare Thatsachen in dem Lebensgange, die von dem Gegenwärtigen ab- und hin nach dem Kommenden ziehen. Wenn das Herz empfindlich angegriffen, wenn es in seinen freudigsten Erwartungen mehr als einmal getäuscht ward, wenn alle Lieblingshoffnungen wie Nebelgestalten entschwanden und die Lieblingsfreuden gemordet sind, wie schuldlos und rein sie auch waren: so wird das Leben schwer; so vergrößert sich seine Schattenseite; es wird uns unheimlich zu Muthe, wenn wir immerfort auf Plätze treffen, wo die Leichensteine eines entflohenen Glücks aufgerichtet stehen, und uns traurige Erinnerungen an eine heitere Vergangenheit zurückrufen. Und kommen uns dann vollends Menschen entgegen, die keinen Schmerz verstehen, keinen Blick der tiefen Trauer deuten können; die, anstatt uns zu trösten, die wunde Stelle nur noch wunder reiben, mit ihrer Kälte abschrecken, mit ihrer Rohheit empören, mit ihrem Spotte kränken — dann sucht das Auge spähend nach einem andern Platze, wo der müde Fuß ruhen kann, und sucht es vergebens, und weist endlich das Herz ihn an in dem neuen Himmel und in der neuen Erde, findet es alles in dem Glauben an eine andere Welt — wie kann es uns befremden, wenn gerade diese Lage die geeignetste ist, den Zug nach der Ewigkeit zu unterhalten? Dahin sehnen wir uns alsdann, wo Gerechtigkeit waltet; wo die Liebe wohnt, die rein ist und ohne Falsch, und beständig; wo keine Täuschung blendet, wo die List nicht mehr ihr finsteres Werk treibt; wo Güte und Treue sich ewig begegnen und Gerechtigkeit und Friede sich küssen.

Wir wollen diesen Zug nach der Ewigkeit natürlich nennen. Ueberall sehnt sich ja die Creatur nach ihrer Erlösung; überall treibt der Durst und Drang nach Freiheit von Last und Noth den armen, müden Pilger; und je bitterer die Erfahrung ist; desto heißer wird der Wunsch nach Rettung, und wissen wir sie nirgends sicherer, nirgends befriedigender zu finden, als in der neuen Ordnung der Dinge, wie sollten wir uns nicht dahin sehnen, wo Millionen schon ruhen von ihrer Arbeit und des Lebens Sturm sie nicht mehr berührt? Allein, m. Br., laßt uns nicht vergessen, daß der Zug nach der Ewigkeit, aus dieser Quelle hervorgegangen, demnach eine Seite habe, von welcher er uns ungemein gefährlich werden kann. Er kann Fehler erzeugen, die wir nicht gefürchtet, kann dem Geiste eine Richtung geben, die wir kaum geahnt hätten; er kann einen Unmuth, der sich kaum noch zu verbergen weiß, eine Schwermuth, die sich nicht beherrschen mag, einen Kleinmuth, der sich der Gewalt der Empfindungen Preis giebt; kann einen Lebensüberdruß, der giftig nagt an jeder Freude der Gegenwart und jede Blume entblättert, kann einen ungeregelten Sterbenswunsch erzeugen, der bis zu dem grausen Gedanken sich steigert, ein Daseyn zu verkürzen, das uns drückend wird, und dem Tage zu fluchen, wo wir geboren sind. Ihr wißt es, theure Brüder, dahin ist es so oft schon gekommen, und mit Entsetzen erinnert ihr euch an alle, bei welchen der Zug nach der Ewigkeit zu einem rasenden Hinanstürmen nach ihren Wohnsitzen ward. Darum bitten wir euch, ihr geprüfte Genossen im sterblichen Leben, o, wir bitten euch wachet, betet, seyd stark in dem Herrn und in der Macht seiner Stärke! Wir bestreiten eure Gefühle nicht, wir leugnen eure Erfahrungen nicht; wir geben euch unbedingt zu, eure Klage sey gegründet, eure Erfahrung bitter, eure Erinnerung trübe, eure Aussicht dunkel; ihr möget verloren haben, was keine Zeit zurückgiebt und kein Wechsel des Schicksals ersetzt. Doch, welch Schwert auch durch eure Seele ging, vergesset, wir bitten euch, vergesset nicht, daß dies Leben nur Vorbereitung sey; daß das künftige denen nur Ruhe gebe, die hier gearbeitet, gekämpft, gesiegt — und denen nur eine Ernte im Segen verspreche, die im Segen gesäet haben; daß dieser Zeit Leiden nicht werth seyen der Herrlichkeit, die offenbar werden soll, aber daß sie denen nur eine friedsame Frucht der Gerechtigkeit gewähren, die sich vollbereiten, stärken, kräftigen, gründen ließen; daß, wer gekrönt werden will, recht kämpfen muß. Und je stärker es euch zur Ewigkeit zieht, desto absichtlicher erneuert diese Vorstellungen, und desto ernstlicher haltet euch die unauflösliche Verbindung vor, in welcher beide Welten stehen. „Ich habe Lust abzuscheiden, und bei Christo zu seyn" — schrieb einst derselbe Apostel an seine Gemeinde, dessen stille Sehnsucht, daheim zu seyn bei dem Herrn, sich in den Worten aussprach, die ihr vernommen habt — aber, setzte er hinzu, „um euretwillen ist es besser im Fleische bleiben." Er fühlte den Zug nach der Ewigkeit; lastend ruhte die Gegenwart auf seinen Schultern; schmerzlich waren seine Erfahrungen geworden; des Leidens Christi hatte er schon viel gehabt; allein das alles konnte ihn einer Gegenwart nicht entfremden, der sein Wirken noch angehörte, wie oft und wie tief sie ihn auch gebeugt und mit Undank und Schmach gelohnt hatte. Nicht die Ungeduld soll in dem Aufblicke nach Oben ihre Nahrung suchen; aber das, was er verspricht und erwarten läßt, die Ahnungen einer unvergänglichen Herrlichkeit, welche die Brust heben und das Herz erquicken — sie sollen den Muth entflammen, der uns unentbehrlich ist, wollen wir streben und wirken, wollen wir tragen und dulden, um das Ziel selig zu erreichen; sie sollen uns die Ausdauer verschaffen, die nicht müde wird; sie sollen die Stirn uns kühlen, wenn der Tag heiß wird, und uns seine Last in Vorgefühlen des Feierabends erleichtern, wo der Hausvater seinen Arbeitern ruft und anhebt, vom ersten bis zum letzten, und ihnen den Lohn giebt.

Möge diese Erquickung euch zu Theil werden, die ihr Bitteres erfahren habt, und deren Haare schon lange der Kummer gebleicht hat! Möge sie mit euch ziehen zu euren Kämpfen; möge sie bei euch bleiben auf eurem Schmerzenslager, möge sie eure freudenleere Einsamkeit versüßen. Bewahre euch Gott vor jedem Ueberdruß des Lebens; aber lebendig lasse er die Ueberzeugung in euch bleiben, es sey noch eine Ruhe vorhanden für das Volk Gottes, daß ihr in eurem Laufe nicht ermüdet!

Auch aus dem Verlangen nach dem, was die Ewigkeit uns genommen hat — nach theuern Verstorbenen also — kann der Zug nach ihr hervorgehen. Wir unterscheiden diesen Punkt absichtlich von dem vorigen. Es ist wahr, die Trennung von lieben Menschen gehört zu den Erfahrungen, die am tiefsten verwunden; aber sie hat etwas so eigenthümliches, daß wir sie von jeder andern mit Recht sondern können. Ich will davon nicht reden, daß unersetzlich entzogen ist, was der Tod entzieht, und daß das Grab nie zurückgiebt, was es unersättlich verschlingt. Allein wir dürfen nicht unbemerkt laßen, es sey gerade das was uns das theuerste war — die geistige Nähe des Menschen, was uns nun fehlt; jede Mittheilung zwischen uns und ihm hört auf immer auf; die Lücke füllt nichts aus. Lange Leiden können dem Geschiedenen den Tod zur Wohlthat machen, die Ordnung der Natur kann denselben bei der Schwäche des hohen Alters fordern; wir können ihm nachsehen mit dem Glauben, daß ein neues Leben ihm aufging; wir können uns mit ihm unzertrennlich verbunden fühlen durch das Band der Liebe — aber wir haben ihn nicht mehr bei uns, nicht mehr in der gewohnten Nähe; und doch sehnen wir uns nach dieser Nähe. Darum wird für fühlende Herzen jedes neue Grab, das einem Gliede aus dem traulichen Kreise des Freundschaftsbundes und des Familienlebens gegraben wird, ein Zug nach der Ewigkeit mehr, und immer mehr und immer stärker, je kleiner und enger dieser Kreis wird, je mehr wir anfangen, allein zu stehen unter dem jüngern Geschlechte, das neben uns aufwächst, und jemehr wir uns nur noch unter denen heimisch fühlten, welche die Ewigkeit aufgenommen hat. Jetzt stehen die Zurückgebliebenen einsam mitten unter dem Geräusche der Welt; einsam auf der Stätte, die ihnen sonst so lieb war, weil der, den sie Vater, Mutter, Gatte, Freund nannten, auf ihr wirkte und weilte, sie ist verödet und leer — er ist nicht mehr da! — Seyd ihr in diesem Falle, ist euch schon viel Theueres und Liebes in die andere Welt vorausgegangen, könnet ihr es dort erst wiedertreffen, wo sich im Hochgefühle der Unsterblichkeit aufs neue begrüßt, was der Tod getrennt hatte, und wo ein Band bindet, das kein Wechsel des Schicksals wieder löst — so versteht ihr uns; euer sehnendes Herz hats oft genug hinübergezogen, — denn auch da ist's wahr geworden, wo euer Schatz ist, da wird euer Herz seyn. Glaubet nicht, theuere Freunde, daß wir diese Gefühle verkennen, oder sie mißdeuten. Wir ehren sie und würden bedenklich werden, wenn wir sie irgend wo vermissen sollten; wir wollen darin ein Merkmal eurer Liebe wahrnehmen; wir wünschen euch, wie schmerzlich auch euer Sehnen seyn mag, wir wünschen euch sogar Glück dazu, weil ihr euch sagen könnt, daß dort viele euch vorangingen, die solcher Sehnsucht werth wurden, die euch segnend an den Schwellen der Ewigkeit empfangen werden, wenn ihr selber einst vollendet seyd; die euch viel zu verdanken haben, wie ihr ihnen viel verdankt, und die mit Dankbarkeit von euch schieden, wie ihr ihnen mit Dankbarkeit nachweint. Wie reich seyd ihr vor allen denen, die solche Gefühle nicht verstehen, die in den Geschiedenen, mit welchen sie hier in Berührung kamen, wohl gar ihre Ankläger vor Gott erblicken. Welch ein Trost für euch, wenn ihr euch sagt, noch in der Ewigkeit segnen euch die

Theuern, deren Gräber eure Thräne benetzt, und deren Freude und Hoffnung und Stab ihr gewesen seyd, so lange sie die Pilgerbahn mit euch betraten. — Wir haben euch alles zugegeben, was wir konnten. So laßt uns aber auch eine freundliche Bemerkung aussprechen, die wir nicht verschweigen dürfen. Der Zug nach der Ewigkeit, wenn er aus Verlangen nach denen entspringt, die vor uns geschieden sind, er kann uns engherzig machen; er kann uns allein für die Geschiedenen in Anspruch nehmen, und den Lebenden uns, unsere Kraft, unsere Thätigkeit entziehen — daran müssen wir erinnern und davor müssen wir warnen. Wehe uns, wenn jener Zug uns träge macht in unserm Berufe; wenn er unsern Eifer erschlafft, wenn wir anfangen in sehnsüchtigen Gefühlen zu schwelgen, anstatt in rastlosem Wirken Gutes zu thun, wenn wir den Rest der Kraft in unthätiger Wehmuth verzehren, anstatt sie denen zu widmen, für welche sie uns erhalten ward! Vergesset nicht, daß ihr den Geschiedenen ein sündliches Todtenopfer bringt, wenn euch die Trennung von ihnen der Pflicht ungetreu macht. Wie fromm auch eure Thränen, wie fromm eure Sehnsucht, wie fromm euer Kummer aussehen mag — ihr habt vergessen euch zu demüthigen unter Gottes Hand; ihr murret, ihr bedenkt nicht mehr, daß ein seliges Nachkommen und daß der Triumph des Wiedersehens für euch nur dann möglich sey, wenn ihr fortfahret mit Geduld in guten Werken zu trachten, nach dem ewigen Leben. Nehmet das zum Prüfstein des Werthes, welchen der Zug nach der Ewigkeit hat, den ihr in stillen Stunden wehmüthig süßer Erinnerung fühlt. Er ist dann nur gut und recht, wenn er eure Thätigkeit nicht hemmt, sondern erhöhet; wenn er euch treibt, euch würdig vorzuüben und treu zu seyn, um einst in die Reihen selig Vollendeter einzutreten, wenn ihr das Gute pflegt, was die Geschiedenen begonnen haben, das Nützliche fortbaut, woran sie ihre Kraft setzten, wenn ihr für andere thut und leistet, was jene, über eure Hilfe weit erhaben, nicht mehr bedürfen. So wird, das dürfen wir hinzusetzen, so wird sich der Zug nach der Ewigkeit, von selbst zu den Mitteln gesellen, durch welche die Vorsehung euch den Abschied von der Erde zu erleichtern weiß. Begrüßten doch Tausende ihre Todesstunde mit der Freude des lange genährten, nun bald erfüllten Wunsches, daß sie denen wieder nahe seyn werden, an welchen ihr Herz mit voller Innigkeit hängt; „Herr, riefen sie, Herr nun läßt du deine Diener „in Friede fahren" — ihr Wunsch war gewährt. Bei treuen Knechten ist das möglich, m. Br., aber auch nur bei den treuen! Heil uns, wenn wir zu diesen gehören! Lasse Gott uns sterben des Todes solcher Gerechten, und unser Ende seyn, wie ihr Ende war!

Aus Schwärmerei kann der Zug nach der Ewigkeit geboren werden. In allen Jahrhunderten hat sie ihr Wesen getrieben; sie hat über die traurigsten Verirrungen gebrütet, und Unnatürlichkeiten jeder Art erzeugt, eine Abgestorbenheit für die Gegenwart, welche sich selbst das Nothdürftigste versagte, eine Weltverachtung, die keine Grenze kannte. Sie zeichnete sich ihren eignen Weg zur Vollkommenheit und zum Himmel vor, von welchem weder die Vernunft noch die Schrift etwas weiß, und, anstatt sich im Fleiße guter Werke auf ihn vorzubereiten, verzehrte sich oft genug das Herz in innere Glut überschwänglicher Gefühle, welche man heilig nannte, unterdessen man sie selbst durch die Sinnenreize nährte und unterhielt, gegen welche man in selbst erwähnter Frömmigkeit eiferte. Unthätig und träge gab man sich hin an dunkle Ahnungen der Himmelsnähe, man wollte im Lichte der Unsterblichkeit schon jetzt sehen, was kein Auge des Ungeweiheten sehen, und hören, was sein Ohr nicht hören kann, und durch Thränen und Sehnen die Krone der Ueberwindung verdienen.

Nur erinnern dürfen wir an diese Verirrungen, und die Ueberspannung fällt sogleich in das Auge. Mit Bedauern denkt ihr an alle, die sich so selbst verloren und ein Opfer ihres blinden Wahns geworden sind; an die nutzlosen Leiden, die sie über ihr Leben gebracht, an die Unglücklichen, die sie berückt, und auf ihren verkehrten Weg gezogen, und um tausend frohe Stunden und um das erhebende Bewußtseyn einer segensreichen Wirksamkeit gebracht haben. Auch in unsern Tagen findet ihr noch die frischen Spuren dieser Ueberspannung, und einer Schwärmerei, welche das Licht der Wahrheit scheut, und von nichts, als von Abtödtung des Fleisches, von Verachtung der Welt, von ihrer Nichtigkeit und Eitelkeit spricht, und von euch verlangt, nur Einem Zuge allein — dem Zuge nach der Ewigkeit sollet ihr euch hingeben. — Lasset uns die Geister prüfen, ob sie von Gott sind! Lasset uns nie und nirgends vergessen, alle Creatur Gottes sey gut, wenn sie mit Danksagung empfangen wird! Lasset uns bedenken, Verachtung der Gegenwart, sey Verachtung der Werke Gottes, und schnöder Undank gegen den Weisen, Heiligen und Gütigen, der sie gemacht hat! Lasset uns festhalten an der Ueberzeugung, nicht verwerfen solle der Christ die Gaben, welche die Hand des Vaters gespendet hat, aber würdigen soll er sie, wie sie es verdienen, und brauchen und benutzen soll er sie, um an ihnen Treue zu lernen und an ihnen die Kraft zu entwickeln und zu üben, mit der er einst das Größere zu verwalten berufen ist. Die Zeit ist von Gott, wie die Ewigkeit, die uns aufnehmen wird, die Erde ist sein Werk, wie der Himmel es ist. Wir werden für diesen nicht taugen, haben wir ihn über jene vergessen; aber wir werden für ihn eben so wenig taugen, ist uns jene mit allen ihren Vorbereitungen und Uebungen verloren gegangen. Es ist Ein Leben, welches wir leben, sey es hier oder dort, und wollen wir scheiden, was Gott zusammen gefügt hat; wollen wir die erste Stufe des Wirkens überspringen, um die höhere zu erreichen: so wollen wir die heilige Ordnung zerstören; wollen Schranken durchbrechen, welche die Vorsehung gesetzt hat; so verlieren wir die Frucht, die nur in stufenweiser Entwicklung des Geistes reifen konnte; wir wollten ärnten, wo wir nicht gesäet, schneiden, wo wir nicht gepflanzt haben. Fühlt ihr den Zug nach der Ewigkeit — dann prüfet seine Quelle! Er ist das Grab alles Lebensgenusses und aller gemeinnützigen Thätigkeit, wenn die Schwärmerei ihn unterhält.

Doch wie wollen wir uns seiner freuen, wie gern wollen wir ihn als Zeichen wahrer Weisheit und einer glücklichen Verfassung des Herzens, als Beweis eines himmlischen Sinnes, als Folge und Lohn einer fröhlich gedeihenden sittlichen Vollendung, als Triumph des Glaubens und der Hoffnung gelten lassen, wenn er aus richtiger Erkenntniß von dem Werthe zeitlicher und ewiger Güter, wenn er aus Durst nach höherer Einsicht, nach reinerer Tugend, nach freierer, größerer Wirksamkeit, wenn er aus ungeheucheltem Verlangen, nach inniger Gemeinschaft mit Gott und Jesu, mit allem Edlen und Guten hervorgeht — und wenn er uns mächtig begeistert, um desto entschlossener und unermüdeter hinanzustreben nach den Wohnsitzen der Wahrheit und der Seligkeit, wo die Palme der Ueberwindung unserer wartet; um desto thätiger im Guten zu seyn, weil in sie nur die geübte Tugend und die thätige Liebe — um desto sorglicher zu seyn, daß Christus in uns eine Gestalt gewinne, weil in sie, in die Wohnungen des Friedens nur der Jünger eingehen kann, welcher, wie er, das Werk vollendete, das der Vater gegeben hatte. O, wie glücklich preisen wir euch, die ihr einen solchen Zug nach der Ewigkeit, aus solchen Quellen, mit solchen Wirkungen längst schon fühlt! Und er wird, er kann nicht fehlen bei euch, die ihr der Vollendung rastlos entgegen strebt. Gerade ihr fühlt eure Gebrechlichkeit am stärksten; ihr klagt am meisten über die Beschränkung eures Wissens, das ihr erweitern wollt, über die Schwäche eures Willens, den ihr heiligen wollt, über die Hemmungen eures Wirkens, dem ihr mit vollem Eifer obliegen wollt. Wie kann euch der Zug dahin fehlen, wo ihr erkennen werdet, gleich wie ihr erkannt seyd, wo die Schwäche eurer Natur euch nicht mehr drückt; wo die Tugend in einem Lichtglanze erscheint, in welchem das sterbliche Auge sie nicht erblickt; wo das Größere glücklich vollendet wird, nach welchem eure Thatkraft sich sehnt! Welche Tröstungen wird ein solcher Zug nach dem Ewigen euch gewähren! Wie wird er die Tage euch verklären, die euch hier noch aufgehen sollen! Welch einen Vorschmack künftiger Herrlichkeit wird er euch geben, wenn euch um Trost sehr bange werden will! Welche Siege wird er euch erringen lassen über euch und über jede Macht der Vergänglichkeit! Ihr habt dann schon geschmeckt die Kräfte der zukünftigen Welt; ihr seyd schon empfänglich für das Beste, was ein Menschenherz im Lande des Staubes und der Gräber fühlen kann, ihr könnet es nicht wegwerfen gegen täuschenden Trug der Sinne und der Sünde; ihr wandelt gleichsam in stetem Anschauen Gottes, und säumt nun nicht mehr, die Schätze zu mehren, welche Motten und Rost nicht fressen und nach welchem die Diebe nicht graben und stehlen. So reift ihr der Ewigkeit entgegen, nach der es euch zieht; nun wird euer Streben euch zum Gewinn, und ihr scheidet in Frieden; der Augenblick ist da, nach dem ihr euch sehntet; die Zeugen eures Todes stehen um euch her, und lernen, von euch, wie ein Christ sterben kann; die Töne ihrer Liebe berühren euer Ohr nicht mehr, aber in den innersten Tiefen des Gemüths hört ihr die Stimme des Freundes, der eure Stätte euch bereitet hat: „Ich komme bald!" und ihr antwortet im seligen Entzücken: „Ja, komm, Herr Jesu!" Amen.

15.

So schwer es oft fällt, in unsern Verlegenheiten einen guten Rath zu finden, so wenig fehlt es an Rathgebern überhaupt. Nicht so wohl über den Mangel derselben, desto häufiger aber über ihre Brauchbarkeit und Güte werden wir zu klagen Veranlassung haben. Denn drängt sich nicht um uns her ein Heer von Rathgebern, so bald wir sie nur hören wollen? Weiß nicht jeder etwas zu sagen, um uns zuletzt nur noch mehr zu verwirren? Ist es nicht bald Gutmüthigkeit, die gern nützen möchte, bald Geschwätzigkeit, die überall mitsprechen, bald Eitelkeit, die nur glänzen und ihre Kenntnisse und Erfahrungen zur Scheu tragen, bald Anmaßung, die sich in alles mischen und in jedes Verhältniß sich eindrängen will, was so viele zu unberufenen Rathgebern macht? In wie vielen Fällen würde man schweigen, hätte man die Wichtigkeit eines guten Rathes beherzigt; hätte man ernstlich erwogen, wie groß die Nachtheile seyen, die ein unzweckmäßiger, thöriger, übereilter Rath bringen kann; man würde vorsichtiger zu Werke gehen, man würde da nur rathen, wo man der Begründung, der Brauchbarkeit und der Zweckmäßigkeit seiner Vorschläge gewiß ist. Wie viele sind für ihr ganzes Leben elend geworden, weil sie unbesonnenen Rathgebern folgten! Wie viele liegen lange schon im Grabe, weil sie Unwissenden Gehör gaben, die ihnen die unpassendsten Heilmittel vorschlugen, und eine Stimme in einer Angelegenheit führen wollten, von der sie nichts verstanden, und die weise Regel vergaßen: Was deines Amts nicht ist, da laß deinen Vorwitz! Wie viele haben die Bahn der Frömmigkeit verlassen, weil sie auf Rathgeber achteten, welche weder nach Pflicht noch Gewissen fragten, ohne zu ahnen, daß sie bald genug Kinder der Hölle seyn würden zwiefältig mehr, als die, deren Rath sie befolgten, ein Rath der Sünde, welcher sie um ihre Unschuld und um den Frieden ihres Gewissens betrogen hat. Hier treffen wir auf einem Punkt, den wir am wenigsten übersehn dürfen. Es finden sich unter der Menge von Rathschlägen, die wir abzuweisen Ursache haben, auch solche, die auf Kosten der Pflicht gegeben werden, und die früh genug eine beklagenswerthe, sittliche Verschlimmerung zu Folge haben, wenn uns die Klugheit gebricht, sie gehörig zu würdigen, und der Muth, ihnen mit fester Entschlossenheit entgegenzutreten. Wir bedürfen daher Vorsicht, bei jedem Rathe, den man uns ertheilt; Weisheit bei der Wahl derer, die wir zu Rathgebern uns ersehen, und weise wollen wir den nennen, und glücklich den preisen, der diese Vorsicht bewahrt, und der in dieser Wahl sich nicht betrügt. Möge die Wichtigkeit des Gegenstandes eure Aufmerksamkeit in Anspruch nehmen, wenn wir jetzt bei der gefährlichsten Art aller Rathschläge, bei denen nämlich stehen bleiben, welche uns auf Kosten der Pflicht gegeben werden!

Matth. 16. 21 — 23.

Wie gut gemeint war der Rath des Apostels, aber wie unvereinbar mit dem Werke, das der Herr zu vollenden bereit stand! Welch ein Rath für den, der es für seine Speise erklärte, den Willen des Vaters zu thun, und dem es nicht darauf ankam, daß er sich dienen lasse, sondern daß er diene und selbst sein Leben gebe zur Erlösung eines sündigen Geschlechts! Wundert euch nicht über den Ernst, mit welchem sich der Herr gegen den Jünger aussprach, der damals nur an einem Vortheil des Augenblicks, nicht an die Erreichung eines heiligen Zwecks dachte, nur nach menschlichen, irrigen Ansichten, nicht dem weisen unveränderlichen göttlichen Plane gemäß urtheilte, der durch Jesum ausgeführt werden sollte. Näher kann uns die Veranlassung nicht liegen, als hier, um zu euch

„über die Rathschläge zu sprechen, welche uns auf Kosten der Pflicht gegeben werden."

Laßt uns über die Beschaffenheit derselben, über ihre Quellen, über das Verhalten, das wir dabei zu beweisen haben, und über die Mittel nachdenken,

die sich anwenden lassen, um den Gefahren zu entgehen, womit sie uns bedrohen.

Schon die Beschaffenheit jener Rathschläge verdient alle Aufmerksamkeit. Denn, hören wir die Erfahrung, so überzeugen wir uns, daß sie sehr häufig im Leben vorkommen, also sehr gewöhnlich sind; achten wir aber auf ihre Wirkungen, so erscheinen sie als äußerst gefährlich.

Sehr gewöhnlich sind sie, das müssen wir mit Wehmuth gestehen. Ueberall finden wir Menschen, die uns bald heuchlerisch, unter dem Scheine des Rechts und der Wahrheitsliebe, durch halbe Worte und durch verstohlne Winke zuflistern, man könne in einer Welt, wie die gegenwärtige ist, nicht immer auf dem geraden Wege zum Ziele kommen, bald unverhohlen heraussagen, es sey Thorheit und fromme Einfalt, wolle man es immer mit der Pflicht so ganz genau nehmen. Wir dürfen in Verlegenheiten seyn, aus denen wir uns nicht zu finden, oder eine Strafe fürchten, der wir nicht zu entgehen wissen, und man wird uns sagen, daß wir unsere Zuflucht zur Lüge und zum Meineid zu nehmen haben. Wir können ungewiß seyn, wie wir diesen auf unsere Seite bringen, um in unsern Plan einzugehen, jenen für uns gewinnen, um ihm ein Versprechen abzulocken, das er zu geben Bedenken trägt; und man wird uns rathen, ihn zur Trunkenheit zu verleiten und ihn zu überlisten, wenn er seiner nicht mächtig ist. Wir streben nach Vortheilen, die wir bei gewissenhafter Thätigkeit zu erlangen nicht im Stande sind: man wird uns rathen den Widerwillen gegen List, Veruntreuung und Unterschleif, als Grillen schwacher Geister zu belachen, und zu übervortheilen und zu betrügen, wo sich Gelegenheit zeigt. Wir suchen die Gunst eines Menschen bei dem wir unser Brod finden können, und der Weg zu ihm und zu der Anstellung, die von ihm abhängt, ist uns verschlossen: man wird uns rathen, selbst die Niederträchtigkeit nicht zu scheuen, seine alten, redlichen Diener zu verleumden und verdächtig zu machen, sie um das Vertrauen ihres Herrn und uns in ihre Stelle zu bringen. Die Sünde ist reich an Aushilfen und an Mitteln zu ihren Absichten, darum auch reich an Rathschlägen, welche sie auf Kosten der Pflicht zu geben versteht; sie regt sich überall, darum treffen wir auch so häufig auf den Rath, den sie geboren hat.

Aber wie gefährlich ist er! Wieder ist es die Sünde, deren falsche Klugheit ihm einen eigenthümlichen Zauber zu leihen versteht. Sie wird eure eignen Neigungen aufrufen, eure Begierden wecken, eure Leidenschaften anregen, und kommen die ihr schon auf halbem Wege entgegen: wie geschäftig werden sie seyn, den bösen Rath zu unterstützen, und ihn bei euch zu empfehlen! Er wird Eingang finden, ehe ihr es euch verseht, ist nur das Herz erst lüstern geworden. Man wird den Rath, den man giebt, bald mit euren Ansichten auszusöhnen, und ihn mit Grundsätzen zu vereinigen wissen, die das Laster beschönigen und gut heißen. Wie oft war es der Dünkel, in der Gesellschaft klug zu erscheinen und als guter Kopf zu glänzen, der solch einen Rath billigen hieß, und die Schwäche, die sich schämte, den offnen Weg der Pflichttreue zu gehen, weil sie das Hohngelächter des Lasters nicht tragen mochte, und allein nach dem Lobe derer geizte, die den Werth des Menschen nicht nach seinem frommen Herzen, sondern nach seiner Weltklugheit messen, und die sich dann nur geehrt glauben, wenn sie, als Kinder dieser Welt eine ausgezeichnete Rolle in ihrem Geschlechte spielen. Findet der Rath der Bösen einen Anhaltungspunkt in eurem Ehrgeize, in eurer Rachsucht, in eurer Bequemlichkeit, in eurer Trägheit, begünstigt er euren Hang zu verbotenen Genüssen: o, ihr werdet, auf der schwachen Seite gefaßt, auch geneigt seyn, jede Ausflucht hervor zu suchen, die den Eingebungen eurer Rathgeber ein leichtes Spiel machet. Ist dann vollends die äußere Noth dringend, über die man sich hundert mal schon in den Gemeinplätzen aussprach, daß sie kein Gebot habe, und daß jeder sich selbst der Nächste sey; quält euch die bange Furcht vor einer noch trübern Zukunft, könnt ihr Furcht und Noth, mit Einem Schlage, beseitigen, wenn ihr dem Rathgeber folgt, der auf Kosten der Pflicht euch zu dienen bereit steht: so wächst die Gefahr mit eurer Ungeduld und mit eurer Muthlosigkeit, und wohin kann sie euch führen! Was hat so viele zu Verräthern an der Wahrheit und Treue, an Liebe und Freundschaft gemacht, was hat sie mit den Brandmalen ungerechter Haushalter gestempelt; was hat sie zu zweizüngigen Verläumdern erniedrigt, was sie zum Kindermorde, zum Raube, zu Ränken der Bosheit verleitet, die das Glück ganzer Familien, und — traten die Verhältnisse begünstigend hinzu, — das Glück ganzer Länder verheerten? was hat sie selbst so oft um den gehofften Preis gebracht, um den sie buhlten, und sie zuletzt in Schmach und Elend untergehen, und mit Kummer in die Grube fahren lassen? — Es waren Rathschläge auf Kosten der Pflicht!

Je häufiger sie aber sind und je leichter sie uns gefährlich werden können, desto mehr liegt es uns ob, nach ihren Quellen zu forschen, die wir bald in unserer eigenen, bald in der sittlichen Fehlerhaftigkeit anderer finden werden.

Wir sind unsere nächsten und ersten Rathgeber, m. Z., und dürfen es uns nicht verheimlichen, daß wir uns gewöhnlich selbst schon gerathen haben, wenn wir uns bemühen, noch die Stimme und das Urtheil eines andern zu vernehmen. So kann denn, es wird sogar der böse Rath zunächst von uns ausgehen, so bald Unordnung in unserm Innern vorherrschend ist — eine demüthigende, aber unleugbare Behauptung! Denn ist die Sünde nicht immer geschäftig? Ist das Herz nicht erfinderisch, so bald es darauf ankommt, den Forderungen der Pflicht auszuweichen, und die Mahnungen des Gewissens zu übertäuben? Fehlt es, uns dann überdies noch an richtiger Erkenntniß des heiligen Gesetzes; ist das sittliche Gefühl durch herrschende Mängel in unserer Erziehung, durch Lebensverhältnisse, durch Beispiele der Rohheit und des Lasters abgestumpft; haben wir es uns noch nie klar genug gemacht, daß wir um des Gewissens willen alles für Schaden achten sollen, was mit dem Beifalle des Allwissenden nicht vereinbar ist; wähnen wir noch, am Gängelbande des Leichtsinns hingehalten, daß sich mit dem Gesetze wohl ein Abkommen treffen lasse, daß es nichts weniger, als unbedingt und nothwendig gebiete, und daß wir zuletzt auch zwei Herren dienen können: so bringen wir Böses — bringen also auch böse Rathschläge hervor aus dem bösen Schatze des Herzens; so werden wir diese Rathschläge, die wir auf Kosten der Pflicht uns gegeben haben, bemänteln und ausschmücken, bis sie Alles verlieren, was sie dem Ueberreste unserer Ehrfurcht vor Gott noch verdächtig und zuwider macht. Nehmet nun hinzu, wie geschäftig die Fehlerhaftigkeit anderer sey, uns auf gleiche Weise zu rathen! Schon ihre unzeitige und unverständige Liebe kann sie mit dieser Schuld belasten. Als der Herr seinen Jüngern zeigte, wie er müsse hin gen Jerusalem gehen, und viel leiden bei den Aeltesten und Hohenpriestern und Schriftgelehrten und getödtet werden, und Petrus ihn zu sich nahm und sprach: Herr schone dein selbst! Das widerfahre dir nur nicht! so war es unverkennbare Theilnahme an dem Schicksale des göttlichen Meisters, die den Apostel so besorgt um Alles machte, was dem Leben desselben Gefahr drohte. Aber unzeitig war diese Liebe dennoch! Der Herr weist ihn zurück; und verhehlt ihm nicht, „er denke nicht was göttlich, sondern was menschlich sey." Könnet ihr nicht ähnliche Fälle genug aus eurem Leben nachweisen? Man will theuere Freunde begünstigen, man will geliebten Kindern und nahen Verwandten helfen, man will eine Gefahr, die dem Nachbarhause droht, von ihm abwenden, man will gern eine Noth lindern, eine Kummerthräne trocknen, und man billigt nun jeden Weg, man entschuldigt jedes Mittel mit der guten Absicht, man findet, bei dem Drange des vollen, liebenden Herzens, am Ende alles gerechtfertigt, das Fehlerhafte, gut, das Ungerechte, gerecht, das Unheilige, heilig und rein; man vergißt, daß man Gott mehr gehorchen solle, als den Menschen, und als allen Forderungen der Verhältnisse, wären sie auch die innigsten und theuersten; man überredet sich, daß die Liebe das Ungöttliche zum Göttlichen machen werde, und — man rathet auf Kosten der Pflicht! — Das wird um so mehr der Fall seyn, wenn der Eigennutz sich ins Spiel mischt, wenn der Rathgeber nur seine eignen Zwecke verfolgt, und Vortheile aus der Pflichtverletzung ziehen will, zu der er uns veranlaßt.

Hat er Entwürfe für seinen eignen Ehrgeitz gemacht, die ihm gelingen können so bald ihr euch hebt; glaubt er für seinen Wohlstand zu gewinnen, so bald euer Glück aufblüht, und hängt seine Hoffnung von der eurigen ab — welch eine Versuchung für ihn, euch selbst auf Kosten der Pflicht zu rathen! Der Eigennutz wagt das Aeußerste, wenn er herrscht; er durchbricht jede Schranke des Rechts, er achtet kein Gesetz der Wahrheit; ihm gilt es gleich, ob wir Brandmale im Gewissen tragen, und früher oder später die Beute schmerzlicher Reue werden — kann er sich nur bereichern. — Aber fürchtet nicht ihn allein! Rathschläge auf Kosten der Pflicht erzeugen sich aus jedem Laster, wie es auch Namen hat. Habt ihr es mit Menschen zu thun, die Gott nicht fürchten und lange schon die Achtung aus dem Herzen verloren, die sie seinem heiligen Gebote schuldig sind, und die kein Gesetz erkennen wollen, als das Gesetz ihrer Willkühr und ihrer Neigung: so kann es euch keinen Augenblick befremden, wenn sie sich über die Rathschläge, die sie euch geben, nicht mit Gott besprechen, an den sie nicht denken wollen; wenn sie das Heiligthum des Gewissens nicht schonen; wenn sie keinen Anstand nehmen, zu Verräthern an eurer Seele zu werden, da sie ihre eigne verrathen. Sie werden euch jede Lüge, jeden Betrug, jede Hinterlist, jede Untreue, jede Gewaltthätigkeit empfehlen, so bald sie nur zu dem Zwecke führen, der eben erreicht werden soll. Vor unserer eignen und vor fremder Fehlerhaftigkeit haben wir uns zu fürchten, wenn wir einen Rath vernehmen.

Doch wir werden den Gefahren ausweichen, womit sie uns bedrohen, gewinnen wir nur das über uns, daß wir sie nach den Regeln der Vernunft und des Gewissens prüfen — und sind wir nur entschlossen, sie auf der Stelle zu verwerfen, so bald ihre Unsittlichkeit uns klar wird.

Prüfen, m. Br., prüfen sollen wir die Geister, ob sie von Gott sind? Darum bitten wir euch, steht nicht stille bei der Frage, ob der Rath klug sey? den man euch giebt; die erste aller Fragen bleibt immer die: „Ists auch recht"? Denkt daran nicht allein, daß ihr eure Absichten mit Sicherheit erreicht: gebt euch Auskunft über die Mittel, die ihr ergreift, und sehet zu, ob der Weg, den ihr einschlagt, die Billigung des innern Richters habe. Aus eurem eignen Herzen könnet ihr den Rath entlehnen; aber trauet diesem Herzen nicht unbedingt, es rathet oft das Schlimmste! Unzeitige Liebe eurer Freunde kann zu euch reden, aber sie redet leicht, was nicht recht ist vor Gott; der Eigennutz kann euch einen Anschlag geben; prüfet mit Ernst und Strenge, denn er kümmert sich wenig um das Heilige; habt ihr es mit Menschen zu thun, gegen deren Sinn ihr mißtrauisch seyn müßt, seyd auf eurer Hut, und prüfet, denn das Laster rathet ohne Scheu das Arge und Böse. Und können denn die Rathschläge in dieser Prüfung nicht bestehen, und halten sie die Probe nicht,

so habt den Muth, sie auf der Stelle zu verwerfen. Das Beispiel eures Herrn steht euch vor Augen. Haben wir dazu noch nicht Entschlossenheit; können wir noch zaudern, nur einen Augenblick noch anstehen, ob wir bösem Rathe folgen wollen oder nicht? so schwanken wir schon in der Treue; so sind wir schon halb besiegt; so ist unser Herz schon zwischen Göttlichem und Menschlichem getheilt, so wächst, mit jedem Athemzuge, die Gefahr, die uns mit Sünde und Abfall vom Glauben und mit Verbrechen jeder Art bedroht. Wollet ihr euch retten, so wendet euer Ohr von den Tönen, die euch verwirren und euch bestechen, und stellt das Herz nicht blos, das so leicht gewonnen und verleitet ist. Denn je länger ihr auf den Rath hört, der auf Kosten der Pflicht gegeben wird, je klarer euch die Vortheile vor Augen treten, welche die Befolgung desselben verspricht, je mehr eure Einbildungskraft Zeit gewinnt, sie auszuschmücken und zu vergrößern: desto mächtiger wird die Begierde, desto furchtbarer die Gewalt, womit sie den Rath unterstützt, der nahe und leichte

Befriedigung verspricht. Je bestimmter und entschlossener wir ihn dagegen, ohne zu zögern, abweisen, je schneller wir den Vorsatz erneuern, die Parthei des guten Gewissens nimmermehr zu verlassen, je sorgfältiger wir uns hüten, das dem was diesen Vorsatz stärken kann, nichts von seinem Einflusse geraubt werde: desto leichter und desto gewisser ist der Sieg. Diese schnelle, kräftige Selbstbestimmung war es, wodurch die glücklichsten Kämpfer in jeder Zeit sich den Weg zur Krone der Ueberwindung bahnten. „Wie sollte ich ein solch großes Uebel thun, und wider Gott sündigen?“ mit dem Grundsatze gewaffnet traten sie dem Versucher entgegen, und er floh von ihnen.

Freilich dringt sich dabei der Gedanke unwiderstehlich auf, daß jene Weisheit im Prüfen und diese Entschlossenheit im Handeln schon ungemein viel im Menschen voraussetze. Ganz nahe liegt daher noch

die Frage: welcher Mittel wir uns zu bedienen haben, um ein solches Verhalten bei Rathschlägen zu beweisen, die uns auf Kosten der Pflicht gegeben werden? Und können wir euch da sicherere Mittel nachweisen, als die, welche sich in sorgfältiger Behauptung der Vorsicht und Besonnenheit — in dem Anschauen ehrwürdiger Tugendmuster — in früher Gewöhnung zur tiefsten Achtung vor dem Gebote der Pflicht und zu einer fortwährenden Richtung der Seele auf Gott finden lassen?

Ihr habt schon unendlich viel gewonnen, wenn ihr euch zur Vorsicht und Besonnenheit gewöhnt. Ach, das leichtsinnige Hingeben an die Menschen, das unbedingte Vertrauen, womit man sich ihnen in die Arme warf, jene Ueberschätzung geachteter und geliebter Personen, bei der man vergaß, auch sie seien nur schwache, dem Irrthume unterworfene Geschöpfe, und selbst ihre unzeitige Vorliebe für uns, könne ihnen einen sehr zweideutigen, die Sittlichkeit gefährdenden Rath entlocken — wie vielen hat diese Schwäche die Augen verschlossen, daß sie nicht umhersahen, nicht alles, was ihnen gerathen ward, an den sichern Prüfstein der Vernunft und des Evangeliums hielten; sie hörten — sie folgten — sie sündigten! Wie viele, wie viele haben es zu spät bereut, daß sie sich in träger Sicherheit abhängig machten von denen, deren weites Gewissen jede Untersuchung über Wahrheit und Recht längst schon für das entbehrlichste aller Geschäfte erklärt hat, und daß sie nie nachfragten, wes Geistes Kinder die seyen, in derer Umgebung sie leben, und unter deren Einfluß sie stehen! Sind wir vorsichtig und besonnen, so ändert sich das, so bleiben wir überall auf unserer Huth; so prüfen wir alles, um das Gute, und das allein nur, zu behalten; so haben wir uns überzeugt, daß der scheinbar klügste Rath, wenn er die Pflicht verletzt, doch nur Thorheit sey vor dem Richterstuhle der Vernunft, und daß bei seiner Befolgung nur das Kleine fürs Große, das Ungewisse fürs Sichere, das Vergängliche fürs Bleibende gewonnen werde, so haben wir uns schon gewöhnt, unsere besten treuesten Freunde in denen zu sehen, die nicht nur unsere Wohlfahrt auf der Erde suchen, sondern uns vor allem zuerst nach Gottes Reiche und seiner Gerechtigkeit trachten lehren, und die es selbst beherzigen, und die es uns zu beherzigen geben, es helfe dem Menschen nichts, wenn er die ganze Welt gewönne und doch Schaden nehme an seiner Seele, denn die Welt vergehe mit ihrer Lust, und nur, wer den Willen Gottes thut, der bleibe in Ewigkeit!

Welche Dienste wird euch überdies das Anschauen ehrwürdiger Tugendmuster leisten; wie wird es jeden Vorwand entkräften, wodurch sich die Trägheit, gern entschuldigt, wie wird es euch befeuern und ermuthigen, das lockendste Glück von euch zu weisen, läßt es sich nur durch die Befolgung eines Raths erzielen, der gewissenlos gegeben ward! Wie diese Muster des umsichtigen Ernstes, der Entschlossenheit, der unbestechlichen Treue, unsern Leichtsinn, unsere Schwäche, unsern Wankelmuth beschämen, wie sie zeigen können, was der vermöge, der das Gute ernstlich will — das bedarf der Erinnerung nicht. Und es fehlt an solchen Beispielen nicht! Ueberall, treffet ihr Kämpfer, deren Namen ihr mit tiefer Achtung nennt, auf die ihr hinweisen, von denen ihr sagen dürft: Schauet ihr Ende an und folget ihrem Glauben nach. Die Geschichte der Religion, die Geschichte der Staaten, die alte und neue Zeit, stellen Beispiele des festen, unerschütterlichen Gehorsams auf, der bereit war, der Pflicht jedes Opfer zu bringen, und jedes äußere Glück, wie es auch der Sinnlichkeit schmeicheln mogte, eher zu verlieren, und Armuth und Schmach, und Bande und Kerker zu tragen, ehe er von Gott gewichen wäre. Auf diesen Haufen von Zeugen wollen wir blicken, und lernen, daß wir das Schwierigste vermögen durch den, der uns mächtig macht — und vor Allem laßt uns aufsehen auf den Anfänger und Vollender unseres Glaubens, auf ihn, der treu war in Allem, der mit heiligem Unwillen jeden Rath zurückwies, welcher das Göttliche nicht achtete, das er wollte und bezweckte; der die Wahrheit versiegelt hat mit seinem Blute, und uns ein Vorbild gelassen hat, daß wir nachfolgen seinen Fußtapfen! Wie? Nach seinen Namen wollten wir uns nennen, seine Jünger wollten wir heißen, unser Heil wollten wir hoffen durch ihn, ohne den Weg zu betreten, auf welchen er gieng? Wer Christi Geist nicht hat, der ist nicht sein — und wer da sagt, daß er in ihm bleibe, der soll auch wandeln, gleichwie er gewandelt hat! — Möge sein Bild, das Bild des heiligen Gottes, uns umschweben, wenn das eigne Herz, wenn der fremde Mund uns einen Rath giebt, der nur auf Kosten der Pflicht gegeben wird! Und es wird uns umschweben o, wir werden ihn — wir werden manchen Zeugen der Wahrheit, manchen muthigen Kämpfer auf der Laufbahn der Pflicht im Gedächtnisse behalten, wir werden vorsichtig und besonnen bleiben, je mehr wir uns

gewöhnen, die tiefste Achtung vor dem Pflichtgebote zu bewahren. Es ist wahr, die Sünde kann das Licht in uns einen Augenblick verdunkeln; aber hatte es schon längst die Nahrung erhalten, deren es bedarf, auslöschen wird sie es dann nicht. Ist eure innere Verfassung gut — man kann euch locken, man kann euch überreden wollen zu dem, was euer Gewissen mißbilligt — aber ihr tragt eine Schutzwehr in euch, die man wohl angreifen — nur nicht überwältigen wird. Dann erst, wenn ihr selbst diese Schutzwehr wegwerft, und nicht mehr gerüstet seyn wollt, erst dann gebt ihr euch bösen Rathgebern Preis. Dann werdet ihr sie und ihre Vorschläge prüfen und ihren wahren Gehalt unpartheiisch würdigen; werdet ihr, was sie Böses empfanden, entschlossen verwerfen, werdet ihr in der Versuchung bestehen, wenn das Gebot der Pflicht euch nicht über alles geht, und ihr euch nicht gewöhnt habt, euch und euren Willen, unbedingt, unter seinen Forderungen zu beugen? Nur, wo es euch gilt, was es gelten soll, wo es die höchste, unverletzbare Regel eures ganzen Denkens und Handelns ward, da entwickelt sich von selbst die Wachsamkeit und Vorsicht, der ihr nöthig habt, wenn der Abscheu gegen jeden Rath, der auf Kosten der Pflicht gegeben wird, lebendig bleiben und den Sieg euch gewiß machen soll. — Darauf freilich werden wir erst dann mit vollem Vertrauen rechnen,

wenn wir Gott, den allwissenden Zeugen unseres Wollens und Thuns, und den gerechten Vergelter aller Lebendigen, vor Augen und im Herzen behalten. Was kann ernstlicher warnen, was mehr ermuthigen, was höher begeistern für das Festhalten am Guten, als der Gedanke an Gott? Manches vielleicht werden wir verlieren, manches aufopfern, manches dulden müssen, wenn wir den Rath auf Kosten der Pflicht nicht achten; man wird uns Thoren nennen und für Einfältige halten, die sich nicht in die Welt zu schicken und zu finden wissen, wird uns für schwache Köpfe erklären, die ihren Vortheil nicht verstehen. Aber wir söhnen uns mit der bittersten Erfahrung aus, haben wir Glauben an Gott; es ist uns nichts zu schwer, haben wir Liebe zu Gott. Dann sehen wir nirgends Verlust, wo wir verlieren, was nur böser Rath gewähren konnte; dann läutert sich das Urtheil über die Blendwerke, womit die bloße Klugheit täuscht und über den Werth der Güter, welche die Weisheit schenkt; dann regt sich der Muth, der das Höchste zu erfassen und das Erbe zuerst zu erstreben sucht, das unvergänglich, unverwelklich und ewig ist; dann fühlen wir uns reich in Gott, wenn sein Wille uns heilig ist, und wenn wir rufen können: Siehe da, mein Zeuge ist im Himmel und der mich kennet, ist in der Höhe! Und in dieser Stimmung solltet ihr nicht aufmerksam jeden Rath prüfen, nicht entschlossen jeden bösen Rath verwerfen? Habt ihr an Gott nicht den Zeugen, dem nichts, auch das Kleinste nicht entgeht, der eure Kraft wie eure Treue kennt, der euer Schild ist und euer sehr großer Lohn? Wenn sie einst zerstäuben, alle die Güter, und verwelken, alle die Freuden, die man auf Kosten der Pflicht erkaufte, und Schmach und Finsterniß die deckt, welche Gott vergaßen, um die Erde zu gewinnen, dann ist euer, was keine Zeit zerstören kann. Hier vielleicht schon wird man euch Gerechtigkeit widerfahren lassen, wird man euren Werth anerkennen, wird man euch in Liebe und Dank, in Vertrauen und Achtung finden lassen, was den frommen Sinn belohnen kann. Aber euch erwartet Größeres, ihr glücklichen Brüder! O, euer Herz sagt es euch, wohin ihr blicken, worauf ihr hoffen dürft, wenn ihr Gott vor Augen und im

Herzen habt! Welche Vortheile euch dann auch der Rath auf Kosten der Pflicht verheißen, wie er reizen, wie er locken mag — ihr höret ihn nicht; ihr höret nur den, den ihr liebt von ganzem Herzen, von ganzer Seele, von ganzem Gemüthe, der die Wage der Vergeltung hält; dem der Sünder nicht entgeht, nähme er auch Flügel der Morgenröthe und entwiche er an die äußersten Enden des Meeres; der aber jetzt schon seine Treuen erquickt in Vorgefühlen einer unaussprechlichen Herrlichkeit, zu der er sie erheben will. Sie sind stark in Hoffnung, und unverwandt ruht ihr Blick auf dem Jerusalem, das droben ist. Das ist die Freie; das ist unser aller Mutter, und sie nimmt alle auf in ihren Schooß, die das nur meinten, und suchten und wählten, was göttlich ist! Amen.

16.

Es giebt Wahrheiten, m. Br., welche jede Religion, die ihres Namens nicht unwerth ist, mit dem Christenthume gemein haben muß. Dies sind Wahrheiten, welche die Vernunft aus unabweislichen Gründen festhält, und welche daher die Menschen anerkannt und gebilliget haben, sobald die Entwicklung ihres Geistes begonnen hatte, und sie zum Bewußtseyn ihrer Bestimmung gekommen waren. Die Wahrheit, daß ein höchstes Wesen sey, aus welchem alle Dinge sind, daß wir von Gott abhängen; daß wir in dem Gesetze, welches uns ins Herz geschrieben ist, seinen Willen erkennen, daß wir ihm Gehorsam schuldig seyen, daß er unser Schicksal nach unserer Sittlichkeit bestimme, daß es eine Unsterblichkeit und einen Zustand der Vergeltung gebe — diese Wahrheiten müssen da Eingang finden, wo überhaupt von Religion die Rede seyn soll, auch da also, wohin die Stimme des Evangeliums noch nicht gedrungen ist. Daß sie aber in diesem sich nicht allein wiederfinden, sondern auch in voller Klarheit strahlen, durch dasselbe dem Herzen näher gebracht und fruchtbarer für das Leben geworden sind, und daß wir darin einen eigenthümlichen Vorzug der Lehre Jesu anerkennen, das bedarf kaum noch einer Erinnerung. Zu diesem unleugbaren Vorzuge kommt nun noch ein anderer, auf welchen man vielleicht weniger aufmerksam ist, ungeachtet er, bei näherer Betrachtung, jedem unpartheiischen Beurtheiler höchst wichtig erscheinen muß. Es ist nämlich dem Christenthume mancher Unterricht eigenthümlich, wodurch es denn auch einen eigenthümlichen Einfluß auf das sittliche Leben gewinnt. Statt aller andern Beispiele, die wir zur Begründung dieser Behauptung anführen könnten, verweisen wir nur darauf, daß es die wichtigsten Erklärungen über seinen Stifter, über Jesum selbst, enthält, daß es also zugleich Lehre von Christo sey — wir wollen damit sagen, daß es uns wichtige Aufschlüsse über seine Person und sein Verhältniß zu uns giebt, und zwar mit einem Ernste, bei welchem sich der Werth nicht länger verkennen läßt, den es auf diesen Theil seines Inhalts legt. Es darf daher auch gar nicht befremden, wenn die Kirche dafür sorgte, daß die Aufmerksamkeit ihrer Glieder auf diesen Punkt von Zeit zu Zeit ausschließlich hingelenkt werde, und wenn ihr den Zweck der gegenwärtigen Wochen versteht, so ist es euch nicht zweifelhaft, daß auch sie dieser Absicht dienen, daß auch sie eure ganze Aufmerksamkeit auf Jesum, auf seine Person, auf sein Verhältniß zu euch, und also auf die Lehre von ihm richten sollen. Man empfand es auch immer, umsonst komme das Evangelium nicht so oft darauf zurück, umsonst schärfe es uns nicht ein, daß Jesus sey der Christus, daß wir durch den Glauben das Leben haben in seinem Namen; daß in keinem andern Heil, kein anderer Name gegeben sey, in welchem wir selig werden. Mit diesem Unterrichte von Christo hängt alles im Evangelio zusammen; aus ihm empfängt alles, was uns zu glauben, zu hoffen, zu thun geboten wird, Nahrung, wie der Zweig aus der Wurzel, und der Apostel hatte diesen Zusammenhang lebendig ergriffen, als er mit den Worten sich erklärte: Ich hielt mich nicht dafür, daß ich etwas wüßte unter euch, denn allein Jesum Christum, den Gekreuzigten. Wohl empfand mancher, wie er, mancher wähnte wenigstens so zu empfinden, mancher kam zu der deutlichen Erkenntniß, was von Jesu gelehret wird, das müsse von seinen Bekennern gehörig gewürdiget und benutzet werden; es handle sich hier um die Klarheit und Vollständigkeit ihres Glaubens an ihn und um die Früchte der Weisheit und Seligkeit, die ein solcher Glaube bringen soll. Und doch — welche Mißverständnisse treten ein! Welche Verirrungen bei dem so oft und so laut gepriesenen Glauben an Jesum und bei allen Versicherungen der Ehrfurcht vor ihm und der Liebe zu ihm! Wie hat man sich selbst so oft getäuscht, wenn man behauptete, daß ganze Herz fühle sich gezogen zu dem Retter eines hilfsbedürftigen Geschlechts, der uns von Gott gemacht sey zur Weisheit, zur Gerechtigkeit, zur Heiligung, zur Erlösung! Gerade in solchen Augenblicken scheinbarer Anhänglichkeit war es zuweilen am fernsten von ihm. Unter diesen Umständen und bei der Wichtigkeit, welche die Sache für den Christen hat, dürfen wir die Frage in der That nicht abweisen, was uns denn eigentlich zu Jesu zieht? Einige Bemerkungen darüber werden unsere Vorstellungen aufklären und berichtigen!

Joh. 6, 26 — 40.

Wie bedenklich, und daß wir es gerade heraussagen, wie eigennützig waren die Ursachen, aus welchen das Volk sich zu Jesu gezogen fühlte! Darum, daß sie von dem Brode — welches er nach der vorhergehenden Erzählung ihnen mittheilen ließ — gegessen hatten und gesättiget waren, darum folgten sie ihm. Den Hauptpunkt verlor jene Menge aus den Augen; kein Gedanke daran, was er, als das Wichtigste, hervorhob, daß er, im höheren Sinne, das Brod des Lebens sey; daß er volle Befriedigung für Geist und Herz gebe, daß, wer um dieser Absicht willen zu ihm komme, nicht hinausgestoßen, nicht unbefriedigt weggehen werde, da es der Wille Gottes sey, daß er nichts verliere von dem, was ihm der Vater gegeben habe — an das alles dachte man nicht. Da habt ihr ein Beispiel von der Werthlosigkeit vieler Gründe, aus denen man sich für Jesum und seine Sache erklären kann. Ganz anders, so viel ist auf der Stelle klar, müssen sie beschaffen seyn, wenn sie unsere Billigung verdienen sollen. Dürfen wir voraussetzen, daß diese Wochen eure volle Aufmerksamkeit auf ihn lenken werden, so muß euch eine Untersuchung solcher Gründe von hoher Bedeutung seyn; ihr werdet nachsehen, ob ihr euch Red' und Antwort, und eine für euch beruhigende und euch ehrende Antwort, geben könnt, wenn's der Frage gilt:

„Was zieht uns zu Jesu?"

Wenn wir in gemeinen Leben behaupten, daß uns Jemand anziehe und daß wir uns zu ihm gezogen fühlen: so muß er uns nothwendig bekannt seyn; so müssen wir gewisse Vollkommenheiten an ihm entdeckt haben; so muß sich in uns ein Streben finden, unser eignes Wollen und Wirken mit dem seinigen gleichsam zu verschmelzen, und in die innigste Uebereinstimmung zu bringen, wir werden mit ihm, wie es die Schrift so treffend ausdrückt: Ein Herz und Eine Seele seyn. Reden wir also davon, daß uns etwas zu Jesu ziehe, so ist das nur dann denkbar und giebt nur dann einen vernünftigen Sinn, wenn wir ihn kennen und ihn lieben.

Wir müssen ihn kennen in seiner Würde und in seinem Verhältnisse zu uns. Wer er sey? Das ist die erste Untersuchung, auf welche wir eingehen, und die wir nach den Unterweisungen des Evangeliums anzustellen haben. Wir müssen uns belehren lassen, daß er der Herr sey, dem Gott gesetzt habe zum Haupt der Gemeine; vor dem alle sich beugen, in dem sie den Erstgebornen vor allen Creaturen, den Abglanz der Herrlichkeit Gottes erblicken, der vom Himmel gekommen ist und sich selbst für uns gegeben hat, auf daß er uns erlösete von aller Ungerechtigkeit und wir, unter den Segnungen seines Werks, gerecht und Erben werden des ewigen Lebens. Wir müssen uns belehren lassen, daß er, der Eingeborne, mit uns in einem bestimmten Verhältnisse stehe, und dieß Verhältniß in seiner Wichtigkeit verstehen lernen. Nimmermehr würden wir uns zu ihm gezogen fühlen, selbst nicht bei der Anerkennung der höchsten Würde, die ihm beigelegt wird, wären wir über dieses Verhältniß nicht ins Klare bei uns gekommen. Wie sich der Herr selbst darüber ausspricht, das habt ihr gehört. Er stellt es in seiner ganzen, hohen Bedeutung dar, indem er sich als unser Oberhaupt, als Herrn seiner Gemeine, als ihren Freund und Führer bezeichnet, aus dessen Fülle wir hinnehmen Gnade um Gnade; an dessen Hand wir das erhabene Ziel, nach dem wir streben sollen, und unsere Bestimmung sicher erreichen. „Ich bin," so erklärt er sich, „ich bin das Brod des Lebens, wer zu mir kommt, den wird nicht hungern, und wer an mich glaubt, den wird nimmermehr dürsten" der wird durch das Licht der Erkenntniß, welches von ihm ausgeht, durch die Kraft, mit welcher er ausrüstet, durch die Hoffnung, zu welcher er die Gemüther der Seinen erhebt, durch den Trost, womit er tröstet, für einen heiligen Sinn und Wandel gewonnen und für ein unendliches Heil fähig und empfänglich werden. — Es ist also das

Verhältniß der Geretteten zu dem Retter, in welchem wir mit ihm stehen. Wie aber sollten wir ihn, wenn wir das wissen, wie sollten wir ihn nicht lieben? Den nicht lieben, in dem wir den Hirten und Bischof unserer Seele, in einem Sinne und in einem Umfange erkennen, wie sonst nirgends? Der, rein und vollendet, wie sonst keiner, gearbeitet hat, damit auch wir rein und erhoben würden zu einer Gemeine, die ohne Flecken und Makel, heilig ist und unsträflich? Der uns, nicht mit Gold oder Silber, sondern mit seinem Blute erkauft hat zu einem Volke des Eigenthums, das fleißig zu guten Werken, das fröhlich in Hoffnung, das selig im Glauben, das des ewigen Lebens gewiß ist? Dem wollten wir unser Herz nicht geben, dem nicht folgen, nicht alles wollten wir aufbieten, daß wir in der Gemeinschaft dessen bleiben, dem wir verdanken, was kein Wechsel der Zeit, kein Sturm des Schicksals zertrümmert, keine Nacht des Todes raubt, der den Weg für alle, die ihn kennen und lieben, gebahnt hat, einen Weg, welchen sie nur einschlagen dürfen, um reich zu seyn in Gott?

Treffen wir nun auf Menschen, denen es an dieser Erkenntniß von Jesu und an Liebe zu ihm gebricht, so kann es nicht befremden, daß sie unsere Untersuchung für überflüssig erklären, und sie daher ganz abweisen. Es zieht sie nichts zu Jesu, gar nichts. Wie ein tönendes Erz und wie eine klingende Schelle kommt ihnen jedes Wort vor, das auf eine Hinneigung zu ihm deutet. Wir haben es also hier entweder mit Unwissenden oder mit Uebermüthigen zu thun, die das von ihm dargebotene Heil abweisen, wohl gar mit sittlich Verdorbenen, die sich der Sünde schon Preis gegeben haben. Wir sprechen eine bittere Wahrheit aus; aber — können wir anders? Ihre Kenntniß in vielen Fächern des menschlichen Wissens, ihre Gewandheit in den Geschäften des Lebens, ihre äußere Bildung sprechen wir ihnen nicht ab; aber, zieht sie nichts zu Jesu, so müssen wir zweifeln, daß sie ihn kennen. Sie mögen sich mit hundert und aber hundert Gegenständen beschäftigt und an ihnen ihre Kräfte geübt haben; aber auf dem Felde der Erkenntniß Jesu sind sie Fremdlinge geblieben; ihn und sein Verhältniß zu uns haben sie nie eines ernsten Denkens werth gehalten, und Alles ließen sie bei oberflächlichen — wohl gar absprechenden Urtheilen bewenden. Und das um so leichter, wenn Fehler des Herzens hinzukommen; wenn der Uebermuth sie bethört, der aller Belehrungen Jesu, aller seiner Tröstungen, seines ganzen, das Heil der Welt bezweckenden Werks entbehren zu können glaubt; der es lange vergessen hat, was wir ihm schuldig sind, und der sich schämt, Wohlthaten anzunehmen, von dem anzunehmen, der gekommen ist, uns zu erretten von der Obrigkeit der Finsterniß und uns selig zu machen. Wo es Herzen gab, die gegen ihn kalt blieben, da hat sich dieser Uebermuth geregt, da wollte man nicht eingestehen, das wahre Brod des Lebens habe der Herr gegeben; da wollte man sich nicht demüthigen vor dem Unendlichen, der von Ewigkeit her beschloß, sich der Menschen in Christo zu erbarmen; da wollte man das Licht lieber auslöschen, das der Sohn Gottes leuchten ließ, und jedem Irrthume, jedem Wahn, jedem Einfalle beschränkter Köpfe huldigte man weit eher, ehe man sich entschloß, aus der Quelle zu schöpfen, die den Durst nach Wahrheit am sichersten stillt, und aus welcher Kraft zu allem Gutem und Heil und Vorschmack des ewigen Lebens quillt. Welche Scheidewand endlich, welche Scheidewand zwischen Jesu und uns richtet das Laster auf, wo es seine Herrschaft befestigt! Wie stimmt Christus und Belial? Was hat die Gerechtigkeit mit der Ungerechtigkeit, was hat das Licht für Gemeinschaft mit der Finsterniß? Nur wer aus der Wahrheit ist, der höret seine Stimme; wer Arges thut, kommt nicht an das Licht. Das Gleichartige zieht sich an; das Ungleichartige stößt sich ab. Möge das Alle bedenklich machen über sich selbst, die es wohl fühlen, nichts ziehe sie zu Jesu! Habt ihr für Alles andere ein offenes Ohr; hört ihr uns, wenn wir euch sagen von Vergnügungen, die heute oder morgen euch erwarten, von Neuigkeiten des Tages, die sich zugetragen haben, von Geschäften, die begonnen werden, von Vortheilen, die sich erwerben lassen, von Gegenständen eurer Wissenschaft, eurer Kunst, eures Gewerbes — aber weicht ihr aus, fühlt ihr euch ermüdet und gelangweilt, sobald die Rede kommt auf den Heiligen Gott, der alle zu sich ziehen will, giebts keinen Punkt eures Herzens, den wir hier wohlthätig berühren könnten: dann, wir bitten euch, dann thut einen ernsten Blick in euer Inneres. Aus der Wahrheit seyd ihr gewiß nicht! Ach, vielleicht ist es stumpfe Gleichgültigkeit gegen alles Höhere und Ewige, Zerstreuung, die euch nicht zu euch selber kommen läßt, Weltsinn, der euch gefangen hält, Lüsternheit, die euch trunken macht, Abgestorbenheit für das Gute, was ihr finden werdet! Wir können, wir dürfen es nicht verhehlen, Fehler des Verstandes oder Fehler des Herzens müssen da sich entdecken lassen, wo uns nichts zu Jesu zieht. Möge es Tag werden in unserer Seele! Mögen wir uns nicht länger einen Zustand verschweigen, der wider uns zeugt!

Doch ihr sagt: „das trifft uns nicht; wir fühlen uns wohl zu ihm gezogen, wir kennen ihn, und träte er in unsere Mitte, und fragte er noch heute: „Habt ihr mich lieb? wir würden ihm sagen: Herr, du weißest alle Dinge, du weißt, daß wir dich lieb haben!“ — Aber dennoch müssen wir die Frage an euch richten: Was ist's, das euch zu ihm zieht? Ist es die wahre Liebe, die sich durch Weisheit und durch lebendigen Glauben bewährt — oder eine falsche, die man mit jener so oft verwechselt hat, die aus Angewöhnungen, welchen ihr euch gedankenlos überlaßt, aus Aberglauben oder Eigennutz hervorgeht, und ohne allen Werth ist — oder gar als Frucht der Heuchelei in tiefster Unwürdigkeit erscheint? Wie nun, wenn das, was euch nach eurer Meinung zu Jesu zieht, nichts wäre, als Gewöhnung an Worte und Handlungen, bei welchen ihr nichts denkt und nichts fühlt? — Man hat euch viel von der Liebe Jesu gesagt; daran that man recht. Aber ihr habt blos nachgesprochen, ohne von dem, was ihr hörtet, ergriffen und durchdrungen zu seyn. Jetzt bekennt ihr euch zu ihm, sprecht von seinen Wohlthaten und preiset sie, ihr feuert sein Abendmahl, ihr eifert für seine Lehre — aber ihr wißt nicht warum; ihr könnet nicht Antwort geben über die Hoffnung, die in euch ist; ihr habt keine klare Erkenntniß von ihm, kein aus dieser Erkenntniß hervorgegangenes Gefühl für ihn, und seyd vielleicht die ersten, die zur Zeit der Anfechtung abfallen. Ihr treibt ein Spiel mit Floskeln und Worten, ohne Gehalt und Grund; ihr seyd in Gefahr, von jedem Winde der Lehre bewegt zu werden, und die Hauptsache von Allem, die Aehnlichkeit des Sinnes mit dem Sinne eures Herrn, die Nachfolge seines Beispiels, der lebendige, durch Liebe thätige Glaube an ihn, ist euch zur Nebensache geworden; ihr wollt zwar Herr! Herr sprechen — aber ihr denkt nicht an die Anstrengungen, die Noth thun, um in sein Reich zu gehen, und rufen wir euch zu: Wandelt nur würdiglich dem Evangelio Christi! so wendet ihr euch verdrüßlich ab, und meint: das sey eine harte Rede; wer kann sie hören? Laßt uns weiter untersuchen, ist's

Aberglaube, der uns zu Jesu zieht? Ach daß wir seiner erwähnen müssen unter denen, welche alle des Lichtes Kinder seyn sollen! Den, welcher des Vaters Werk vollendete und von keiner Sünde wußte, welcher auch uns reinigen wollte von aller Ungerechtigkeit, welcher unverholen verkündigte: „es sey denn, daß Jemand von neuem geboren werde,“ sonst könne er sein Jünger nicht seyn — den haben so viele Bethörte zum Diener ihres Irrthums und ihrer Sünde zu machen gewagt; sie wollten durch ihn selig, aber nicht besser werden. Nur zu viele fanden sich, die nicht müde wurden, sich unter einander zu sagen: „das Blut Jesu Christi macht rein von aller Sünde,“ aber nicht daran dachten, daß wir an ihm einen Fürsprecher haben, damit wir nicht sündigen; die in bequemer Weichlichkeit auf seinem Verdienste ausruhen und sich des Kampfes überheben wollten, den die Liebe zu ihm kosten kann; die sein Wort lesen, aber es nicht halten, die ihm Festtage feiern, aber sie im Herzen und in schmachvoller That entweihen; die seinen Tod verkündigen, aber ihn und sein Kreuz durch ihr Leben verleugnen! Soll ich euch sagen, was die Geschichte finsterer Jahrhunderte lehrt; welche Unduldsamkeit, welch ein blinder Eifer, welche Verfolgungssucht aus diesem Aberglauben hervorging, der, wenn er in den Bann that, wenn er in Fesseln schlug, wenn er die Zeugen der Wahrheit tödtete, noch der Meinung war, er thue Gott einen Dienst daran? Soll ich euch erinnern, wie unfruchtbar und todt da der Glaube war, wo er das Wesen des Christenthums und der geistigen Gemeinschaft mit Jesu in blendenden Aeußerlichkeiten und willkührlichen Formen, in Fasten und Kasteiungen, in Wallfahrten, in Gelübden, in einem selbsterwählten Gottesdienste, in einem äußern Joche fand, von welchem uns der Herr befreien wollte? Wie man meinte, die Gnade, die uns widerfahren ist, zum Deckel der Bosheit machen zu dürfen, wie man den Versuch unzähligemale wiederholte, sich mit dem unbestechlichen, heiligen Richter, durch das Hinschauen auf den Eingebornen abzufinden, damit er der gehäuften Schuld nicht gedenke? Doch stärker und beredter, als wir es vermögen, spricht die Sache von selbst! Was sollen wir mehr sagen? „Wache auf, der du schläfest, damit dich Christus erleuchte!“ Das möchten wir euch um so nachdrücklicher einschärfen, da der Aberglaube nicht blos in seiner scheinbaren Verbindung mit Jesu, ein verstecktes, heimliches Gewerbe mit den heiligsten Gütern treibt, sondern auch einen groben

Eigennutz erzeugt, der ihn zu Jesu zieht — wir meinen den niedrigen, auf irdische Vortheile, auf gemeine, alltägliche Zwecke berechneten Eigennutz, wie er sich einst unter dem Volke aussprach, welches Jesu folgte. Nahrung für den Körper verlangte und erwartete es von ihm — nicht Nahrung für Geist und Herz. O, meinet nicht, daß er ausgestorben sey unter uns, dieser Eigennutz! Ihr wißt, wie sich in den spätern Jahrhunderten der christlichen Kirche, in den Staatsvereinen und bürgerlichen Verfassungen manche zeitliche Vortheile an das Bekenntniß des Evangeliums knüpften, und wie dieses bald Hindernisse des leichtern Fortkommens auf der Welt aus dem Wege geräumt, bald Vorrechte verschafft habe, die reizend genug waren, um Menschen für die Sache Jesu zu bestimmen. Wir freuen uns über jeden Vortheil im bürgerlichen Leben, den das Evangelium gewährt, aber wir denken auch mit Betrübniß an die Mißbräuche, zu welchen dieser Einfluß auf äußere Verhältnisse angewendet ward, und mit Unwillen an alle, welche nur darum einen Werth auf Jesum und sein Werk legen, weil sie als Glieder seiner Kirche Gelegenheit finden, sich zu heben und zu bereichern; sie sehen in Jesu und in dem Bekenntnisse seiner Lehre blos den Hebel eines vergänglichen Glücks. Wenn ihr bedenkt, daß es auf etwas ganz anderes abgesehen sey, wenn er uns zu sich ruft; daß nicht das Brod der Erde, sondern das himmlische Brod es war, was er darbot; daß es Wahrheit, Tugend, Seligkeit sey, was allein uns zu ihm ziehen solle; so erblickt ihr in jenem Eigennutze eine Entweihung des Heiligen, die jedes unverdorbene Gemüth schmerzlich berührt; es fühlt sich empört, wo ein Mensch uns begegnet, der nur darum an den Erlöser sich hält, weil er auf diese Art einen mächtigen Gönner auf seine Seite bringen, sich in einen bedeutenden Posten setzen oder auf demselben behaupten, sich Vortheile erringen kann, die ihm außerdem entgehen würden. Seine gepriesene Jesusliebe ist nichts, als eine gemeine Münze, mit welcher er für sein Fortkommen, für sein Haus, für sein Geschäft einhandelt, was er bedarf; aber die ihn auch so lange nur etwas werth bleiben wird, als man sie gelten läßt. Menschen der Art werden mit ihren Ansichten und Gefühlen wechseln, wie mit einem Kleide; nicht das Eine, was Noth ist, sondern den Staub der Erde nur in's Auge fassend, seht ihr sie fromm unter den Frommen, zweifelnd unter den Zweiflern, spottend unter den Spöttern; und so stehen sie bei ihrem Eigennutze, dem alles, selbst der Glaube feil ist, schon mehr oder weniger unter den Einflüssen

der Heuchelei, die es so oft allein ist, worauf man uns hinweisen müßte, sollte man redlich Antwort geben auf die Frage: was zieht dich zu Jesu? Da trefft ihr auf das abschreckendste Zerrbild unter allen Erscheinungen in der sittlichen Welt, aus der Lüge geboren, der traurige Triumph abgefeimter Bosheit! Bei ihr steht das Herz am fernsten von dem, der die Wahrheit sagte und für die Wahrheit duldete: aber es überredet sich, sein zu seyn und Eins mit ihm; eine fromme Rede, eine heilige Miene, eine Pünktlichkeit in Nebendingen, die Mücken säugt, unterdessen sie Kameele verschluckt; Uebungen äußerer Andacht ohne innere Heiligung, Anregung lebhafter Gefühle ohne festen, treuen Sinn für das Gute — das gilt dem Heuchler für Unterpfand einer seligen Verbindung mit dem Hochgelobten. Doch wir wenden unser Auge weg von diesem Gräuel! Wehe dem, der so gesunken ist, so seines Herrn zu spotten wagt! Da wird der letzte Rest des wahren Christenthums zerstört, und der Saame jeder Missethat wuchert, und trägt, früh genug, seine giftige Frucht. Laßt euch warnen von eurem Herrn und Meister vor den Ausgeburten der Verworfenheit, die in Schaafskleidern zu euch kommen, inwendig aber reißende Wölfe sind, und nimmermehr sey es Heuchelei, die vor dem Tage gerechter Vergeltung erbeben muß, aber auch nie sey es Eigennutz oder Aberglaube oder gedankenlose Angewöhnung, was euch zu Jesu zieht. Diese ehrenvolle, selige Richtung eueres Geistes müsse nie etwas anderes, als

die Frucht der wahren Weisheit seyn. Bei ihr geht die Erkenntniß von Jesu voraus und die Liebe zu ihm ist eingewurzelt in eurem Herzen. Ist jene klar, ist diese lauter und rein, so fühlt ihr euch zu ihm gezogen, fühlt euch mit ihm in einer Verbindung, die unter allen die reinste, unter allen die kräftigste, unter allen die seligste, unter allen die dauerhafteste ist. Glücklich, wer es weiß, daß er in ihr steht, in dieser Verbindung, und glücklich, wer sie bewahret bis zum Ende! Seyd ihr euch eurer Bedürfnisse bewußt geworden, und habt ihr euch überzeugt, was euch mangelt und was euch reich machen könne bei eurer Armuth, das findet ihr bei ihm; kennt ihr ihn in seiner Würde, in seiner Wahrheit, in seiner Liebe; habt ihr schon aus eigener Erfahrung gelernt, wer zu ihm komme, werde nicht hinaus gestoßen, habt ihr ihm aus voller Ueberzeugung schon oft gesagt: Herr, wohin sollen wir gehen, du hast Worte des ewigen Lebens; habt ihr euren besten Unterricht, bei allem Forschen nach Wahrheit, euren Trost, wenn ihr mühselig und beladen waret, die Hoffnung und den Muth und die Gerechtigkeit und Stärke und den Glauben, der die Welt überwindet, in der Gemeinschaft mit ihm gefunden, so zieht's euch immer mehr und immer näher zu ihm hin — ihr Gesegneten des Herrn! Denn wie könnten wir euch anders nennen, als mit diesem Namen? Wie wird er sich euch offenbaren! Es sind Zweifel und Bedenken, die eure Ruhe stören können: aber werdet ihr sie nicht immer leichter lösen, wenn euch der Sohn frei macht? Es sind Fehler und Gebrechen, die euch noch anhängen: aber werdet ihr sie nicht männlich besiegen, und viel Frucht bringen, wenn ihr euch ganz an ihn hingebt? Es sind Sorgen, die euch bestürmen, und Ahnungen einer trüben Zukunft wollen euch bange machen: aber bietet er euch nicht Trost und Hoffnung genug? Eure letzte Stunde wird schlagen; aber könnt ihr euer Auge friedlicher schließen, als wenn ihr euch verbunden und hingezogen fühlt zu Jesu, der dem Tode die Macht genommen und Leben und unvergängliches Wesen an das Licht gebracht hat? Der vorangieng, euch die Stätte zu bereiten, und der die Seinen auf ewig zu sich nehmen will, wo nichts sie aus seinen Händen reißen wird? O, noch einmal, ihr Gesegneten des Herrn! — zu ihm gezogen, aus Achtung vor Wahrheit, aus Eifer für Tugend, aus dankbarer Liebe, aus frommen Vertrauen zu ihm, den ihr nicht sehet und doch lieb habt! Wie wird euch dann erst seyn, wenn ihr ganz überwunden habt, und gekommen seyd zu dem Berge Zion und zu der Stadt des lebendigen Gottes, zu dem himmlischen Jerusalem und zu der Menge vieler tausend Engel und zu der Gemeine der Erstgebornen, die im Himmel angeschrieben sind, und zu Gott, dem

Richter über alle, und zu den Geistern der vollkommenen Gerechten, und zu ihm, dem Mittler des neuen Testamentes! Wie wird es euch dann auf ewig hinziehen zu ihm! Euer Herz wird sich freuen, und eure Freude wird Niemand von euch nehmen! Amen.

17.

Ist uns irgend etwas zuwider und irgend etwas im Stande, unser Gefühl zu empören, so ist es die Lüge. Betrachtet sie, wie ihr wollt, immer erscheint sie als eine wahre Mißhandlung des andern. Wer uns belügt, der verachtet uns, der höhnt unsere Menschenwürde; der behandelt uns, wie eine gemeine Sache, womit er umgehen zu können meint, wie er will; der macht uns zum Spielwerke seiner Willkühr und seiner Laune. Daher erfüllt sie uns mit gerechtem Unwillen, auch abgesehen davon, daß sie gewöhnlich den Schaden des Belogenen und unerlaubte Vortheile dessen beabsichtigt, der sie ausspricht; daher fühlen wir uns durch sie gekränkt, daher wird das beleidigt und verletzt, was in allen liegt, ich meine das unaustilgbare Wahrheitsgefühl, das sich selbst in dem Bösewicht noch regt. So sollten wir denn glauben, daß jeder auch nur Wahrheit werde hören wollen, weil jeder sich genöthiget sieht, sie zu achten, und daß sie um so willkommener seyn werde, je reiner und unverschleierter sie sich ankündigt. Und dennoch ist dem nicht so. Es giebt Fälle genug, wo wir sie überlästig finden, wo wir sie unwillig abweisen, wo wir sie, dringt sie sich auf, mit unverkennbarem Verdruß vernehmen, der sich oft sogar bis zur Erbitterung steigern kann. Alles scheinen wir dann eher ertragen zu können, nur die Wahrheit nicht. Woher diese Erscheinung, die uns so widersprechend mit unserm eignen, natürlichen Wahrheitsgefühle vorkommt? Und wenn, wie sich nicht leugnen läßt, alles Gute und Rechte und Beglückende, die ganze, große Ordnung der Dinge auf Wahrheit beruht, was wird die unvermeidliche Folge seyn, wenn wir uns gegen sie einnehmen lassen? Was sollen wir thun, um uns gegen diesen Unwillen über das Beste zu schützen, der sicher nicht ohne die verderblichsten Folgen für uns bleiben kann? — das sind Fragen, die wichtig genug erscheinen, um tiefer in sie einzugehen.

Joh. 8, 46—59.

Wie empört findet ihr die Gemüther der Juden gegen die Rede Jesu, unseres Herrn! Freimüthig sprach er zu ihnen von sich, von seiner Lehre, von seinem Zwecke, von dem Heile, das er der Welt geben wollte: aber der Unverstand derer, die ihn hörten, mochte dieß Licht nicht ertragen, die Macht ihrer Vorurtheile mochte sich nicht brechen, ihr starres Festhalten an dünkelhaften, eitlen Hoffnungen mochte sich nicht zähmen lassen, sie machen ihrer gereizten Leidenschaft in Schimpfreden Luft und sind entschlossen, sogar Gewalt zu gebrauchen. Da habt ihr

„den Unwillen über die Wahrheit,"

der sich so oft in uns regt, und den wir oft nur mühsam verhehlen und unterdrücken. Woher diese Erscheinung, m. Z.? Wie läßt sie sich würdigen? Wie vermeiden? Sehet hier den Inhalt unserer gegenwärtigen Betrachtung!

Der Unwille über die Wahrheit ist eigentlich nicht gegen die Wahrheit an sich gerichtet: dies wäre nicht möglich, und setzte eine völlige Verleugnung unserer sittlichen Natur voraus. Wohl aber kann er seinen Grund in einzelnen, bestimmten Wahrheiten haben, die uns unangenehm berühren, oder auch in den Personen, von welchen sie ausgehen.

In einzelnen bestimmten Wahrheiten kann jener Unwille liegen, wenn sie bald unsern Ansichten, bald unsern Neigungen zuwider sind. Und wie oft, wie unendlich oft ist das im Leben der Fall! Haben wir irgend eine Meinung gefaßt, haben wir sie lange genährt, lange vertheidiget; so betrachten wir sie als ein unverletzliches Eigenthum; so gilt uns selbst die Gewohnheit als Bürgschaft dafür, daß wir das Rechte erfaßt haben; so scheuen wir uns, den sauern Weg der Prüfung noch einmal zu betreten; so werden wir hartnäckig im Behaupten dessen, was uns nun einmal für das Wahre gilt und unduldsam gegen die, welche anders denken, als wir. Mischt sich dann Vorurtheil mit unserm Stolze, der keine Belehrung annehmen mag, und sich vielleicht auch zu schwach fühlt, die liebgewonnene Meinung gegen die Gründe zu behaupten und zu retten, die man entgegensetzt: so ist der Unwille über die Wahrheit schon hinlänglich erklärt. Was die Menschen gegen einander erbittert, was die zartesten Verhältnisse zerstört, die glücklichsten Verbindungen aufgelöst, was die Erde mit dem Blute der Brüder gedüngt hat, — es war zum Theil nichts, als eigensinniges, unbeugsames Halten an Meinungen und Ansichten, welche der Wahrheit kein Gehör geben wollte, und sich durch sie zum Unwillen reizen ließ. Dieß ist noch weit mehr dann der Fall — wenn sie unsere Neigungen antasten, wenn sie also auf die wunde Stelle des Herzens trifft. So ist der Mensch! Er höret euch ruhig, wenn ihr ihm im Allgemeinen sagt, daß wir allzumal Sünder seyen, und daß wir des Ruhmes mangeln, den wir an Gott haben sollen; aber wendet euch zu ihm im besondern; zeigt ihm seine eigenthümlichen Gebrechen, und — fühlt er sich getroffen — ihr werdet nicht immer weise Freunde der Wahrheit und der Tugend finden, die euch auch für die bittere Arznei eine dankbare Hand reichen. Ungern will sich der Bequeme aus seiner Bequemlichkeit, der Träge aus seiner Trägheit wecken, der Sichere sich an Dinge erinnern lassen, die ihn beschämen und demüthigen. Sagt ihm von der Keuschheit, von der Gerechtigkeit, von dem zukünftigen Gerichte, und er wird euch antworten, wie einst dem Apostel geantwortet ward: „Gehe hin auf diesmal; wenn ich gelegene Zeit habe, will ich dich rufen lassen!" Redet zu dem Stolzen, von seinem eitlen Dünkel, zu dem Faulen, von seinen Versäumnissen, zu dem Hinterlistigen, von dem Werthe der Redlichkeit und Offenheit, zu dem Schalke, von Treu und Recht — und er weißt euch zurück, nur mit Unwillen wird er die Wahrheit hören! Führt den Thoren, der in seinem Herzen spricht: „Es ist kein Gott" und den Gewissenlosen, der sich überreden möchte, wie es gewesen ist zur Väter Zeit, so bleibe es immer auf den Unendlichen, der sich allen so nahe gebracht hat, daß sie ihn nur suchen dürfen, um ihn zu fühlen und zu finden, und auf eine heilige, ewige Ordnung der Dinge, die sich in gerechter Vergeltung offenbart: es verdrüßt ihn, daß er euch nicht widerlegen kann; er empört sich unter dem Gewichte der Wahrheit, der er nicht glauben will, und er kehrt euch den Rücken. Aber es ist nicht blos dieser Eindruck, welchen das Gefühl der Wahrheit auf uns macht, es sind auch ihre Verkündiger, die uns zuweilen zum Unwillen gegen sie veranlassen. Ein Blick auf die Geschichte, welche unsere Betrachtungen veranlaßt, macht diese Behauptung klar. Nicht blos Unwillen über das, was sie hör=

ten, Unwillen über Jesum selbst empfanden die Juden, sie hoben Steine auf, und stehen zu einem rohen Gewaltstreiche bereit. Wie leicht wäre es, dies einzelne Beispiel durch viele zu vermehren, wenn es darauf ankäme. Das ganze Leben Jesu, das Wirken der Apstel, die Vorzeit und die Mitwelt liefert sie in großer Zahl. Steht der Verkündiger der Wahrheit auf einer sittlichen Höhe, die uns demüthigt — oder hat er für uns etwas Abschreckendes, hat Partheilichkeit schon im voraus uns wider ihn eingenommen; steht er uns im bürgerlichen Verhältnisse bald zu hoch, bald zu tief; hat seine eigene Fehlerhaftigkeit dem Worte aus seinem Munde Kraft und Leben geraubt; haben zufällige Umstände uns von ihm entfremdet: so tragen wir leicht den Unwillen über die Wahrheit auf ihn selbst über; und das um so mehr — wenn ihm die rechte Art, die Klugheit und Gewandtheit, die glückliche Unterscheidung des Ortes und der Zeit, gebricht, bei welcher auch die bittere Wahrheit von ihrem Wermuthe verliert, und leichter sich Eingang verschafft. Der Tadel, den man über andere ausschüttet, nur um sich selber ein Ansehen zu geben, nur um sie unsere Uebermacht fühlen zu lassen, um uns bei einem Obern einzuschmeicheln und unsern Eifer geltend zu machen, um unsere böse Laune auszulassen, um unsere Rache zu kühlen — der Unverstand, der nur poltert, wo die Bedachtsamkeit ermahnen, die Härte, die nur tadelt und gebietet, wo die Liebe sanft erinnern und bitten würde, die Grobheit, die nur zu beleidigen, der Spott, der nur zu kränken weiß — wie unendlich viel haben sie der Wahrheit geschadet und verdorben, wo sie heilen, niedergerissen, wo sie aufbauen konnten! Selbst bei aller Vorsicht werdet ihr es nicht immer vermeiden, daß man euch bei Verkündigung der Wahrheit verkennt und lästig findet. Man wird euch für überstrenge, unerträgliche Sittenrichter, für Menschen ohne Lebensart, für Uebermüthige erklären, welche nur den Splitter in des Bruders Auge aufsuchen, ohne den Balken aus ihrem eignen zu ziehen; man wird euch, je mehr ihr das Herz der Hörer auf der bösen Stelle gefaßt und getroffen, je mehr ihr beschämt, gedemüthigt, erschüttert hattet, um so sorgfältiger ausweichen, und ihr seyd glücklich genug, wenn man euch nicht haßt und verfolgt. Das war das Schicksal so vieler Zeugen der Wahrheit von jeher bis jetzt, und der Unwille, den man über sie empfand, ging auf die Wahrheit über, die sie verkündigten.

Wollet ihr dies Betragen näher würdigen, so findet ihr es äußerst verderblich. Es muß nothwendig die erleuchtende und bessernde Kraft der Wahrheit bei uns schwächen, und unsern sittlichen und äußern Zustand verschlimmern.

Nach Licht und Erkenntniß zu streben, treibt uns der Durst nach Wahrheit. Er regt sich in allen; wir überzeugen uns bald, es sey für uns heilige Pflicht, diesem natürlichen Drange zu folgen, immer mehr den Irrthum zu zerstreuen, und das Wahre zu ergreifen. Von der Erkenntniß geht alle Bildung und alles Fortschreiten zur Vollendung aus. Wir müssen mit unserer Kunst, mit unserm Gewerbe, mit unserer Wissenschaft bekannt seyn, wollen wir sie ihrem Zwecke gemäß nutzen; wir müssen einsehen, was uns obliegt, wollen wir unsern Pflichten genügen; wir müssen es uns klar machen, was uns noch fehlt, wollen wir das Fehlende nachholen, das Mangelhafte verbessern, das Gute vervollkommnen. Aber kann das Licht der Wahrheit uns erleuchten, wenn wir sie mit Unwillen betrachten? Werden wir uns an sie hingeben, werden wir uns durch sie aufklären und von unserm Wahne uns heilen lassen? Werden wir nicht um so gewisser eine Beute unserer Irrthümer werden, und wird unsere Erkenntniß von uns, von Gott, von göttlichen Dingen nicht um so mangelhafter bleiben, je entschiedener jener Unwille ist? Wird das Wort des Herrn uns nicht treffen: „Ihr seyd nicht von Gott, darum höret ihr nicht!" — So muß dann auch die bessernde Kraft der Wahrheit geschwächt werden. Denn wie soll sie uns heiligen, wenn wir sie abweisen, sie also nicht zu Herzen fassen, und in eine feindselige Stellung gegen sie treten? Sie kann uns wehe thun, das ist wahr. So gleicht sie dem Heilmittel, das Schmerzen macht. Wir werden nicht genesen, wenn wir es ungebraucht lassen, weil uns der Muth gebricht, den Schmerz zu ertragen. Die Wahrheit wird uns zur Reue führen, zum Geständnisse unserer Schuld, zur Demuth vor Gott, zum ernsten Suchen seiner Gnade; sie wird den kühnen Wahn vernichten, als hätten wir das Ziel schon erreicht, und seyen schon vollkommner geworden; sie wird uns Lücken zeigen, vor welchen wir erschrecken. Allein muß es nicht so seyn, wenn's besser mit uns werden soll? So rechnet denn darauf nicht mehr; so verheimlicht es euch nicht, daß ihr zurückgehen werdet in allem, was gerecht, was keusch, was lieblich ist, was wohllautet, daß euer Eifer, zuerst zu trachten nach dem Reiche Gottes und nach seiner Gerechtigkeit bald genug erkalten werde, wenn euch das mit Unwillen erfüllt, worauf alles Gute gegründet ist — wir meinen die Wahrheit. Ihr werdet nicht mehr prüfen, um das Gute zu behalten, ihr werdet ohne Sicherheit der Ueberzeugung handeln, und an euren Früchten werden wir erkennen, daß ihr euch nicht wollt strafen lassen von dem Geiste Gottes! Daher wird sich denn euer ganzer Zustand verschlimmern; der sittliche allemal, der äußere in der Regel auch. Ueber jenen kann das Urtheil keinen Augenblick zweifelhaft seyn. Macht euch bei vorherrschendem Unwillen über die Wahrheit auf sittliche Verschlimmerung gefaßt, also auf das Traurigste, was euch treffen kann. Gilt sie euch nichts; weiset ihr ab, was euch über euch und eure Pflicht belehrt; ist euch jede Erinnerung, wo ihr fehlt, jede Ermahnung, wo ihr schwach werdet, jede Warnung, wo ihr in Gefahr kommt, euch zu vergessen, jeder strafende Ernst zuwider: so sagt uns nichts mehr von eurer Achtung vor der Pflicht, nichts von eurer Liebe zu Gott, nichts von eurem guten Gewissen. Jene Achtung ist Selbstbetrug, jene Liebe ist vergessen, das Gewissen schläft, und wolltet ihr nun Einmal einen Blick in euer Inneres thun, vielleicht würde es euch auf der Stelle klar, wie euer Herz schon ein gemeiner Sammelplatz strafbarer Lüste geworden sey, die euch entehren und eure wahre Wohlfahrt vernichten. O, die Wahrheit weiß ihre Rechte zu behaupten und läßt sich von keinem ungestraft verachten. Und werdet ihr euch nicht zugleich alle Quellen der Freude und des Trostes verschließen, die sie nur öffnen kann? Woher sollen euch dann noch die seligen Gefühle eurer Gemeinschaft mit Gott kommen, woher der Trost seiner Gnade, woher der erquickende Aufblick auf ein besseres Leben, wenn sie euch nicht theuer blieb, und wenn mit eurem Unwillen über sie, auch euer sittliches Leben erkrankte? Treten einst an die Stelle der Freuden, an welchen sie reich macht, nur die Mahnungen eines verletzten Gewissens, nur der Gedanke eures Zerfallenseyns mit euch selbst; die beugenden Erinnerungen an Thorheiten und Sünden, die gegen euch zeugen; fühlt ihr euch strafbar vor dem, der durch die Wahrheit euch zu sich ziehen wollte, so habt ihr euch einen Schmerz bereitet, so tief, so stechend, wie die bitterste Reue ihn bereiten kann. Spät noch fiel Tausenden die Binde von den Augen und Herzeleid ergriff sie darüber, daß sie mit Unwillen die Wahrheit zurückgewiesen, und den Tag des Heils, die angenehme Zeit, versäumt hatten, wo sie des Lichtes Kinder seyn konnten. — Ob ihr die Einflüsse dieses Unwillens nicht selbst auf euren äußeren Zustand wahrnehmen werdet? — das lassen wir dahin gestellt, aber wir möchten dennoch eure Aufmerksamkeit auch auf diesen Punkt richten, um euch zu warnen. Es giebt einen Zusammenhang zwischen der sittlichen Beschaffenheit des Herzens und zwischen dem äußern Schicksale, der sich nicht ableugnen läßt. Er würde weit deutlicher noch hervortreten, und viele Räthsel des Lebens würden sich lösen, an welchen sich die Zweifelsucht so lange schon gestoßen hat, könnten wir tief genug in das Verborgene der Gemüthswelt eindringen, und die ganze Reihe innerer Ursachen und äußerer Erscheinungen bis in ihre kleinsten Fäden und bis zu ihren ersten Anfängen verfolgen. So viel könnet ihr wenigstens als Regel annehmen, daß der Mensch hier schon erntet, was er gesäet hat. Und da sollte der Unwille über die Wahrheit ohne Folge seyn? Werdet ihr nicht weniger leisten in eurem Berufe und in eurem Geschäfte, als ihr leisten konntet, hättet ihr dankbar jede Belehrung empfangen und benutzt, die euch zu Theil ward? Würdet ihr Menschen zurückgestoßen haben, die euch nützen konnten, würdet ihr nicht in Verbindungen, die euch vortheilhaft waren, getreten seyn, würdet ihr nicht euer Glück gesichert und euch Vortheile errungen haben, die euch jetzt fehlen, hättet ihr die Wahrheit gelten lassen, ob sie auch wehe that, hättet ihr Fehler abgelegt, von welchen sie euch reinigen wollte, hättet ihr euch ermuthigt zu der Selbstüberwindung, die sie verlangte? Würdet ihr nicht hundert Verlegenheiten entgangen seyn, und euch schlaflose Nächte und sorgenvolle Tage erspart haben, hättet ihr die Wahrheit nicht mit Unwillen betrachtet, die euch die Leidenschaft zu zügeln gebot, welche in euch tobte? — Würdet ihr nicht viele Verdienste um die Welt euch erworben haben, die euch jetzt fehlen, und würde nicht das Vertrauen, die Achtung, die Dankbarkeit, die Liebe euch lohnen, die jetzt auf andere übergingen, wenn ihr die Stimme der Wahrheit immer gehört hättet, wenn sie bei euch eine freundliche Aufnahme und einen freien Zutritt in euer Herz gefunden hätte? — Wir überlassen das eurer eignen Prüfung; aber einige Bemerkungen über die Frage:

„wie sich der Unwille über die Wahrheit vermeiden lasse?“

können wir nicht übergehen. An euch theils, die ihr sie verkündigt, theils an euch, die ihr sie hört, müssen wir uns da wenden.

Gestattet uns die Bitte, theure Brüder, die ihr die Wahrheit verkündigt, daß ihr bei diesem Geschäfte immer Klugheit und Liebe mitbringen möget. Wir bitten euch, bringet Klugheit mit! Mit Unwillen gegen euch und eure Rede könnt ihr die erfüllen, die ihr belehren, erinnern, ermahnen wollt. Aber werdet ihr dies nicht um so gewisser, je mehr sie schon gegen euch eingenommen sind, und je weniger ihr überlegt habt, wie ihr sie sicher für das Bessere gewinnen könnt? Wenn ihr keine Schwäche schont, wenn ihr ohne Rücksicht auf Bildung und Stand, auf Alter und Fähigkeit, auf Neigung und Ansicht, alle auf eine und dieselbe Art behandelt, wenn ihr mit dem weichen, zarten Herzen, wie mit dem Rohen, — mit dem Leichtsinnigen, wie mit dem Verstockten, mit dem Fröhlichen, wie mit dem Traurigen umgehet — werdet ihr bei dieser Art und Weise nicht abstoßen, anstatt anzuziehen, nicht erbittern, anstatt zu rühren? Hat nicht der unverständige Lehreifer in der Erziehung, in dem Unterrichte, in dem gemeinen Leben der Wahrheit mehr geschadet, als sich sagen läßt? Und wenn man sich beschwerte, daß die Rede nicht fruchte, daß die Welt im Argen liege und die Finsterniß mehr liebe, als das Licht — hätte man nicht besser gethan, zuerst und vor allen Dingen zu fragen, ob die Ursache fruchtloser Arbeit nicht in der Unklugheit liege, womit man sie unternahm? Ob nicht da, wo wir spotteten, ein milder Ernst, wo wir in wortreichen Reden uns ergossen, ein einziges Wort und ein einziger Blick, wo wir baten, ein unerbittlicher Ernst, wo wir sprachen — ein bedeutendes Schweigen, weit mehr an seiner Stelle gewesen wäre? Hohe Lehrweisheit des Herrn, hättest du allen zum Muster gedient, die je an seiner Sache theilnahmen und das Licht bringen wollten in die Finsterniß, was würden sie ausgerichtet haben! „Ich habe," sagte er seinen Jüngern, „ich habe euch noch viel zu sagen, aber ihr könnet's jetzt nicht tragen." Was würden sie ausgerichtet haben, hätten sie dich verstanden, du, des Herrn großer Apostel, und hätten sie den Sinn deines Wortes gefaßt, welches von den Verkündigern der Wahrheit fordert, „daß sie das Wort derselben recht theilen" hätten sie deinem Muster geglichen, der du den Juden wurdest, wie ein Jude, den Schwachen, wie ein Schwacher, Jedermann allerlei, um allenthalben etliche selig zu machen — und hätten sie nicht vergessen, was die Liebe vermag, welche Gewalt sie habe über das Herz, welchen Eingang sie der Wahrheit verschaffe! Wohl euch, wenn ihr die Verkündigung derselben mit ihr beginnt und mit ihr fortsetzet; ihr werdet nicht vergeblich arbeiten; ihr werdet die Erfahrung machen, daß zu Herzen gehe, was vom Herzen kommt; ihr werdet selbst da Gehör finden, wo ihr wehe thun müßt; man wird euch zuletzt danken, sey es auch mit thränendem Auge und mit zerrissener Seele; man wird Vertrauen zu euch haben, man wird bald genug wahrnehmen, daß ihr's gut meint; man wird merken, welch ein Opfer es euch selbst koste, ein Wort zu sagen, das erst verwunden muß, ehe es heilen kann — mit Klugheit und mit der Schöpferin alles Guten, Edlen, Nützlichen — mit Liebe werdet ihr dem Unwillen vorbeugen, den selbst die Wahrheit anregen kann.

Und dann sorget für Bescheidenheit gegen die Menschen, für Demuth gegen Gott, ihr alle, die ihr die Stimme der Wahrheit vernehmt. Hat der Dünkel, daß wir alles besser wissen, als andere, uns bethört, hat der böse Geist des Uebermuths uns verblendet, daß wir, vielleicht von Jugend auf, verachtende Blicke werfen auf alle, welche Armuth, Stand, Geschäft und Beruf niedriger stellten, als uns; so wundert euch nicht, wenn die Wahrheit, die man uns verkündiget, Unwillen erweckt, wenn sie uns beleidigt, sobald sie von denen kommt, welchen wir schon darum kein Urtheil zugestehen, weil sie nicht unserm Stande angehören, und denen wir alles zum Verbrechen machen, was nicht unmittelbar Zeuge ihrer Unterwerfung unter unsere Anmaßungen ist. Möge die Ueberzeugung von dem Werthe, den jeder Mensch hat, und möge die Liebe, die alle verschwistert, uns bescheiden machen gegen alle — wir werden sie hören, wir werden die Wahrheit achten, von wem sie auch kommen — ja, wir werden sie mit Freuden begrüßen, wo wir sie auch finden, sind wir demüthig vor Gott. Denn was werdet ihr mit dem beginnen können, der nie sich entschließt, sein Herz vor dem Allwissenden zu prüfen, welcher in's Verborgene sieht? Der dreist genug ist, seine Verdienste vor dem Heiligen geltend zu machen, der jedes Eingeständniß seiner Fehler für Thorheit und für Schwäche gemeiner Seelen hält, der schon die kühne Rede gewagt hat: „Ich danke dir Gott, daß ich nicht bin, wie andere

Leute" und der nur gehässig und argwöhnisch auf andere anwendet, was er von der Wahrheit hört, ohne sich selbst in ihrem Lichte zu beschauen? Meinen wir, daß wir der Buße nicht bedürfen — so ist dem verzärtelten Gefühle nichts unleidlicher, als die Wahrheit, und wir werden nur den Schmeichlern Gehör geben, die uns vorreden, wornach die Ohren jucken, die uns mit Lobsprüchen überhäufen, deren keiner unwürdiger ist, als wir. Ist's bei uns zur Demuth vor Gott gekommen, so ändert sich Alles. Dann mag uns die Wahrheit strafen — wir sind die ersten, die es eingestehen, daß sie das strafende Wort lange verdienten; dann komme sie aus dem Munde des Freundes — wir werden ihn doppelt dafür lieben; oder aus dem Munde des Feindes — wir hören ihn; — oder werde sie laut an dieser Stätte, wo sie sich so gern ihren Wohnsitz baut, oder im Umgange mit Menschen, oder lasse sich im Lesen erbaulicher, lehrreicher Schriften ihre Stimme vermehren — sie ist uns willkommen; uns schützt das eigne Gefühl unserer Mängel vor dem stolzen Wahne, daß wir genug haben und satt seyen und nichts bedürfen, wie arm, wie blos wir noch sind, das liegt klar vor unsern Augen, und erhält in uns die Sehnsucht nach Heil und Rettung lebendig. Darum preißt auch der Herr diejenigen selig, welche hungern und dursten nach der Gerechtigkeit, und dahin eben kommt es bei euch nur, die ihr Demuth übt vor eurem Gott, und in eurer Demuth euch dankbar freut, daß die Wahrheit euch wiederbringt, was ihr unter dem Vordrängen grundloser Meinungen verloren habt, und euch anbietet, was euch fehlt. Zuwider mag sie dem Sünder seyn, den sie an einen Kampf erinnert, welchen er nicht bestehen will, dem sie Gesetze einschärft, welche er nicht halten will; dem sie ein Schicksal ankündigt, das er nicht zu Herzen fassen will: ihr bleibt offen für sie, denn es liegt euch Alles, Alles daran, daß ihr nur das Ende des Glaubens, der Seelen Seligkeit davonbringt; ihr bleibt offen für sie, mag sie noch so tief verwunden, denn ihr wißt ja, ihr habet es noch nicht ergriffen, ihr seyd noch nicht vollkommen geworden, aber hier gelte es dem Eifer, der nach der Vollendung ringt, und nur im Lichte der Wahrheit könne der Kampf bestanden werden, der zum Siege führt. Weit entfernt von jedem Unwillen über sie, werdet ihr sie im treuen, guten Herzen bewahren, damit sie Frucht trage in Geduld;

und immer reicher wird sie euch werden lassen an allerlei himmlischen Gütern; ihr werdet die Wahrheit erkennen, und die Wahrheit wird euch frei machen! Amen.

18.

Immer schneller und reißender wird jetzt der Gang der letzten Schicksale Jesu, auf welche sich die Aufmerksamkeit seiner dankbaren Verehrer in diesen Tagen ausschließlich richtet. Wir treffen ihn heute, nach der Erzählung deßjenigen Abschnittes der Schrift, über welchen wir reden sollen, auf seinem Einzuge in Jerusalem. Es war sein Todesweg, den er antrat. Die Stadt, die so viele seiner Thaten gesehen und bewundert, die ihn, den Lehrenden, so oft gehört, die ihn schon zum Theil als den erhabensten Gesandten von Gott gefeiert — zum Theil aber auch mit einem oft laut gewordenen, oft nur mühsam verhaltenen Grolle, der täglich sich tiefer in's Herz grub, betrachtet hatte — diese Stadt sollte nun Zeugin seiner letzten Leiden und eines qualvollen Todes werden. Er wußte das; er hatte diesen Ausgang seines Lebens und Wirkens mit der entschiedensten Bestimmtheit vorhergesagt; aber man faßte ihn nicht, und die Menge seiner Bewunderer, selbst seiner vertrautesten Schüler konnten sich so wenig in eine solche Vollendung eines höhern Rathes finden, daß sie, umgaukelt von den Bildern des irdischen Glücks, wie man es von ihm erwartete, ihn im Triumphe nach der Hauptstadt begleiteten, und sich in trunkener Freude dem Wahne überließen, nun endlich werde er sich frei für den Messias erklären, nun werde er die Fesseln brechen, die der Nacken eines unterjochten Volks widerstrebend ertrug. Und Jesus? — wie unaussprechlich groß erscheint er bei dem Allen! Sein Entschluß war gefaßt; der heilige Plan seiner Erscheinung und seines Daseyns auf Erden sollte hinausgeführt werden. Unerschüttert bleibt er bei dem Anblicke des nahen, entsetzlichen Todes und bei dem Hinschauen auf die Masse leicht beweglicher Menschen, die nun bald genug, unzufrieden mit ihm, bei dem sie ihre Rechnung nicht finden konnten, sich laut gegen ihn erklären, und seinen Tod fordern, und seiner Qualen spotten würden. Unerschüttert aber bleibt er auch bei dem Anblicke einer Auszeichnung, die nur den ersten Männern der damaligen Zeit zu Theil ward; unerschüttert bei dem Hinschauen auf diejenigen, die ihm mit stürmischen Jubel huldigten, die bereit gewesen wären, für ihn auf der Stelle Alles zu wagen, deren Freudenruf zu den Wolken stieg: Hosianna dem Sohne Davids! Gelobt sey, der da kommt in dem Namen des Herrn! Welch eine Seelengröße, m. Br., die weder Glück und Beifall, noch Schmach und Schmerz wankend macht; die, unabhängig vom fremden Urtheile und vom äußern Schicksale nur die Pflicht im Auge behält, damit der Pflicht allein gelebt werde! Lernen wir diese Hoheit des Sinnes heute an Jesu bewundern, fühlen wir uns durch sie gerührt und zum Nacheifern geweckt; sehen wir ein, wie nöthig es für uns alle sey, daß wir uns in einer pflichtmäßigen Unabhängigkeit von dem Urtheile der Menschen und von dem Gange des Schicksals erhalten, wo es auf standhaftes Rechthandeln ankommt, und bestimmen wir uns für diese Unabhängigkeit: so wird uns diese Stunde der Andacht eine Stunde des unvergänglichen Gewinns. Möge die Erinnerung an den, welcher zur Rechten Gottes erhöhet ist, von diesen Segen begleitet seyn!

Matth. 21, 1—9.

Nach der Sitte der Zeit, in welcher Jesus lebte, war ein solcher Einzug, wie ihn der Evangelist beschreibt, höchst feierlich. Der Herr ließ ihn zu, denn jetzt kam es darauf an, sich öffentlich als den längst ersehnten Helfer der Nation darzustellen, wenn es gleich noch nicht gelang, die irrigen und auf gemeine Zwecke gerichteten Hoffnungen zu zerstreuen, die man von ihm gefaßt hatte, und die Ueberzeugung zu bewirken, nicht auf Erdenglück, im gewöhnlichen Sinne, sondern auf Rettung von Wahn und Sünde und Schuld, auf ein ewiges, unzerstörbares Heil sey Alles, was er thue und leide, berechnet. Was aber bei diesem Einzuge unsere Aufmerksamkeit besonders in Anspruch nimmt, das ist die sittliche Größe, in welcher der Herr erscheint, es ist der Umstand, den wir bereits bemerklich gemacht haben, daß weder die Urtheile über ihn, noch der rasche Wechsel seines Schicksals, weder ein jubelndes Hosianna, noch ein schauerliches: Kreuzige ihn! weder Ehrenbezeugung, noch Verachtung und Schmach, ihn irre machen, ihn nicht einen Augenblick aufhalten konnten, seinen großen Plan mit unerschütterter Treue zu verfolgen, und eben das ist es, worauf wir heute unsere Aufmerksamkeit richten, und was wir zu der Erinnerung benutzen wollen,

„wie nöthig es sey, uns, bei unserm Rechthandeln, in einer pflichtmäßigen Unabhängigkeit von den Urtheilen der Menschen und von dem Gange des Schicksals zu erhalten.“

Lasset uns den Beweis für diese Behauptung führen, und sodann noch auf die Mittel hinweisen, die wir zu ergreifen haben, um jener Forderung zu genügen.

Wir reden von einer pflichtmäßigen Unabhängigkeit von Menschenurtheilen und vom Schicksalswechsel, und müssen euch bitten, diese Bestimmung fest zu halten, um nicht den argen Verdacht zu erwecken, als wollten wir der leichtsinnigen Gleichgültigkeit gegen fremde Urtheile, und einer gefühllosen, verknöcherten Stumpfheit bei den äußern Veränderungen des Lebens das Wort reden. Beides trefft ihr bei dem edlen Menschen nie. Ihm ist der Beifall achtungswürdiger Zeitgenossen viel werth; er schützt seine Ehre und seinen guten Namen als eines der wichtigsten äußern Güter, — und je zarter und inniger sein Gefühl, je theilnehmender sein Herz ist, desto empfindlicher wird es bei den mannichfachen Wendungen des Schicksals seyn, und desto leichter wird es von den wechselnden Erscheinungen in den äußern Lebensverhältnissen ergriffen werden. Welche Meinung wir von denen hegen, die über Ehre und Schande hinweg sind, und die weder Angenehmes noch Unangenehmes zu rühren scheint — das wisset ihr alle. Aber wenn der Einfluß fremder Urtheile und wechselnder Schicksale auf unser' Handeln gebieterisch einwirkt; wenn er uns überall bei unsern Entschließungen bestimmt; wenn er die Frage: Ists auch recht? zurückdrängt, und die Frage der Furcht: Was werden die Leute sagen? die Frage des Eigennutzes: Was wird uns dafür? zur ersten und wichtigsten erhebt; wenn dann unsere Bestrebungen launenhaft mit der Meinung, die man von uns faßt, und mit unsern Erfahrungen wechseln, wenn wir thätig oder unthätig, treu oder untreu in unserer Pflicht werden, je nachdem man uns lobt oder tadelt, je nachdem es uns wohl oder übel geht: so ist die Rücksicht auf fremde Urtheile über uns und auf unser Schicksal nicht mehr unschuldig und rein, und wir leben in einer sklavischen Abhängigkeit von äußern Einflüssen. Daß es dahin nicht kommen dürfe, daß fremdes Urtheil und wechselndes Schicksal uns nicht zu Knechten mache, daß wir, wie auch beides beschaffen seyn mag, fortfahren, zu thun, was uns obliegt; das wollen wir sagen, wenn wir von einer pflichtmäßigen Unabhängigkeit von jenen Einflüssen sprechen. Es wird nicht schwer werden, zu zeigen, wie nothwendig sie sey. Laßt uns jetzt den Beweis führen, indem wir zuerst den Fall setzen,

daß sowohl das Urtheil der Menschen, als unser Schicksal günstig für uns sey. Nothwendig wird's dann, uns von den Schmeicheleien dieser freundlichen Erfahrung unabhängig zu erhalten, damit wir nicht zerstreut, nicht schwach im Nachgeben, nicht weichlich und träge werden. Schon also darum,

damit wir nicht zerstreut und von der Hauptsache nicht abgezogen werden. Umgeben von der jubelnden Menge, unter dem Zujauchzen einer freudigen Begeisterung, blieb Jesus ruhig, sein Geist hingerichtet auf den Zweck, dem es galt; kaum sehet ihr ihn in Jerusalem angekommen, so setzt er sein Werk, die Menschen zu belehren und zu bessern, ungesäumt fort. Bemüht ihr euch nicht, den gefährlichen Einflüsterungen des Beifalls und den Lockungen des Glücks mit festem Sinne zu begegnen: nur zu leicht werden sie euch zerstreuen, werden euch auf Bestrebungen richten, die euch sonst fremd waren, werden euch festhalten bei dem allein, was euren Glanz und eure Ehre, was euer Vermögen und euren Sinnengenuß befördern und heben kann, unbekümmert darum, ob das Gewissen für euch oder gegen euch stimmt; ihr werdet am Ende euren ersten, edlen Zweck aus den Augen verlieren, und euer Rechthandeln aufgeben, sobald ihr nicht mehr hoffen könnt, dabei zu gewinnen, ihr werdet nicht mehr die pflichtmäßige, sondern nur die ergiebigste Laufbahn zu betreten suchen, und auf euren Vortheil alles berechnen. — Und wie bald werdet ihr in eine schwache Nachgiebigkeit fallen, bleibt ihr nicht auf eurer Hut! Hätte einst der Herr den allgemeinen Wünschen des großen Haufens nachgegeben, hätte er nach dem Beifalle einer im Vorurtheile befangenen Mitwelt gehascht, und ein Glück gesucht, das ihm die Hand des Volkes entgegen trug — wohin wäre es gediehen mit seinem Werke? Nicht gestiftet wäre dann das sittliche Reich, das über die Geschlechter der Erde ewige Segnungen verbreiten soll; nicht gegründet die Kirche, welche die Pforten der Hölle nicht überwältigen werden; nicht genügt hätte er dann dem Rathschlusse Gottes, den er auszuführen gesandt war; nicht hätte er die höhere Rettung der Menschen zu Stande gebracht, die freilich seine Zeit noch nicht begriff. Halten wir uns nicht in einer pflichtmäßigen Unabhängigkeit von den Urtheilen, die man über uns fällt und von dem Gange, den unser Schicksal nimmt, so werden wir den Lockungen des Ruhms und des Glücks nicht widerstehen, so opfern wir die heiligste Sache dem Beifalle des Zeitalters, können wir sie nicht vertheidigen, ohne diesen zu verlieren; die Ehre bei Menschen ist uns lieber, als die Ehre bei Gott; Schmeichler gewinnen uns das Herz ab, und feile Seelen, die unserm Ehrgeize huldigen, werden unsere Günstlinge und spielen mit unsern Gewissen. Und zeigt man uns, wie wir an Bequemlichkeit gewinnen, sobald wir's mit den Rechthandeln nicht eben genau nehmen; wie sich neue Vortheile für Vermögen und äußern Glanz erhaschen lassen, wenn wir mit dem Gewissen nicht weiter abrechnen! — o, dann darf man uns nur neue Genüsse bieten, und wir geben uns um diesen Preis bald genug hin; wir schieben auf, was wir vollenden, wir vernachlässigen, was wir mit Eifer treiben sollten, wir werden Schwächlinge, mit welchen der listige Bube macht, was er will. Der Eigennutz ist zu Allem fähig, und die Begierde nach Gewinn verdunkelt die heiligste Wahrheit. — Nöthig ist es, daß wir uns in der Unabhängigkeit erhalten, von welcher wir sprechen, auch darum, damit wir nicht weichlich und träge werden. Der Herr stand nicht stille auf halbem Wege; er glaubte nicht, genug gethan zu haben, als er die Huldigungen des Volkes empfing, und scheute sich nicht, nach einem Tage, an welchem man ihn hoch gefeiert hatte, den lange schon betretenen Weg fortzugehen, auf welchem er endlich gehorsam ward bis zum Tode am Kreuz. Es giebt Menschen, die, haben sie einmal ein gewisses Ziel erreicht, nun gleichsam auf ihren Lorbeeren ausruhen wollen; sie meinen, genug geleistet, sich genug schon verdient gemacht zu haben, oder — sie fürchten, sich etwas Großes und Schweres noch einmal zu beginnen, weil vielleicht nicht der Beifall sie begleitet, den sie einst erwarben, oder weil der Kampf gegen den Geist der Zeit und das entschlossene Entgegentreten gegen die Macht des Bösen ihren Ruhm bei der Partei vernichten könnte, um deren Lob sie buhlen. Sie haben sich auf dem weichen Polster der Ehre verweichlicht — und mehr noch in dem Genusse ihres Glücks. Es hat sie von

Anstrengungen entwöhnt; kein äußeres Bedürfniß treibt sie an zum Fleiße, keine Noth spannt ihre Thatkraft; ihre Arbeitsscheu wächst mit jedem Tage, und entfremdet sie einem standhaften, unermüdeten Rechthandeln. — Soll es dahin nicht kommen, m. Br., so denkt, wie ihr euch in einer pflichtmäßigen Unabhängigkeit von fremdem Urtheile und vom Gange des Schicksals erhaltet. Wachet, wenn beide euch günstig sind — aber wachet auch, wenn sie sich beide feindselig gegen euch auflehnen,

damit die Noth und der Drang der Umstände, in die ihr euch verwickelt seht, und damit der Tadel, der euch trifft, und das harte Urtheil, das euch verdammt, euch nicht verdrossen nicht muthlos, nicht untreu mache. — Nicht verdrossen — sage ich; denn ist nicht das die Wirkung kränkender Urtheile und peinigender Verhältnisse oft genug gewesen? Welch Beispiel der Herr zurückgelassen hat, das habt ihr gehört. Als er in Jerusalem ankommt, als er den ersten Männern der Nation wieder nahe ist, die, bei ihrer größern Bildung, die ersten unter seinen Verehrern hätten seyn sollen, und die längst schon die ersten unter seinen Feinden waren, so geht alles in furchtbar wahre Erfüllung, was er vorher verkündigt hatte. Die Stimmung ändert sich, das Volk wird aufgewiegelt; man verlangt im wilden Tumult den Tod des Besten, an dessen Worte der Lernbegierige gehangen, dessen Trost die Traurigen erquickt, dessen Hand die Leidenden geheilt hatte. Und ihr seht keine Veränderung in seinem Verhalten; derselbe Eifer für die gute Sache, für die er Alles, auch das Leben zu opfern bereit stand; dieselbe Lebendigkeit seines Wirkens, dieselbe Liebe, die heilen und retten will, wie ehedem. Ach, wie ganz anders ist es bei Tausenden gewesen, als der Undank sie verkannte und die Freude ihnen den Rücken zugewendet hatte! Da überfiel sie finstre, böse Laune; da mochten sie nichts mehr zu thun haben mit der Welt; da ließen sie nach im Rechthandeln und wiesen verdrossen den Ruf zur Pflicht zurück. Ist das, was ihr Tugend nennt, so abhängig dort von jedem Sonnenblicke der Gunst, hier von jeder trüben Wolke der Ungunst der Menschen und des Schicksals, so höret auf, von einer solchen Tugend zu sprechen; sie hat ihren Lohn dahin. Was ihr habt und dafür haltet, ist ein schwächliches Kind der Laune, die euch wetterwendisch macht und zur Zeit der Anfechtung abfallen läßt. Ja man wird euch nicht blos verdrossen, man wird euch muthlos zum Rechthandeln finden, wenn ihr euch vom Urtheile der Menschen und vom Gange des Schicksals nicht unabhängig erhaltet. Darum bitten wir euch, gedenket an den, der ein solches Widersprechen von den Sündern wider sich erduldet hat, daß ihr nicht in euren Muth matt werdet und ablasset. Ihn lenkte die äußere Erscheinung, wie verändert und veränderlich sie auch hervortrat, von seinem großen Ziele nicht ab; was er mit Kraft und Muth begonnen, was er unter Armuth, Anfeindung und Verfolgung fortgesetzt hatte, das vollendet er jetzt mit demselben Muthe, den kein ungerechtes Urtheil, keine Bosheit, keine Nähe drohender, immer wachsender Gefahr, keine Marter, den der Tod am Kreuze zu erschüttern nicht vermochte. Wollen wir ihm nach, m. Br., dann darf der Schmerz des Verkanntseyns, dann darf der Spott, dann darf die begrabene Freude und die getäuschte Hoffnung, und die Thräne, die auf die letzten, armseligen Trümmer entflohenen Wohlstandes fällt, sie darf den Muth nicht lähmen, den das Rechthandeln fordert; wir müssen zugleich tragen und handeln können, wollen wir die Behauptung wagen, daß der Geist Jesu Christi in uns sey, und daß wir fröhlich und gedeihlich hinanwachsen an ihm, der das Haupt ist. Aber wie soll das möglich seyn bei euch, die ihr nicht dafür sorgt, euch in pflichtmäßiger Unabhängigkeit von den Urtheilen der Menschen und von dem Gange des Schicksals zu erhalten? Werdet ihr, ohne diese Sorge, nicht zuletzt Alles aufgeben, was ihr früherhin Gutes und Edles begonnen hattet, und — untreu werden? Vollendet, herrlich vollendet hat der Herr sein Werk; unter dem Hasse undankbarer Zeitgenossen und durch Leiden des Todes ist er mit Preis und Ehre gekrönt. Aber warum wurden ihm so viele unähnlich im Sinn und Wandel, wenn ihr Schicksal dem seinigen ähnlich ward? Warum ließen sie nach im Rechthandeln, warum ward ihre frühere Begeisterung fürs Gute, Kaltsinn und ihr reger Eifer — warum ward er matt? Warum haben sie die erste Liebe verlassen? Weil sie sich abhängig machten von Ehre und Glück, und die einzige Triebfeder aller Thätigkeit in dem Beifalle der Mitwelt und in den Belohnungen der Erde fanden! Soll das nicht unser Ende werden, wie es das ihrige geworden ist, und soll nicht mit Untreue vollendet werden, was mit Treue angefangen ist, dann lasset uns sorgen, daß das uns nicht bestimme und beherrsche, was der Wandelbarkeit der Menschen und den Umständen angehört, die nicht in unserer Gewalt stehen. Mit Menschen, die nur sehen, was vor Augen ist, habt ihrs zu thun; ein Wort, das sie mißdeuten, ein Entwurf, der ihnen zuwider ist, eine Handlung, die ihr zu den schönsten eures Lebens rechnen dürft, und die dennoch verkannt wird — kann euch Tadel, kann euch Unwillen, kann euch Haß bereiten — „Johannes kam, sagte Jesus, aß nicht und trank nicht — er führte ein strenges, eingezogenes Leben — und es hieß: er hat den Teufel; des Menschen Sohn kam, aß und trank — theilte die schuldlosen Freuden edler Menschen und entzog sich dem Umgange derer nicht, die er für das Gute zu gewinnen hoffte, — und es hieß: „er ist der Zöllner und Sünder Geselle“ — da habt ihr das Bild jeder Zeit! — Lächelnd tritt heute das Glück zu euch; es schüttet seine Gaben aus über euch, es trägt sie euch nach — und der Abend eures Lebens trübt sich; eure Erfahrungen werden bitter; Alles um euch her erscheint euch, wie ein welkendes Gras, alle Herrlichkeit der Menschen, wie des Grases Blume; das Gras verdorrt, die Blume fällt ab — da habt ihr das Bild der Veränderlichkeit des Schicksals vom Anbeginn, und die letzten noch, deren Fuß die Erde betritt, sie werden das ihrige in diesem Bilde wieder finden. Nein, an Treue bis in den Tod ist nicht zu denken; an kein Festhalten am Guten, an keinen entschlossenen Kampf, an keinen Sieg, wenn wir uns, bei unserm Rechthandeln, nicht in einer pflichtmäßigen Unabhängigkeit von den Urtheilen, die uns treffen, und von dem Gange erhalten, den unser Schicksal nimmt. Das haben alle gethan, die ihren Lauf mit Ehre vollendeten; durch Ehre und Schande, durch Trübsal und Angst sind sie gegangen; aber sie waren unabhängig von solchen Erfahrungen, und darum waren sie und blieben sie treu — als die Unbekannten, schreibt der Apostel, und doch bekannt; als die Sterbenden, und siehe, wir leben; als die Gezüchtigten und doch nicht ertödtet; als die Traurigen, aber allezeit fröhlich; als die Armen, aber die doch viele reich machen; als die nichts inne haben, und doch alles haben.

Und dahin können, dahin werden wir es bringen, ist unser

eignes Urtheil über das Rechthandeln wahr und geläutert, ist unsere Achtung vor dem Guten, ungeheuchelt und rein, und haben wir uns gewöhnt, Gott zum Zeugen zu nehmen, bei allem, was wir wollen und thun.

Schwerlich wird es uns gelingen, jene Unabhängigkeit zu behaupten, so lange wir selbst das Rechthandeln, worauf es uns ankommen soll, falsch beurtheilen. Ist es in unsern Augen nichts, als eine äußere Gesetzmäßigkeit, die also auch durch äußere Gewalt erzwungen werden kann; halten wir es blos für eine Sache der Klugheit, um höchstens bei den Menschen durchzukommen, und irdische Zwecke zu erreichen: so sind wir den Einwirkungen der Urtheile anderer und des Schicksals von allen Seiten blos gestellt; die Zeit ist schon da, wo wir der Menschen Knechte werden, und Menschenfurcht und Menschengefälligkeit erhalten die Oberhand; je nachdem andere loben oder tadeln, bestimmt sich unser Thun und Lassen; und je nachdem wir gewinnen, oder verlieren, gehört unsre Kraft und unser Leben der Pflicht oder der Sünde; die Gottseligkeit ist dann für uns, sage man, was man wolle, nichts, als ein Gewerbe. Würdigen wir dagegen das Rechthandeln, wie sich's gebührt, erkennen wir darin die Frucht einer tiefen Achtung vor dem Gesetze, das uns ins Herz geschrieben ward, so können wir nicht abhängig seyn, weder von fremden Urtheilen, noch vom äußern Schicksale. Und dies um so weniger, wenn wir die Achtung vor dem Pflichtgebote treu bewahren, und wenn es für uns die heilige, unverletzliche Regel bei unserm Handeln bleibt. Dann entscheidet dies Gebot überall, es bestimmt unsern Willen, es leitet uns bei jedem Entschlusse, es führt zu Werken, die in Gott gethan sind. Haben wir so erst festen Fuß auf dem Boden der Wahrheit und der Tugend gefaßt — nimmermehr werden wir dann den erworbenen Schatz der Pflichttreue dem unsichern Beifall der Menschen, nicht dem verwundenden Gefühle des Tadels, nicht dem lockenden Reize des Glücks, das uns doch auf immer nicht sättigen kann, nicht den Lasten, die heute uns drücken, und die morgen vielleicht schon von unsern Schultern genommen sind, keiner Bürde Preis geben, die doch einst am Grabe abgelegt wird. Ob er durch gute Gerüchte oder böse Gerüchte gehe, ob er übrig habe oder Mangel leide —

nicht das ist in den Augen dessen die Hauptsache, dem das Gute über alles heilig ist, und der zuerst dafür sorgt, daß er nur *halte, was er hat, und daß Niemand ihm die Krone raube.* Doch wir verkennen unsere Schwäche und die Macht der Sinnlichkeit nicht! Darum laßt uns

Gott zum Zeugen nehmen bei Allem, was wir wollen und thun; denn so nur werden wir vor *Uebermuth* und vor *Kleinmuth* bewahrt, *stark seyn in dem Herrn und in der Macht seiner Stärke.*

Günstige Urtheile und ein günstiges Schicksal können, wie wir gezeigt haben, uns in jene traurige Abhängigkeit bringen, sie können uns zerstreut, schwach im Nachgeben, weichlich und träge machen. Wollen wir dieser Gefahr siegreich begegnen, so sey der Gedanke an Gott unser Schild! Denn werden wir uns zerstreuen und von unserm Rechthandeln abwendig machen lassen, wenn der Gottesgedanke uns erfüllt und uns beten lehrt: *Herr du erforschest mich und kennest mich; ich sitze oder stehe auf, so weißt du es; es ist nicht ein Wort auf meiner Zunge, das du nicht alles wissest?* Werden wir schwach genug seyn, aus Rücksicht auf Menschenurtheile und äußeres Glück, nachgiebig gegen das Schlechte zu werden, und auf die Forderungen der Laune, der Untreue, der Gewissenslosigkeit einzugehen, damit man uns nicht schmähe und schade, wenn wir den Richter aller Welt scheuen lernten, dem Niemand entflieht, und wenn wir den Vater von ganzem Herzen lieben, der uns *segnet* und *behütet* und *sein Angesicht leuchten* läßt über alle, die sein Gebot halten? Werden wir träge werden im Rechthandeln, werden wir meinen, schon genug geleistet zu haben, werden wir uns von den Lobsprüchen der Menschen bethören und auf dem weichen Polster der Freude einschläfern lassen, wenn wir vor Gott uns prüfen, wenn wir, vor dem Allwissenden, beschämt und reuig uns gestehen, wie viel uns noch mangelt, wie unverdient oft der Beifall der Welt, wie unverdient das Glück sey, das wir genießen, wie oft wir schamroth werden mußten, wenn die Ehre bei Menschen uns folgte und die Ehre bei Gott uns fehlte? Oder wenn wir, mitten im Genusse unserer Güter, uns dankbar vor ihm beugen und bekennen: *Herr, wir sind zu geringe aller Barmherzigkeit und aller Treue, die du an uns gethan hast?* — können wir dann uns der trägen Ruhe überlassen? O, wir werden uns nicht vergessen, wir werden nicht übermüthig das hohe Ziel aus dem Auge verlieren, das uns vorgesteckt ist, werden nicht zurückschreiten auf der begonnenen Bahn, nehmen wir Gott überall zum Zeugen. Und wie könnten wir uns erst mit Fleisch und Blut besprechen, wie könnten wir von einem Opfer*uns scheuen, das im Dienste der Pflicht gebracht werden soll, wie könnten wir in Kleinmuth fallen, und verzagt im Ahnen und Bangen vor einer traurigen Zukunft das Rechthandeln aufgeben, wenn Tadel statt Lob, wenn Noth statt der Freude uns zum Lohne wird, sobald sich der Blick nur zu den Bergen emporhebt, von welchen uns Hilfe kommt, und zu dem Zeugen, der auch in's Verborgene sieht und öffentlich vergilt? Verdrossen, muthlos, untreu kann das Urtheil und das Schicksal uns machen, wagen wirs, unser Werk ohne Gott zu vollenden. Aber fürchtet das nicht, ihr, die ihr den Gedanken an ihn festzuhalten gewohnt seyd. Wie? ihr solltet verdrossen werden, wenn Menschen euch tadeln und ihr doch des Beifalls Gottes gewiß seyd, wenn ein Uebel euch trifft und ihr euch doch reich fühlt in Gott? Ihr solltet entmuthigt werden, wenn der Verläumder euch kränkt und Gott für euch zeugt, wenn das Schicksal euch in saure Kämpfe zieht, und ihr doch im Glauben sprecht: Wir sind nicht allein, sondern der Vater ist bei uns, und ihm ist es nicht schwer, durch viel oder wenig zu helfen? Ihr solltet untreu werden, wenn die Welt euch zurückstößt, und doch eine innere Welt sich aufthut, wo ihr Friede habt und Freude in dem heiligen Geist, und eine neue Welt sich eurem staunenden Blicke zeigt, die alle Thränen abwischt von euren Augen, die euch aufnimmt, wenn hier der Feierabend kommt, und wenn die Arbeiter gerufen werden, und wenn ihr mit allen den Lohn der Treue empfangt, den Gott bereitet hat denen, die ihn lieb haben?

Wie es doch etwas so Großes ist um diesen Sinn! Von ihm beseelt waren alle die Edlen, die weder Lob noch Tadel, weder Glück noch Leiden von dem Pfade des Rechthandelns lockten; die ruhig ihren Weg gingen unter jeder Erfahrung, und auf jeder Stätte, auf der sie standen, die Spuren ihres Gemeinsinns, ihrer Liebe, ihres uneigennützigen Wirkens zurückließen; die weder jenen kleinlichen Rücksichten, noch jenen engherzigen Bedenklichkeiten Raum gaben, von welchen gemeine Geister beherrscht sind. Ihr Herz hatte sich erweitert, ihr Geist sich erhoben über das, was die Erde ihnen bieten kann; so haben sie Gutes gethan und sind nicht müde geworden! Von diesem Sinne beseelt, ist es uns möglich, zu leisten, was sie geleistet haben. Vergebens lockst du uns dann, Ruhm der Welt — es ist der Vater, der uns ehrt. Du machst uns nicht träge, vergängliches Glück — was hilfe es uns, wenn wir die ganze Welt gewönnen, und Schaden nähmen an unserer Seele? Du sollst, du kannst uns nicht entmuthigen, bitterer Tadel! Verwunden kannst du das Herz, aber du brichst seine Kraft nicht — denn siehe da, unser Zeuge ist im Himmel, und der uns kennet, ist in der Höhe! Du dunkler Tag mit deinem Weh und Schmerz, du kannst alt machen vor der Zeit, kannst das Haar bleichen, kannst Furchen ziehen auf die Stirn, kannst die Freude vergiften, welche das kurze Leben noch übrig hat: aber wir ermatten nicht, denn wir wissen, nicht werth, nicht werth sind die Leiden der Zeit der Herrlichkeit, die offenbar werden soll! Amen.

19.

Wir dürfen wohl darauf rechnen — mit den besten Wünschen, mit den herzlichsten Ermahnungen zur Treue im Glauben und zu einer unverfälschten Gottesfurcht werden heute viele von denen hieher begleitet seyn, welche das Abendmahl Jesu feiern wollen. Es sind die jungen Christen, welche zum ersten Male an demselben theilnehmen, und welche glücklich genug waren, in Häusern aufzuwachsen, wo der frommen Tugend eine Wohnstätte bereitet ist. Möchte dies Glück ihnen allen zu Theil geworden seyn! Möchte frommer Aeltern und frommer Freunde frommes Wort und frommes Beispiel sie alle erwärmt haben zu der Dankbarkeit gegen Jesum, zu dem Festhalten an seiner Lehre, zu dem Eifer für seine Sache, zu der Nachfolge seines Beispiels, zu dem Christensinne, den sie hier aussprechen und beleben sollen! Möchte keiner, der auf diese jugendlichen Gemüther noch an diesem Morgen Einfluß haben konnte, versäumt haben, was beitragen konnte, ihnen die rechte Stimmung zu geben, in welcher sie die Liebe bis zum Tode am Kreuze würdig preisen können! Ist es doch ein so wichtiger Schritt, welchen eure Kinder, eure Pflegbefohlene und

Zöglinge so eben thun! Freilich, von seiner Bedeutsamkeit ahnt der Unwissende nichts, der die Absichten des Abendmahls nicht kennt, — nichts der Mensch von gemeinem Sinne, der in der ersten Abendmahlsfeier nur den Schlußpunkt des Schulunterrichts und der Schulerziehung findet, deren er längst schon überdrüssig war — nichts der Eitle, der hier nur eine Gelegenheit sieht, zu glänzen, und seinen Wohlstand in dem äußern Schmucke der Kinder, auf Kosten ihres Herzens geltend zu machen — nichts der Verächter der Religion, welcher im Abendmahle blos einen äußern Gebrauch erblickt, dem er sich, nothgedrungen, um der Welt willen, unterwerfen muß. Aber der Gute und Weise — wie sind seine Ansichten so ganz andere! Wie ernst wird ihm hier Alles! Wie feierlich ist ihm die Stunde, in welcher die Bekenntnisse heiliger Wahrheit aus lebendiger Ueberzeugung, in welcher Gelübde abgelegt werden sollen, nach denen einst ein unbestechlicher Richter urtheilen wird! Er wird die Wichtigkeit derselben um so tiefer fühlen, je mehr sie ihm selbst einst ans Herz gelegt ward, und je mehr man Sorge trug, ihm die Eindrücke seines ersten, öffentlichen Bekenntnisses Jesu und des Evangeliums unvergeßlich zu machen. Und in der That, an die Stunde, welche wir damals verlebten, und an alles, wodurch sie uns damals feierlich und rührend ward, können wir kaum lebhafter erinnert werden, als durch den Anblick derer, welche heute in derselben Lage sind. Nutzen wir ihn, diesen Anblick, um uns Erinnerungen an unsere erste Abendmahlsfeier zu überlassen!

Luc. 22, 19. 20.

Welch ein Inhalt in wenigen Worten! Wie sie uns bei jeder erneueten Abendmahlsfeier den Weg zu allen den frommen Betrachtungen zeigen, denen jene Feier ausschließlich bestimmt ist, so knüpften sich an sie unsere Gedanken, aus ihnen entwickelten sich unsere schönsten Gefühle, Vorsätze und Hoffnungen, auch damals schon, als wir das zum ersten Male thaten zu seinem Gedächtniß, — thaten wir es anders in der würdigen Fassung, die wir bei seinen ächten Bekennern voraussetzen müssen. Ob sie die unsrige war? — Nur von Nutzen kann es seyn, wenn wir uns heute noch einmal darüber klar zu werden suchen, indem wir uns

„den Erinnerungen an unsere erste Abendmahlsfeier überlassen,“

Erinnerungen also an das, was man that, um uns eine würdige Fassung zu erleichtern, an die Vorsätze, welche wir faßten, an die Gefühle, welche sich in uns regten.

Waren auch wir glücklich genug, unter der Pflege einer weisen Liebe aufzuwachsen und an der Hand frommer Aeltern, treuer Lehrer und Bildner erzogen zu werden in der Furcht und Ermahnung zum Herrn, so hat es uns sicher nicht gefehlt an kräftigen Ansprachen an unser Herz. Wir hörten Worte der Ermahnung und Bitte, der Warnung und Ermuthigung; man bot Alles auf, um die Achtung vor dem heiligen Gesetze zu beleben, das uns ins Herz geschrieben ist; um uns für das, was edel und gut ist, zu begeistern, um dem Entschlusse Festigkeit zu geben: Alles, was der Herr, unser Gott, uns gebietet, das wollen wir thun. Wie machte man uns aufmerksam auf die Gefahren, von denen unsere Tugend, unsere Gewissensruhe und unsere Seligkeit bedroht wird; auf die Versuchung, die uns erwarten, die uns Gott und Jesu und dem Glauben an sein Evangelium untreu machen, auf die Sünde, die mit ihren Lockungen uns nachschleichen werde, auf die Stunden der Verblendung, in welchen die Leidenschaft vor der Vorworfenheit des Lasters nicht mehr erschrickt, und uns das furchtbare Schicksal verbirgt, das es seinen Knechten bereitet. Mit einer Zärtlichkeit, wie sie die innigste Liebe und die treueste Besorgniß um unser Heil nur einflößen kann, bat man uns bei Allem, was uns heilig und theuer seyn kann, nur nicht zu treten auf den Weg der Sünder, nicht zu sitzen, wo die Spötter sitzen, nicht von dem uns zu wenden, der uns erkauft hat mit seinem Blute, nicht müde zu werden, unsere Seligkeit zu schaffen mit Furcht und Zittern. Leben sie nicht zum Theil noch mit euch, sie, die einst so ermahnend, so warnend, so bittend, euch zum ersten Genusse des Abendmahls begleiteten? Und wären sie geschieden — ist es euch nicht, als wenn ihre Geister euch umschwebten? Als höret ihr noch einmal des Lehrers Zuruf: Seyd getreu bis in den Tod! des Vaters Wort: Meine Kinder, wenn euch die bösen Buben locken, so folget ihnen nicht! der Mutter Stimme: Euer Lebenlang habet Gott vor Augen und im Herzen! Ist es nicht, als wenn sie noch einmal euch segneten, als hörtet ihr noch ihr Gebet: Erhalte sie, Gott, in deiner Wahrheit, daß wir keinen verlieren, keinen von denen, die du uns gegeben hast!

Da traten wir zum Altare. Unser Erscheinen war eine feierliche Erklärung unverbrüchlicher Treue, und das Abendmahl ein Bundesfest, das uns auf ewig einen sollte mit dem, der das Haupt der Gemeine ist, und das uns zum Unterpfande einer Gnade ward, die es dieser Gemeine nie an Mitteln der Erkenntniß und der Besserung, nie an Trost und Hoffnung will fehlen lassen. Da ging uns eine Stunde auf, wie die war, als er die Kindlein zu sich rief und die Hand auf sie legte und sie segnete. Konnten wir mit andern Vorsätzen zu ihm kommen, als mit den Vorsätzen, fest zu halten an dem Glauben, der ein Sieg ist, welcher die Welt überwindet? an der Liebe, an welcher Jedermann erkennet, daß wir seine Jünger sind? an der Hoffnung, die hier schon uns selig macht, und die nicht zu Schande werden läßt? — Du hast uns geliebet, sprach das volle, gerührte, dankbare Herz, du hast uns geliebet bis zum Tode, ja bis zum Tode am Kreuz; wohin sollten wir gehen? Du hast Worte des ewigen Lebens! Wenn Alle sich an dir ärgerten, wir nicht; wir haben erkannt, daß du bist Christus, der Sohn des lebendigen Gottes, daß du uns gemacht bist zur Weisheit, zur Gerechtigkeit, zur Heiligung, zur Erlösung; weder Tod noch Leben, weder Engel noch Fürstenthum, noch Gewalt, weder Gegenwärtiges noch Zukünftiges, weder Hohes noch Tiefes, noch keine andere Kreatur soll uns scheiden von dir und von der Liebe Gottes, die durch dich offenbaret ward. Wir wollen gesinnet seyn, wie du warst; ein Beispiel hast du uns gelassen, daß wir thun, wie du thatest; wir wollen folgen; an unserer Gottes- und Menschenliebe, an unserer Versöhnlichkeit und Großmuth; an dem Frieden, den wir untereinander haben; an der Reinheit unseres Herzens und Lebens, an unserer Geduld und Ergebung, an unserm Eifer, Gutes zu thun, ohne müde zu werden, an unserm Trachten nach dem, was droben ist, soll es erkannt werden, daß wir in dir sind, und du in uns bist!

Von welchen Gefühlen mußte da unser Inneres ergriffen und durchdrungen seyn! Je mehr das Edlere sich in uns regte und uns erhob, desto mächtiger ergriff uns das Gefühl der Reue und Schaam über jedes sittliche Gebrechen, dessen wir uns bewußt waren; desto tiefer demüthigte uns jedes Geständniß der Sünde, das wir uns ablegten; desto gerührter empfanden wir die Gnade, die uns entgegen kam; desto dankbarer ergriffen wir sie und ihre Verheißungen, desto mehr entzückte uns der Gedanke, daß auch uns der Zugang zum Gnadenstuhle geöffnet sey, auf daß wir Barmherzigkeit empfahen und die Hilfe, die uns noth thut.

Sind die Erinnerungen an eure erste Abendmahlsfeier von dieser Beschaffenheit, so haben wir volle Ursache, euch glücklich zu preisen, aber wir müssen dann auch wünschen, daß sie euch Veranlassung zu einer ernstlichen Prüfung geben, und das geistige Leben in euch kräftig anregen mögen.

Nicht eine leere Ceremonie habt ihr in eurer ersten Abendmahlsfeier erkannt, eine heilige Stunde vielmehr, in welcher ihr das vor euch zur Sprache brachtet, was dem Menschen das Wichtigste und Höchste ist, und ihr wisset, eine andere Stunde wird folgen, wo jene in vollen Anschlag gebracht wird. Unvergessen ist sie bei dem Richter, der Alles, Alles auf sein Buch schreibt. Welch ein Gedanke des Schreckens, stände sie uns dann anklagend gegenüber, eine fürchterliche Zeugin unserer Treulosigkeit! Es kann in diesem Augenblicke kein Wunsch unserm Herzen näher liegen, als der, daß wir alle zu dem Bewußtseyn kommen können, gehalten zu haben, was wir einst gelobten, und darum laßt uns die Prüfung nicht abweisen, der wir uns, unser Denken und Wollen und Leben, wie es seit jener Stunde bis hieher gewesen ist, unterwerfen sollen. Gehörte sie zu den Leitungen Gottes; sollten ihre großen Zusicherungen uns mit Muth zum Kampfe gegen jede Sünde rüsten, gelobten wir Gehorsam und Treue dem Wahrhaftigen, der die Lügner nicht ungestraft läßt, dem Heiligen, der uns zur Vollkommenheit ruft, dem Allwissenden, dessen Auge wir nicht entfliehen, nähmen wir auch Flügel der Morgenröthe und blieben am äußersten Meere; dem Gerechten, der jedem giebt, nach dem er gehandelt hat bei Leibes Leben; wollten wir, gerührt von seiner Liebe, ewig, ewig seiner Liebe werth zu seyn trachten: o, lasset uns dann nachsehen, ob wir Wort gehalten haben? Trug sie Frucht, jene Stunde? Und reift diese Frucht mehr und mehr? Schreiten wir, als Bundesglieder der Gemeine Jesu, die ohne Makel und ein Volk Gottes, ein königliches Priesterthum seyn soll, schreiten wir, würdig unseres Berufs, fort im Streben nach allem, was gerecht, was keusch, was lieblich ist, was wohllautet; nach jeder Tugend, nach jedem wahren Lobe? Müßten wir uns heute als Bundbrüchige anklagen, die in ihrem Leben das Urtheil ihrer Verdammniß finden; hätten wir vergessen, was wir zusagten, verachtet, was uns geboten ward — was sollen wir uns dann sagen? Was thun? O, möchten wir die Stimme hören, die heute noch einmal an unser Ohr schlägt: „Kehret wieder, kehret wieder, Abtrünnige! Ich bin barmherzig, spricht der Herr!" Aber möchten wir den Tag des Heils auch ergreifen, ehe seine Sonne sich neigt! Heute, so ihr seine Stimme höret, so verstocket eure Herzen nicht! — Doch, welch eine Quelle der Freude wird die Prüfung eures Herzens und Lebens euch öffnen, Glückliche, die ihr ein besseres Zeugniß bei euch findet! Habt ihr zu halten gestrebt, was ihr damals gelobtet, als ihr zum ersten Male das Abendmahl genosset; habt ihr seitdem einen guten Kampf gekämpft; habt ihr die Güter und Wohlthaten euch bewahrt, welche den würdigen Bekennern des Evangeliums zugesichert sind, und gesorgt, daß Niemand eure Krone raube: mit welchen Gefühlen der Dankbarkeit und der Freude werden euch dann die Erinnerungen erfüllen, denen ihr euch heute überlasset! Und wie werden sie dann

das geistige Leben in euch kräftigen, und euren Eifer für das Höchste neu beleben! Darin erblicken wir die würdigste Frucht derselben, die für das ewige Leben bleibt. Noch sind wir auf dem Wege, noch bietet der Herr in seiner Kirche uns Alles, was uns heiligen und retten kann; noch können wir in seiner Kraft das Ende des Glaubens, der Seelen Seligkeit davon bringen. — O, möchten uns heute noch einmal alle eure fromme Ermahnungen, ihr — lebende oder gestorbene — Aeltern, Lehrer, Freunde unserer Kindheit und Jugend, alle eure Wünsche, alle eure Gebete für uns, alle eure Thränen, wie damals ergreifen, als wir die erste Feier des Todes Jesu begingen, damit das Gefühl göttlicher Gnadenverheißungen in voller Stärke erwache, und uns mächtig treibe, daß wir unsere Vorsätze für alles Gute erneuern, daß wir mit ungeheuchelter Achtung vor unserer Bestimmung, mit tiefer Reue über jede Vernachlässigung unserer Pflicht, mit innigem Verlangen nach der Gnade bei Gott, mit hohem Ernste in dem Trachten nach seinem Reiche und seiner Gerechtigkeit erfüllt werden, daß wir hinfort, was noch hinterstelliger Zeit im Fleische ist, nicht der Menschen Lüsten, sondern seinem Willen leben! Noch ist der Tag des Heils, noch die angenehme Zeit; so laßt uns sorgen, daß wir sie nicht versäumen, und einst einkommen zu seiner Ruhe und das Erbe empfahen mit allen, die geheiligt werden!

Und das sey einst auch euer Theil, die ihr jetzt zum ersten Male an den Tisch eures Herrn tretet! Für euch — das dürfen wir wohl hoffen — für euch beten jetzt alle, die hier in frommen Erinnerungen an ihren eignen, ersten Abendmahlstag verweilen; euch empfehlen sie Gott und dem Worte seiner Gnade, der mächtig ist, euch zu erbauen und euch zu bewahren vor dem Uebel. Betet ihr mit ihnen, und weihet euch ganz und auf immer dem, der euch erworben hat, nicht mit Gold oder Silber, sondern mit seinem eignen Blute. Bleibet bei ihm, wie die Sünde auch locken, und welche Schlingen der Unglaube legen mag; daß ihr unsere Hoffnungen nicht täuscht und nicht über euch und uns den Jammer bringt, der die Frage abnöthigt: Kinder, warum habt ihr uns das gethan? daß ihr nicht betrübet den heiligen Geist Gottes, mit dem ihr versiegelt seyd auf den Tag der Erlösung; daß es euch nie gebreche an irgend einem Guten; daß ihr Gottes Kinder hier und in der Ewigkeit seine Erben und Miterben Jesu Christi seyd! Heilige Gott euch alle in seiner Wahrheit, und bewahre er eure Seelen zum ewigen Leben! Amen.

20.

„Es ist vollbracht!" sprach der göttliche Dulder, und neigte das Haupt und verschied. Aber die Liebe dankbarer Schüler kann sich nicht von ihm trennen, sie will noch thun, was sie vermag, sie will bei dem Vollendeten weilen, so lange sie kann. Was sterblich an ihm war, und der Sinnenwelt blieb, es ist der frommen Freundschaft zu theuer, um es unwürdigen Händen zu überlassen. Joseph von Arimathia nimmt den erblaßten Leib vom Kreuze; Nicodemus kommt, denselben, nach der Sitte jener Zeit, zu salben; trauernd legt man ihn in's Grab; dahin eilt am nächsten Morgen Maria Magdalena mit ihren Gefährtinnen; sie bringen Specerei zur Salbung, sie wollen bei diesem Grabe weinen, und das ehren, was es noch, wie sie denken, umschließt.

Können wir an dem Erinnerungsfeste des Todes Jesu andere Gefühle haben, als jene edle, deren Namen die Geschichte bewahrt hat? Kann es uns heute mit unsern Gedanken anders wohin ziehen, als nach Golgatha, wo der Heilige Gottes starb? Möchten wir anders wo weilen, als da, wo sie standen — an seinem Grabe? — Und stehen wir dann, wo sie einst standen, trauern wir, wo sie einst getrauert haben — möchte uns dann nichts Gemeines, nichts Unwürdiges stören, keiner, keiner in unsere Reihe sich drängen, der nicht Eins ist mit uns in dankbarer Liebe zu Jesu, im frommen Vertrauen zu ihm, in Bewunderung und Ehrfurcht vor ihm! Es kommen Manche zu seinem Grabe, die unwerth sind, die Erde zu berühren, die ihn deckte. Laßt uns auf die Begleiter achten, die sich uns anschließen dürften, damit wir mit den Weisesten und Besten gehen, und mit ihnen hochgesegnet zurückkehren von der Stätte, wo man ihn hingelegt hatte.

Joh. 19, 41. 42.

Nein, einen andern Stand, als den Stand am Grabe des Herrn, das man so bezeichnend und mit Recht das heilige Grab genannt hat, wollen wir heute nicht einnehmen. Erinnerungen auf Erinnerungen, Gefühle auf Gefühle werden sich drängen; offen für sie soll unser Herz seyn. Aber, damit

„der Stand am heiligen Grabe"

uns segne mit himmlischen Segnungen, so laßt uns auf unsere Begleiter achten. An bedeutungsvollen Orten kommen nicht immer die Besten zusammen. Auch Unwürdige finden sich ein, die uns stören, die unserer Wehmuth und Trauer, unserer Hoffnung und Freude spotten; vor deren Gesellschaft uns ekelt. Wir wollen auch hier die Geister prüfen, damit wir unter den Besten unsern Stand am heiligen Grabe nehmen. Da giebt es Menschen mit abgestumpftem Gefühle; sie kommen auch. Fragt sie aber ja nicht, was sie wollen? Sie können euch nicht antworten; wissen sie es doch selbst nicht. Gedankenlosigkeit und Gewöhnung hat sie dorthin geführt. Die Armen am Geist — sie ahnen nicht, was es hier zu denken, zu empfinden, zu beschließen, zu sorgen gebe, und wenn ihr euch gegen sie aussprechen wolltet — sie würden nicht wissen, was das gesagt sey; ihre Augen sind gehalten. Könntet ihr euch an sie anschließen? In ihrem Kreise am heiligen Grabe stehen? Unmöglich! Sie, mit ihrem Stumpfsinne, mit ihrer Kälte, mit ihrer Gefühllosigkeit, sie sind eure Gefährten nicht! Ihnen entgegen stehen

verzärtelte Menschen. Nehmen sie auch den Stand am heiligen Grabe ein — nur einen Augenblick weilen sie dort, und kehren schnell wieder um. Sie können den Anblick der Gräber nicht ertragen; es graußt ihnen vor den Wohnungen der Todten. Auch bei dem heiligen Grabe können sie nicht ausdauern. Da hört das Ohr nicht die Töne der lauten Freude und des schallenden Jubels; es ist stille, rings umher, wie an einer großen Sabbathsfeier. Da sieht das Auge nicht eitlen Glanz und Putz — es wendet sich weg und sucht, woran allein es sich ergötzt, die Bilder der Vergänglichkeit. Auch zu solchen Begleitern möget ihr euch nicht gesellen. Wolltet ihr mit ihnen schnell den Stand wieder verlassen, den ihr heute einnehmen sollt, es würde euch seyn, als riefe eine Stimme aus dem heiligen Grabe: Könnt ihr denn nicht Eine Stunde hier wachen und weilen? Auch das nicht, nicht eine Stunde frommer Erinnerung hätte ich um euch verdient? Eben so wenig wollen wir unter

empfindelnden Menschen stehen, welche die Gräber der Todten mit Strömen von Thränen schwemmen, die im Schmerze schwelgen, die sich in Gefühlen aufzulösen scheinen, aber die auch nichts mitbringen, als diese Gewalt der Gefühle. Zu ernster Ueberlegung, zu einem fruchtbaren Nachdenken über sich, über den Gegenstand ihrer Klagen, über das, was sie jetzt zu thun haben, kommt's bei ihnen nicht. Hingegeben an ihre Trauer, stehen sie heute am heiligen Grabe. Seyd vorsichtig, wenn ihr mit ihnen zusammentrefft! Wir ehren die Thräne, welche die Stätte benetzt, wo sie den Herrn hinlegten, und jedes fromme Gefühl; aber wir dürfen es nicht verschweigen, jenes empfindelnde Wesen sey oft nichts, als ein äußeres Gewand, das ein werthloses Innere deckt, die Frucht einer strafbaren Heuchelei. Doch wäre sie auch das bei euren Begleitern nicht — wir müssen euch dennoch warnen vor dem Irrthum, der schon in bloßen Gefühlen das sichere Kennzeichen einer würdigen Verfassung des Herzens erkennt, und der nach entscheidenden Beweisen dieser Verfassung, nach dem Glauben nicht weiter fragt, welcher durch die Liebe thätig ist. Hütet euch aber auch vor

den rohen, verwilderten Gefährten, die ihr finden könntet. Wir sehen oft genug die Rohheit bei den Gräbern, wir hören ihre Ausbrüche, und mit Schmerz und Wehmuth, mit Widerwillen und Ekel wenden wir uns ab. Aber wie empört sie uns, wenn sie selbst das heilige Grab nicht verschont! Wir reden von denen, welchen das Kreuz und der Tod des Welterlösers ein Aergerniß und eine Thorheit, sein Grab — eine gemeine Erscheinung — die fromme Andacht, die an diesem Grabe betet, ein Spott geworden ist; die sich in den großen Plan der Vorsehung nicht finden mögen, welche den Sohn sandte, damit wir durch ihn das Leben hätten — die vor dem göttlichen Dulder und vor der Stätte, wohin sie ihn legten, vorübergehen, und heute noch, wie einst seine Mörder thaten, das Haupt schütteln, und nur Hohn für Dank, für Liebe nur Lästerung haben. Sehet hier die Feinde des Kreuzes Christi, von denen einst der Apostel mit Weinen sprach — ihre Mitgenossen können wir nun und nimmermehr seyn, können nicht auf den Weg der Sünder treten, noch sitzen, da die Spötter sitzen. — Doch ihr findet auch

dankbare Menschen. Wie es sie oft hinzieht an die Gräber vollendeter Wohlthäter, die ihnen unvergeßlich bleiben, so zieht ein größerer Dank sie hin zum heiligen Grabe; da ist ihr Stand, und da nehmt ihr auch den eurigen an ihrer Seite ein. Oder kennet ihr unter allen, deren Liebe ihr erfahren, deren Treue ihr erprobt, deren Eifer um euer Glück ihr lange, lange mit stiller Rührung gesegnet habt, kennet ihr einen, der höher um euch verdient wäre, dem ihr höher verpflichtet wäret, als eurem Herrn, der euch geliebt hat bis zum Tode, ja bis zum Tode am Kreuz? Dem ihr das schuldig seyd, was die Welt nicht geben kann? Habt ihr aus seiner Fülle genommen Gnade um Gnade, habt ihr, reichlich durch ihn gesegnet an geistigen Gütern, gelernt, wie er euch von Gott gemacht sey zur Weisheit, zur Gerechtigkeit, zur Heiligung, zur Erlösung; habt ihr eure Kraft, euren Trost, eure Hoffnung in ihm gefunden — so steht ihr heute unter jenen Dankbaren an seinem Grabe, unter denen ihr dann auch

die wahrhaft Ergriffenen findet, Menschen, deren Herz die edelsten Gefühle erfüllen. Was sie empfinden, das ist der heiligen Stätte werth, an der sie stehen, das haben sie nicht erheuchelt; damit tändeln und spielen sie nicht, aus lautern Quellen ist es entsprungen, und es führt zur Thatkraft im Christenthume. So ergriffen fühlen wir uns alle, ist der rechte Geist in uns lebendig geworden. Dann stehen wir am heiligen Grabe ergriffen von dem Gefühle der Reue über jede Stunde, wo wir nicht im Gedächtnisse hielten Jesum Christum, wo wir uns nicht von dem Freunde der Seelen führen ließen, wo wir hinter ihm gingen, weil die Sünde uns täuschte und uns wortbrüchig gegen ihn machte; ergriffen von Gefühlen der Dankbarkeit für die Gotteshuld, die, ehe der Welt Grund geleget war, schon unser Heil in Christo beschlossen hatte; von Gefühlen der Bewunderung und der Ehrfurcht vor einem Werke, das sein Blut geweiht hat und das ein Segen geworden ist für alle, die an seinen Namen glauben. Mag der Spötter diese Gefühle verspotten und über die Thräne frommer Rührung lachen — wir wollen sie hochwürdigen bei allen, welche die dankbare Liebe an das heilige Grab geführt, welche der Herr als seine Freunde erkannt hat, welchen das Wort gilt: Ich kenne die Meinen, und bin bekannt den Meinen! — Nehmet heute euren Stand unter diesen, dann stehet ihr sicher unter den wahrhaft

Weisen und Guten, denn, wer weise und gut ist — wo anders sollte er heute mit seinen Erinnerungen verweilen, wo anders heute seinen Stand nehmen wollen, als am heiligen Grabe? Mit ihnen werdet ihr dann Wünsche und Entschließungen und Bestrebungen theilen, die euer Herz ehren und die das Unterpfand eurer Gemeinschaft mit ihm sind, der euch geliebt und sich für euch gegeben hat. Denn, was wünschen sie, diese Weisen? — „Möchten wir sterben, wie dieser Gerechte, und möchte unser Ende seyn, wie sein Ende war" — das Ende eines Lebens seyn, welches dem Dienste Gottes und dem Wohle der Menschen bis zum letzten Athemzuge geweiht blieb — das wünschen sie. Könnet ihr anders wünschen, als daß der Blick auf das Vergangene einst, wenn ihr scheidet, auch euer Herz erquicke, daß auch von euch das Werk vollbracht sey, das euch gegeben war, daß auch euch die Liebe Gottes tröste, die sich in Christo offenbaret hat, und die Hoffnung erquicke, zu der wir durch ihn wiedergeboren sind! Was wollen sie, jene Weise und Gute? Gesinnet wollen sie seyn, wie Jesus Christus es auch war, und dem Beispiele folgen, das er gegeben hat. Könnet ihr etwas anderes wollen? Kommet ihr nicht zum Grabe des Herrn, damit die Erinnerung an ihn euch neue Kraft gebe zum Fleiße in guten Werken und zur Ausdauer in jedem Kampfe und zum Treuseyn bis an den Tod? Kommet ihr nicht, um das Gelübde am heiligen Grabe abzulegen: „Wenn wir mit dir sterben müßten, o Herr, so wollen wir dich nicht verleugnen.“ Was werden sie thun, jene Weise und Gute? Sie gehen hin, und bringen Frucht in Geduld! Nun das wollen wir auch, theure Brüder, das wollen wir auch, und die Frucht, die wir bringen, sey die Frucht des Geistes, Liebe, Freude, Friede, Geduld, Freundlichkeit, Gütigkeit, Glaube, Sanftmuth, Keuschheit. Wäre es anders bei einem von uns — ihn würde einst die Stunde richten, wo er am heiligen Grabe gestanden ist! — Wie Jesus Christus geliebt hatte die Seinen, so liebte er sie bis an das Ende. Wir wollen ihn wieder lieben bis ans Ende. Lieben wir ihn aber, so halten wir seine Gebote und

Wenn wir, um einst auch zu ruh'n,
Zu den Todten Gottes gehen,
Wird er mehr noch an uns thun,
Als wir bitten und verstehen.
Auch für unsre Todesnacht
Rief er einst: Es ist vollbracht!

Bei Fragen zur Produktsicherheit wenden Sie sich bitte an:
If you have any questions regarding product safety,
please contact:

Walter de Gruyter GmbH
Genthiner Straße 13
10785 Berlin
productsafety@degruyterbrill.com